入門 Mathematica

決定版 Ver.7 対応

日本Mathematicaユーザー会 編著

いろいろな問題が解ける！ 理解できる！

TDU 東京電機大学出版局

まえがき

ようこそ，*Mathematica* の世界へ！ 本書は日本 *Mathematica* ユーザー会（JMUG）のパワーユーザーの面々によって書かれた，*Mathematica* の入門書です．この 300 ページ弱の本の中に，*Mathematica*，そしてプログラミングの魅力がいっぱい詰まっています．ぜひ，その魅力を感じ取り，プログラミングをみなさんの活動の中に活かしてください．

コンピュータは，我々の生活の中に深く浸透してきています．そして高校や大学でコンピュータ教育の必要性が叫ばれています．それを自由に使いこなせることこそが，これからの社会を切り開いていく上で必要だというわけです．しかし，コンピュータが使えるということは，どういうことでしょうか？ ワープロで文章を作ったり，ネットで情報を検索することでしょうか？ これらはコンピュータ上の道具を使うことにはなりますが，それだけのことです．道具と道具を組み合わせて新しいものを生み出すには，道具の組み合わせ方を知らなければいけません．それこそがプログラミングと呼ばれるものです．プログラミングによって，未知の問題を分解し，それをコンピュータの中で試しながら解答を見つけることこそが，コンピュータを使う醍醐味と言えるでしょう．

プログラミングをするための言語は，Fortran，C 言語，Java 等々，山ほどあります．それぞれに特徴がありますが，*Mathematica* の特徴は，ある問題を解こうとしたとき，それに対して数学的，プログラミング的に多様な道具が提供され，一段高いレベルでプログラムができるというところです．積分や微分という道具も持っています．同じ問題を解くのに，他のプログラム言語であれば 100 行必要なところが，*Mathematica* であればわずか 10 行程度で済んでしまいます．このことは，問題解決に必要な道具が *Mathematica* には系統立てて揃っていることを示しています．ユーザーは，問題をどう解きたいかという点に集中していれば，あとは *Mathematica* がそれを助けてくれるのです．

しかし，問題をどのようにして *Mathematica* で解くか，これは一朝一夕でわかるも

のではありません．そのためには，どのような道具があり，また，それを使ってどう料理するとよいかを理解する必要があります．本書は，まさにそれをみなさんに学んでいただくために書かれています．基礎編では，問題解決のためのさまざまな道具を学びます．応用編では，それらの道具を使ってある問題を解くにはどうするかを，経済，数学，コンピュータゲームの事例に触れることで，身につけます．初心者の方は基礎編から，すでに Mathematica を知っている方は興味のある応用編から読み始めてもいいでしょう．ただし，Mathematica はバージョン 6 以降劇的に変化を遂げました．すでに Mathematica をご存知の方でも，初心者のつもりでグラフィックスの章やマニピュレートの章を読み直すのがよいかと思います．これらの新機能も十分に解説してある点は，類書にない本書の特徴の 1 つです．

みなさんのコンピュータは，ネットワークに繋がって，どこからでも情報を取り出すことができます．すばらしい計算速度があり，ギガバイトを軽く超えるデータを扱うことができます．いまこそ，そのコンピュータを自在にあやつり，自分の目的のために，フル活用するときが来たのです．そのために，問題解決能力に優れた Mathematica を利用しようではありませんか．

本書は，数学，教育，医学など，さまざまな分野でユニークな活動をしている複数の執筆者によって書かれました．各執筆者は，日々 Mathematica を利用し，コンピュータとプログラミングを仕事に役立て，楽しんでいます．そして，その楽しさを他の人達と分かち合いたいと思っています．ぜひ，Mathematica を学ぼうというみなさんの意欲と，我々執筆者の思いが 1 つになり，これからのみなさんの創造的活動に Mathematica のプログラミングをお役に立てていただければと思います．

最後に，執筆者一同として，本書を日本 Mathematica ユーザー会の前会長，故 榊原進先生に献呈します．榊原先生は一昨年（2007 年）の突然の逝去まで，ユーザー会会長として，いつも Mathematica のおもしろさを語ってくれていました．我々は，先生の今までの活動に感謝するとともに，本書を，その感謝の印として榊原先生に捧げたいと思います．

2009 年 5 月

著者代表　日本 Mathematica ユーザー会会長

宮地　力

本書の乗算表記について

　*Mathematica*では，乗算をスペースで表します．もし完結した式が隣り合っていれば，スペースで区切られていなくても乗算として扱います．

例：
- $a\,x$ —— a かける x
- 2π —— 2 かける π
- $(1-x)(1+y)$ —— $(1-x)$ かける $(1+y)$

　なお，*Mathematica* の入出力形式，および本書における式の表示については，付録 C の C.5 節をご覧ください．

目次

第 I 部　基礎編

第 1 章　*Mathematica* の基本　2

- 1.1　ドキュメントセンター（ヘルプ）の使い方 2
- 1.2　*Mathematica* の文法について 6
- 1.3　厳密数と非厳密数 9
- 1.4　基本計算 1 12
- 1.5　基本計算 2 14
- 1.6　リストって何だろう 16
- 1.7　リストの作り方 19
- 1.8　リストの要素の選び方 22
- 1.9　FullForm と式 24
- 1.10　純関数 27
- 1.11　Map と Apply 29
- 1.12　Nest と Fold 32
- 1.13　関数の作り方 35
- 1.14　記号計算 1 38
- 1.15　記号計算 2 40
- 1.16　Rule の処理 43
- 1.17　式の簡約化と変数のクリア 45
- 1.18　関数とパッケージの作り方 48
- 1.19　Import と Export 50
- 1.20　以前のバージョンからの移行 54

第2章 グラフィックス 57

- 2.1 グラフィックスの文法 58
- 2.2 Plot関数とオプションの基本 62
- 2.3 ParametricPlotとPolarPlot 66
- 2.4 不等式領域の描画 69
- 2.5 データの描画 73
- 2.6 描画ツールとグラフィックスインスペクタ 77
- 2.7 3次元のグラフ 79
- 2.8 DensityPlot, ContourPlot, ContourPlot3D 82
- 2.9 ParametricPlot3DとRegionPlot3D 85
- 2.10 ListPlot3D, ListContourPlot, ListDensityPlot 89
- 2.11 グラフィックスプリミティブ（2次元）............................... 92
- 2.12 グラフィックスプリミティブ（3次元）............................... 96
- 2.13 Glow, Specularity, Lighting 99
- 2.14 GraphicsGrid 102
- 2.15 アニメーション 105
- 2.16 インタラクティブな表現 108
- 2.17 グラフィックスの表現形式 111
- 2.18 グラフィックスの無駄を避ける方法 114
- 2.19 サウンド 117

第3章 マニピュレート 120

- 3.1 マニピュレートの基本 120
- 3.2 スライダーを使いこなそう 124
- 3.3 ポップアップメニューを使おう 127
- 3.4 ロケータで平面図形を描こう 130
- 3.5 ロケータをもっと詳しく学ぼう 133
- 3.6 プログラムを整理する 136
- 3.7 変数の動ける範囲を制限する 139
- 3.8 Mathematica Player 142
- 3.9 ユーザー定義変数や関数の使い方 145
- 3.10 コンテキストの有効な使い方 148

第4章　関数を作る　151

- 4.1　即時的な定義 151
- 4.2　遅延的な定義 154
- 4.3　引数に応じて結果を変える 156
- 4.4　引数を計算に利用する 158
- 4.5　即時的な定義と遅延的な定義の組み合わせ 160
- 4.6　パターンマッチの活用 163
- 4.7　さまざまなパターンオブジェクト 165
- 4.8　フロー制御—— If と While 167
- 4.9　局所変数（静的スコープ） 169
- 4.10　オプション 171

第II部　応用編

第5章　*Mathematica* を活用する
—— 統計，経営，環境問題への応用　176

- 5.1　〔統計〕記述統計から多変量解析まで 177
- 5.2　〔統計〕がんの判定式 184
- 5.3　〔経営〕投資経済性の評価 187
- 5.4　〔経営〕投資案の感度分析 190
- 5.5　〔環境〕温暖化と生活圏 195
- 5.6　〔環境〕過去34万年の気温変化 200

第6章　解いてみよう！
—— 高校生のためのグレブナー基底入門　206

- 6.1　授業の目的 206
- 6.2　方程式を解こう 207
- 6.3　解法に用いてきた戦略 215
- 6.4　グレブナー基底アルゴリズムの実践 217
- 6.5　今日私たちが学んだこと 222
- 6.6　グレブナー基底の応用 224

第7章　*Mathematica*でアプリケーションを作る　233

- 7.1　ナンバープレースの説明 233
- 7.2　3×3サイズの終了判定 235
- 7.3　3×3サイズの問題作成 237
- 7.4　3×3サイズのパズル完成 240
- 7.5　9×9サイズへの終了判定の拡張 245
- 7.6　9×9サイズへの問題作成の拡張 248
- 7.7　9×9サイズへのパズル盤の拡張 250
- 7.8　親切な機能を追加しよう 252
- 7.9　見た目を綺麗にしよう 254

付録A　キーボードショートカット　257

- A.1　入力時のショートカット 257
- A.2　評価時のショートカット 258
- A.3　マウスの複数回クリック 259

付録B　実行を途中でやめたいとき　260

付録C　他言語との比較と処理速度　262

- C.1　*Mathematica*とC，Basicでのプログラミング比較 262
- C.2　プログラム形式と計算速度の関係 264
- C.3　Excel関数とMathematica関数 265
- C.4　*Mathematica*の処理速度 265
- C.5　*Mathematica*の入出力形式 265

付録D　*Mathematica*で小説を読む　267

索引　269

# 第Ⅰ部

基礎編

第1章 Mathematicaの基本

白いノートには何を書いたらいいかって？
自分の頭の中にあることを言葉で書けばいいんだよ．
白いノートブックには，Mathematica という言葉でね．

1998年シカゴでのMathematica カンファレンスにて．左からフロントエンドの開発者のテオ・グレイ氏，故 榊原先生，ジェリー・グレン氏．榊原先生とテオ・グレイ氏とは，公私にわたる親しいつきあいがあり，Mathematicaの日本語化に関しては，榊原先生の助言がさまざまなところに活きている．

1.1 ドキュメントセンター（ヘルプ）の使い方

本書では，Mathematicaのすべての関数について解説をしないし，内容を網羅的に解説することもしない．そのために，説明もなく新しい関数が登場することもある．ここでは，必要な関数の説明やヘルプについて解説した膨大な書物であるドキュメントセンターを使えるようする．

1.1.1 ドキュメントセンターの開き方

ドキュメントセンターを開く方法はいくつかある．最もよく用いられるのは，「ヘルプ」メニューから「ドキュメントセンター」を選ぶ方法である．また，起動時に表示される「スタートアップパレット」から開くこともできる．

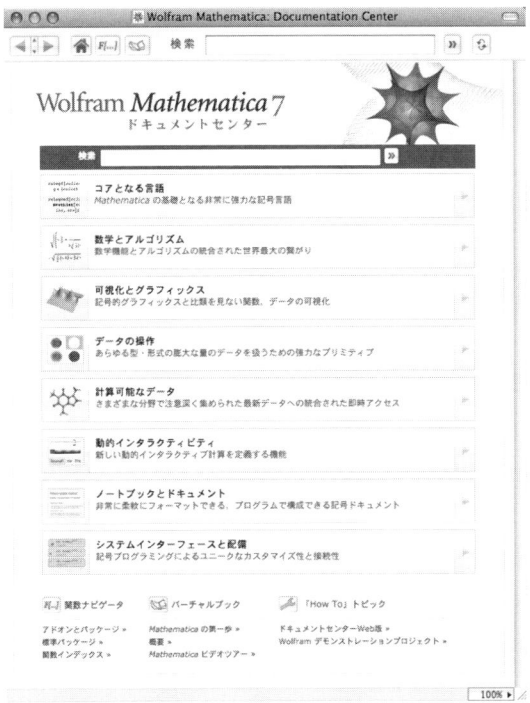

ドキュメントセンターの開き方には，他の方法もある．詳しく知りたい関数を以下のように入力し，[SHIFT]+[RETURN]で評価することにより[1]，次のような出力を得ることができる．

　　?Expand

> Expand[*expr*]　式*expr*における積と正の整数ベキを展開する．
> Expand[*expr, patt*]　パターン*patt*にマッチする項を含まない式*expr*の要素の展開を避ける．≫

---

[1] *Mathematica*では，関数の評価に[SHIFT]+[RETURN]を用いる．

ここで，出力の最後にある検索記号「≫」をクリックすると，該当のドキュメントセンターの画面が開く．この方法は関数の省略形である「/.」などにも使用することができる．

```
? /.
```

expr/.rules　式 *expr* の下位区分のそれぞれを変換しようとするとき，規則または規則のリストを適用する．≫

1.1.2　ドキュメントセンターの使い方

ドキュメントセンターは，カテゴリごとにハイパーリンクを使ってトピックがリンクされている．それぞれのカテゴリの見出しをクリックすると，その見出しの概要が表示され，項目をクリックすると，以下のような関数の一覧が表示される．関数の意味から内容がある程度想像できるならば，その関数名を選択して詳細を表示することができる．

また，小見出しや検索記号「≫」，関数の末尾にあるガイド記号「...」を選択すると，各関数の簡単な説明が表示される．

関数の詳細な解説の中には，Mathematica 5 以前で使われていたヘルプブラウザの数倍の例が示される．さまざまな例題を見ることにより，実際の使い方を理解することができる．また，ウィンドウの上部にある「チュートリアル」，「関連項目」，「その他」，「URL」などの項目も便利である．

関数名がわからないとき

関数名の一部しかわからないときには，最初の画面の右下にある「アルファベット順のリスト」から探すことも可能である．また，最初の数文字のみわかっている場合には，それを入力し，ショートカット [CTRL]+K（Mac の場合は，⌘+K）により式を補完することができ，それによって，上部にある検索フォームに入力して検索できる[2]．

---

[2] キーボードショートカットについては，付録 A を参照．

複数のウィンドウを開く

ドキュメントセンターは複数のウィンドウで開くことができ，相互に比較することや自分のノートブックにその内容をコピーすることが可能である．

練習問題

ドキュメントセンターで，ノートブックに関するショートカットキーを説明したページを探しなさい．

1.2　Mathematicaの文法について

> *Mathematica*の文法がある程度統一されていることを理解し，その統一された文法の中で，2種類の式を使い分けて記述していく方法を理解する．

1.2.1　すべては式である

*Mathematica*の関数や変数と呼ばれているものは，すべて「式」という扱いであり，「式」はさらに「原子式（アトム）」または「通常の式」に分類されている．

原子式と呼ばれているものは変数や数であり，これらはComplexやSymbolなどの頭部（ヘッド）を持っている[3]．

> **Head[e]**　▶ Symbol
>
> **Head[3 + i]**　▶ Complex

通常の式と呼ばれているものは，すべて「h[a,b]」のような形をしている．この式の頭部は「h」であり，角括弧の中に式（原子式または通常の式）が引数として入っている．四則演算やリストも通常は簡約形で表されているが，実際にはこのような通常の式で書かれている．

> ✎　*Mathematica*の関数名は大文字と小文字が区別されている．組込み関数名は大文字で始まる．

---

[3]　頭部については，1.11節「MapとApply」で再び解説する．

$N[\pi, 100]$
➧ 3.1415926535897932384626433832795028841971693993751058209749445923078164062862089986280348253421170068

✎ 記号πはメニューのパレットから選ぶ.

$a+b$も Plus という頭部を持っていることが，FullForm や Head を用いるとわかる.

FullForm$[a+b]$ ➧ $Plus[a,b]$

Head$[a+b]$ ➧ Plus

1.2.2 統一された文法

ほとんどすべての関数が通常の式として表されているので，文法も統一されている．グラフィックスに関しては，オプションもある程度統一されているが，それについては第2章で説明する．

Table$[\{n, \text{Factor}[x^n - 1]\}, \{n, 1, 10\}]$

➧ $\{\{1, -1+x\}, \{2, (-1+x)(1+x)\}, \{3, (-1+x)(1+x+x^2)\},$
$\{4, (-1+x)(1+x)(1+x^2)\}, \{5, (-1+x)(1+x+x^2+x^3+x^4)\},$
$\{6, (-1+x)(1+x)(1-x+x^2)(1+x+x^2)\},$
$\{7, (-1+x)(1+x+x^2+x^3+x^4+x^5+x^6)\},$
$\{8, (-1+x)(1+x)(1+x^2)(1+x^4)\},$
$\{9, (-1+x)(1+x+x^2)(1+x^3+x^6)\},$
$\{10, (-1+x)(1+x)(1-x+x^2-x^3+x^4)(1+x+x^2+x^3+x^4)\}\}$

Manipulate$[\{n, \text{Factor}[x^n - 1]\}, \{n, 1, 10, 1\}]$

➧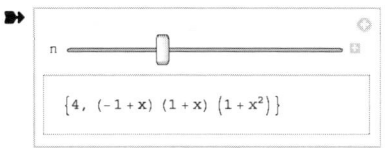

文法が統一されていることにより，単に頭部を置き換えるだけで，別の処理を簡単に実現することができる．また，プログラムも理解しやすいものとなる．

Plot3D$[\text{Sin}[x+y^2], \{x, -1, 1\}, \{y, -1, 1\}]$

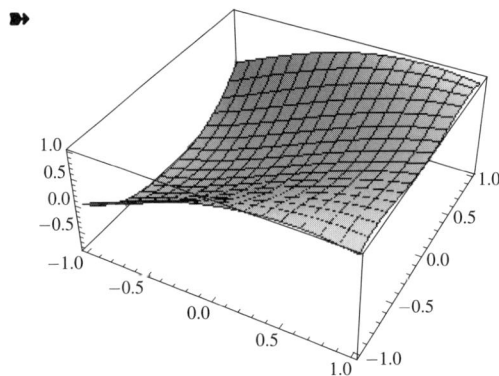

$$\text{ContourPlot}\left[\text{Sin}\left[x+y^2\right],\{x,-1,1\},\{y,-1,1\}\right]$$

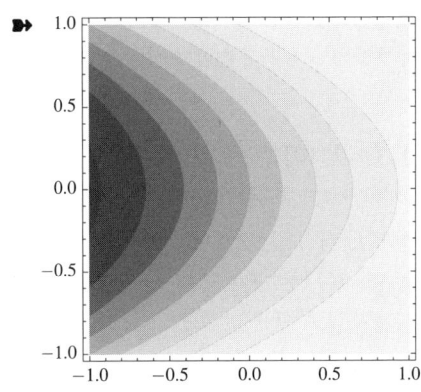

練習問題

次の式の Head を予想し，実際に調べて確認しなさい．

Head[$x+x$]

Head[$3+2$]

1.3 厳密数と非厳密数

Mathematicaはどうして桁数の多い数を扱うことができるのか？ 近似値はどのように扱っているのか？ Mathematicaでは，「厳密数」とは整数や分数や定数などを表し，「非厳密数」とは有限の桁数を指定して表される数を表す．Mathematicaの計算では，厳密数の計算からは厳密数で答えが返され，非厳密数（近似値）を含む計算では非厳密数の答えが返される．

1.3.1 厳密数と非厳密数

計算の中に非厳密数が含まれると，答えはその非厳密数の有効桁数をもとに表示される．非厳密数とは近似値のことであり，次の例の場合，小数点つきの「2.」は近似値を意味している．また，ここで単に「2」と書くと，厳密数を表す．

$$\frac{1}{2}+\frac{1}{3} \ \Rightarrow\ \frac{5}{6}$$

$$\frac{1}{2.}+\frac{1}{3} \ \Rightarrow\ 0.833333$$

100桁の精度を持つ2の非厳密数（近似値）は，ナンバーマークを用いて2`100と表される．

$$\sqrt{2`100}$$

➡ 1.4142135623730950488016887242096980785696718753769480731766797379907324784621070388503875343276415727

✎ 平方根記号はメニューのパレットから選ぶことができる．詳細は付録Aを参照．

$$\mathbf{Log}[10, 2] \ \Rightarrow\ \frac{\mathrm{Log}[2]}{\mathrm{Log}[10]}$$

$$\mathbf{Log}[10, 2.] \ \Rightarrow\ 0.30103$$

N関数は，厳密数を必要な精度の非厳密数に変換する．

$$\mathbf{N}\left[\frac{1}{7}, 30\right] \ \Rightarrow\ 0.142857142857142857142857142857$$

非厳密数を厳密な分数にするには，Rationalizeなどの関数を使う．

$$\mathbf{Rationalize}\left[0.123456789, 10^{-10}\right] \ \Rightarrow\ \frac{1245789}{10090891}$$

ExactNumberQ 関数は厳密数かどうかを判定する．

ExactNumberQ[3] ▶ True

残念ながら，頭部が Integer や Rational を持っているものでなければ，True と判定できない．

ExactNumberQ $\left[\dfrac{1+\sqrt{5}i}{2}\right]$ ▶ False

1.3.2 機械精度と任意精度

非厳密数の有効桁数は，特に指定しない場合には約16桁の精度（機械精度）を持っているが，厳密数の精度は無限精度である．ここで言う機械精度とは，そのコンピュータの提供するハードウェアが提供する精度である．

Precision $\left[\dfrac{1}{2.}\right]$ ▶ MachinePrecision

N[MachinePrecision] ▶ 15.9546

Accuracy は小数点以下の有効桁数を返す．

Accuracy $\left[\dfrac{1}{2.}\right]$ ▶ 16.2556

厳密数は，無限桁の精度を持っている．

Precision $\left[\sqrt{2}\right]$ ▶ ∞

Accuracy $\left[\sqrt{2}\right]$ ▶ ∞

非厳密数の精度は既定値では約16桁であるが，標準出力形では6桁で出力される．

N[π] ▶ 3.14159

InputForm[%] ▶ 3.141592653589793

Mathematica では機械精度のほか，任意精度の非厳密数を扱うことができる．厳密数を任意精度の非厳密数に変換するには，関数 N を使うほか，次のようにナンバーマーク（`）を使って精度（この例では50桁）を指定してもよい．

2`50 + 3`50

▶ 5.0000000000000000000000000000000000000000000000000

1.3.3　オーバーフローとアンダーフロー

機械精度の数の範囲は，$MaxMachineNumber と$MinMachineNumber によって決められる．これらの範囲を超えた数がオーバーフローやアンダーフローである．オーバーフローやアンダーフローになった数は，結果を表示することもあるが，精度が確かでない可能性がある．

$MaxMachineNumber ➽ 1.79769×10^{308}

$MinMachineNumber ➽ 2.22507×10^{-308}

1.3.4　精度と速さ

一般に，厳密数は無限精度を持つ数であるため，計算の速度は遅い．次の例では，上が非厳密数として「2.」を使っており，下は厳密数として計算されるよう「2」を使っている．//Timing は Timing[...] と意味は同じであり，処理の時間を計測する関数の後置表現である．出力結果の最初の数が処理にかかった秒数であり，あとの数が計算結果である．

$$\mathbf{Sum}\left[\left(\frac{1}{2.k}\right)^{2.k}, \{k, 1, 1000\}\right] //\mathbf{Timing}$$

➽ {0.028518, 0.253928}

$$\mathbf{N}\left[\mathbf{Sum}\left[\left(\frac{1}{2k}\right)^{2k}, \{k, 1, 1000\}\right]\right] //\mathbf{Timing}$$

➽ {23.8154, 0.253928}

この場合，非厳密数の計算のほうが各段に速いことがわかる．計算の内容によって厳密数や非厳密数を使い分けることが必要である．

練習問題

ドキュメントセンターで N や Chop 関数について調べなさい．

1.4 基本計算1

Mathematica の電卓的な使い方を通じて，Mathematica の基本操作や文法について理解する．

Mathematica を使って電卓のように数値の計算をすることができる．厳密数のみの計算では，結果として厳密な数値が返される[4]．

$\dfrac{1}{2} + \dfrac{1}{3}$ ▶ $\dfrac{5}{6}$

100!

▶ 93326215443944152681699238856266700490715968264381621468592963895217599993229915608941463976156518286253697920827223758251185210916864000000000000000000000000

以下では，数についての正の約数や素因数分解，最大公約数，最小公倍数を求めている．素因数分解の結果の表現に注意してほしい．

Divisors[105] ▶ $\{1, 3, 5, 7, 15, 21, 35, 105\}$

FactorInteger[105] ▶ $\{\{3, 1\}, \{5, 1\}, \{7, 1\}\}$

FactorInteger[1 + 5 i , GaussianIntegers → True]
▶ $\{\{1 + i, 1\}, \{3 + 2 i, 1\}\}$

GCD[105, 165] ▶ 15

LCM[105, 165] ▶ 1155

非厳密数を求めるときには，N という関数が用いられる．

N[π, 100]
▶ 3.141592653589793238462643383279502884197169399375105820974944592307816406286208998628034825342117068

非厳密数を用いると，非厳密数で答えが返される．

$\sqrt{2.}$ ▶ 1.41421

$\sqrt{2.`50}$ ▶ 1.4142135623730950488016887242096980785696718753769

---

[4]・ 1.3節「厳密数と非厳密数」を参照．

関数電卓にある関数は，*Mathematica* でも計算することができる．
Log は自然対数を表している．

$\quad$ **Log** $[e^{10}]$ $\quad$ ▶ 10

対数の底を指定するときには，第1引数に与える．

$\quad$ **Log**$[10, 2]$ $\quad$ ▶ $\dfrac{\text{Log}[2]}{\text{Log}[10]}$

三角関数や逆三角関数もそのまま扱える．

$\quad$ **Sin** $\left[\dfrac{\pi}{3}\right]$ $\quad$ ▶ $\dfrac{\sqrt{3}}{2}$

1つ前[5]の出力結果を参照する場合には，% 記号を使うことができる．

$\quad$ **N**[%, 10] $\quad$ ▶ 0.8660254038
$\quad$ **Tan**$[90°]$ $\quad$ ▶ ComplexInfinity
$\quad$ **ArcTan**$[1]$ $\quad$ ▶ $\dfrac{\pi}{4}$

Rationalize は，与えられた精度での最も近い有理数を与える．

$\quad$ **Rationalize**$[\pi, 0.0001]$ $\quad$ ▶ $\dfrac{333}{106}$
$\quad\quad\quad\quad$ $\pi - $ **N**[%] $\quad$ ▶ 0.0000832196

練習問題

次の式の結果を確かめなさい．

$\quad$ **FactorInteger** $[2^{31} - 1]$
$\quad$ **FactorInteger** $[2^{32} - 1]$
$\quad$ **Rationalize**$[\pi]$
$\quad$ **Rationalize**$[\mathbf{N}[\pi]]$
$\quad$ **Rationalize**$[\mathbf{N}[\pi], 0]$
$\quad$ $\pi - \mathbf{N}[\%]$

---

[5] 「1つ前」とはノートブックの表示における「1つ上」を表していない．計算上の「1つ前」の評価を表す．評価される式の In や評価結果 Out の番号でその順序を知ることができる．

1.5 基本計算 2

前節と同様に，Mathematica の最初の一歩として，計算について練習する．
ここでは，True や False という値を返す関数や式にも触れていく．

1.5.1 条件式

真（True）や偽（False）の値を返す関数や式もある．PrimeQ はその数が素数かどうかを判定する．

$\mathbf{PrimeQ}\,[2^{31}-1]$ ➡ True

$\mathbf{PrimeQ}\,[2^{32}-1]$ ➡ False

Select は，この真偽を使って真となるものを選び出すことができる．以下では 1 から 500 までの整数の中で，素数であるものを表示している．

Select[Range[500], PrimeQ]

➡ {2, 3, 5, 7, 11, 13, 17, 19, 23, 29, 31, 37, 41, 43, 47, 53, 59, 61, 67, 71, 73, 79, 83, 89, 97, 101, 103, 107, 109, 113, 127, 131, 137, 139, 149, 151, 157, 163, 167, 173, 179, 181, 191, 193, 197, 199, 211, 223, 227, 229, 233, 239, 241, 251, 257, 263, 269, 271, 277, 281, 283, 293, 307, 311, 313, 317, 331, 337, 347, 349, 353, 359, 367, 373, 379, 383, 389, 397, 401, 409, 419, 421, 431, 433, 439, 443, 449, 457, 461, 463, 467, 479, 487, 491, 499}

等号記号 Equal（==）などによる等式や不等式は，その式が正しいかどうかを返す[6]．

$10^9 > 9^{10}$ ➡ False

$\pi == \mathbf{N}[\pi]$ ➡ True

$\pi === \mathbf{N}[\pi]$ ➡ False

真偽を判定する関数は，ほかにもある．

$\mathbf{OddQ}[4]$ ➡ False

$\mathbf{EvenQ}[444444444444]$ ➡ True

$\mathbf{Positive}[\pi - e]$ ➡ True

---

[6]. より厳密に値や表現を判定する SameQ（===）もある．

一見すると数値であるが，*Mathematica* では NumberQ で数として扱っていないものもある．

$$\text{Select}\left[\left\{1, 2., \pi, \frac{5}{2}, \mathrm{e}, x, 2+3\,\mathrm{i}, \sqrt{111}\right\}, \text{NumberQ}\right]$$
➡ $\left\{1, 2., \dfrac{5}{2}, 2+3\,\mathrm{i}\right\}$

NumericQ ならば，予想したとおりの結果が得られる．

$$\text{Select}\left[\left\{1, 2., \pi, \frac{5}{2}, \mathrm{e}, x, 2+3\,\mathrm{i}, \sqrt{111}\right\}, \text{NumericQ}\right]$$
➡ $\left\{1, 2., \pi, \dfrac{5}{2}, \mathrm{e}, 2+3\,\mathrm{i}, \sqrt{111}\right\}$

1.5.2 論理式

複数の真偽を与える条件式を And（&&）や Or（||）などを用いて，論理演算をすることができる．

$\pi > \mathrm{e} \,\&\&\, \pi > \dfrac{333}{100}$ ➡ False

$\pi > \mathrm{e} \,||\, \pi > \dfrac{333}{100}$ ➡ True

$\text{Not}[\pi > \mathrm{e}]$ ➡ False

$\text{LogicalExpand}[p \Rightarrow q]$ ➡ $q\,||\,!p$

1.5.3 〔応用〕条件式を用いた関数の作成

自分で真偽を判定する関数を作成することも簡単にできる．条件式または真偽を判定する関数を右辺で定義すればよいのである．

$f[x\_] := -1 < x < 1$

$f[0.5]$ ➡ True

$f[2]$ ➡ False

練習問題

$$\text{Select}\left[\left\{1, 2., \pi, \frac{5}{2}, \text{e}, x, 2+3\,\text{i}, \sqrt{111}\right\}, \text{NumberQ}\right]$$

この例で真と判定されない π や e などの数学定数はどのような扱いであるのか，また $\sqrt{111}$ はなぜ真と判定されないのかを調べなさい．

1.6 リストって何だろう

Mathematica の基本的なデータ構造であるリストについて理解する．*Mathematica* はリストに始まりリストに終わると言われるほど，リストの使い方を理解することが重要である．

リストは *Mathematica* の中でベクトルや行列のようにも用いられるが，*Mathematica* で集合や数列，データを扱うのにも標準的な形式である．

$\{1, 2, 3\} + \{a, b, c\}$ ➡ $\{1+a, 2+b, 3+c\}$

$\{1, 2, 3\}.\{a, b, c\}$ ➡ $a + 2b + 3c$

$\{1, 2, 3\}x$ ➡ $\{x, 2x, 3x\}$

Listable な関数は，リストを引数にすることができる．

$$\text{Sin}\left[\left\{0, \frac{\pi}{6}, \frac{\pi}{3}, \frac{\pi}{2}, \frac{2\pi}{3}, \frac{5\pi}{6}, \pi\right\}\right]$$

➡ $\left\{0, \frac{1}{2}, \frac{\sqrt{3}}{2}, 1, \frac{\sqrt{3}}{2}, \frac{1}{2}, 0\right\}$

関数の属性を知るためには，Attributes 関数を使う．

Attributes[Sin]

➡ {Listable, NumericFunction, Protected}

行列は 2 重のリストで表される．

$a = \{\{1, 2\}, \{3, 4\}\}$ ➡ $\{\{1, 2\}, \{3, 4\}\}$

MatrixForm は行列の形に表示する．

MatrixForm[a] ➡ $\begin{pmatrix} 1 & 2 \\ 3 & 4 \end{pmatrix}$

$a^2 /\!/ \mathrm{MatrixForm}$ ▶ $\begin{pmatrix} 1 & 4 \\ 9 & 16 \end{pmatrix}$

$a.a /\!/ \mathrm{MatrixForm}$ ▶ $\begin{pmatrix} 7 & 10 \\ 15 & 22 \end{pmatrix}$

逆行列や行列式を計算する．

$\mathrm{Inverse}[a] /\!/ \mathrm{MatrixForm}$ ▶ $\begin{pmatrix} -2 & 1 \\ \frac{3}{2} & -\frac{1}{2} \end{pmatrix}$

$\mathrm{Det}[a]$ ▶ -2

大きな行列は，メニューの「挿入」→「表・行列」から作成する．

$\mathrm{pp} = \begin{pmatrix} 1 & 0 & 0 \\ 0 & 2 & 0 \\ 1 & 0 & 1 \end{pmatrix}$ ▶ $\{\{1,0,0\},\{0,2,0\},\{1,0,1\}\}$

集合論的な演算も行うことができる．

$a = \mathrm{Divisors}[60];$

$b = \mathrm{Divisors}[48];$

$u = \mathrm{Range}[60];$

和集合∪（Union）は，要素の重複をなくすことができる．

$a \cup b$ ▶ $\{1,2,3,4,5,6,8,10,12,15,16,20,24,30,48,60\}$

積集合∩（Intersection）は，2つのリストの共通要素を取り出す．

$a \cap b$ ▶ $\{1,2,3,4,6,12\}$

補集合は複数のリストを引数としてとることができる．

$\mathrm{Complement}[u,a,b]$

▶ $\{7,9,11,13,14,17,18,19,21,22,23,25,26,27,28,29,31,32,33,34,35,36,$
$37,38,39,40,41,42,43,44,45,46,47,49,50,51,52,53,54,55,56,57,58,$
$59\}$

Subsets は，部分集合を作る．

$\mathrm{Subsets}[\mathrm{Range}[4]]$

▶ $\{\{\},\{1\},\{2\},\{3\},\{4\},\{1,2\},\{1,3\},\{1,4\},\{2,3\},\{2,4\},$
$\{3,4\},\{1,2,3\},\{1,2,4\},\{1,3,4\},\{2,3,4\},\{1,2,3,4\}\}$

リストに対してさまざまな関数が適用できる．

$\text{data} = \text{RandomInteger}[\{1, 20\}, \{10\}]$ ➭ $\{16, 9, 15, 8, 5, 14, 19, 11, 12, 9\}$

$\text{Max}[\text{data}]$ ➭ 19

$\text{Min}[\text{data}]$ ➭ 5

リストの要素を並べ替える．

$\text{Sort}[\text{data}]$ ➭ $\{5, 8, 9, 9, 11, 12, 14, 15, 16, 19\}$

$\text{Reverse}[\text{Sort}[\text{data}]]$ ➭ $\{19, 16, 15, 14, 12, 11, 9, 9, 8, 5\}$

Accumulateは，リストの要素の累計を求める．

$\text{Accumulate}[\text{data}]$ ➭ $\{16, 25, 40, 48, 53, 67, 86, 97, 109, 118\}$

$\text{Accumulate}[\text{Sort}[\text{data}]]$ ➭ $\{5, 13, 22, 31, 42, 54, 68, 83, 99, 118\}$

$\text{ListLinePlot}[\text{data}]$

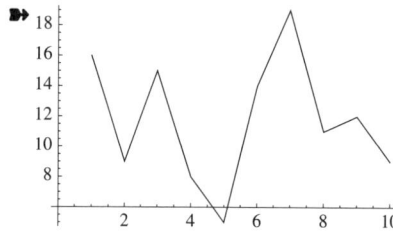

練習問題

次の式はなぜ行列の積や逆行列を計算できないのだろう．考えなさい．

$q = \text{MatrixForm}[\{\{1, 2\}, \{3, 4\}\}]$ ➭ $\begin{pmatrix} 1 & 2 \\ 3 & 4 \end{pmatrix}$

$q.q$ ➭ $\begin{pmatrix} 1 & 2 \\ 3 & 4 \end{pmatrix} \cdot \begin{pmatrix} 1 & 2 \\ 3 & 4 \end{pmatrix}$

$\text{Inverse}[q]$ ➭ $\text{Inverse}\left[\begin{pmatrix} 1 & 2 \\ 3 & 4 \end{pmatrix}\right]$

1.7 リストの作り方

リストを生成する関数は数多くある．ここでは代表的な関数を挙げるとともに，乱数リストを作る関数も紹介する．

1.7.1 リストを作る関数

与えられた数の正の約数を表示する．

  Divisors[100] ➡ $\{1, 2, 4, 5, 10, 20, 25, 50, 100\}$

Range は引数の数によって意味が異なる．

  Range[10] ➡ $\{1, 2, 3, 4, 5, 6, 7, 8, 9, 10\}$
  Range[5, 10] ➡ $\{5, 6, 7, 8, 9, 10\}$
  Range[3, 50, 2]
   ➡ $\{3, 5, 7, 9, 11, 13, 15, 17, 19, 21, 23, 25, 27, 29, 31, 33, 35, 37, 39, 41, 43, 45, 47, 49\}$

Table は関数をもとにリストを生成するときに用いられる．

  Table $\left[\{x, x^2\}, \{x, 1, 10\}\right]$
   ➡ $\{\{1, 1\}, \{2, 4\}, \{3, 9\}, \{4, 16\}, \{5, 25\}, \{6, 36\}, \{7, 49\}, \{8, 64\}, \{9, 81\}, \{10, 100\}\}$

Tuples は与えられた数を組み合わせたリストを与える．

  Tuples[Range[4], 3]
   ➡ $\{\{1, 1, 1\}, \{1, 1, 2\}, \{1, 1, 3\}, \{1, 1, 4\}, \{1, 2, 1\}, \{1, 2, 2\}, \{1, 2, 3\},$
    $\{1, 2, 4\}, \{1, 3, 1\}, \{1, 3, 2\}, \{1, 3, 3\}, \{1, 3, 4\}, \{1, 4, 1\}, \{1, 4, 2\},$
    $\{1, 4, 3\}, \{1, 4, 4\}, \{2, 1, 1\}, \{2, 1, 2\}, \{2, 1, 3\}, \{2, 1, 4\}, \{2, 2, 1\},$
    $\{2, 2, 2\}, \{2, 2, 3\}, \{2, 2, 4\}, \{2, 3, 1\}, \{2, 3, 2\}, \{2, 3, 3\}, \{2, 3, 4\},$
    $\{2, 4, 1\}, \{2, 4, 2\}, \{2, 4, 3\}, \{2, 4, 4\}, \{3, 1, 1\}, \{3, 1, 2\}, \{3, 1, 3\},$
    $\{3, 1, 4\}, \{3, 2, 1\}, \{3, 2, 2\}, \{3, 2, 3\}, \{3, 2, 4\}, \{3, 3, 1\}, \{3, 3, 2\},$
    $\{3, 3, 3\}, \{3, 3, 4\}, \{3, 4, 1\}, \{3, 4, 2\}, \{3, 4, 3\}, \{3, 4, 4\}, \{4, 1, 1\},$
    $\{4, 1, 2\}, \{4, 1, 3\}, \{4, 1, 4\}, \{4, 2, 1\}, \{4, 2, 2\}, \{4, 2, 3\}, \{4, 2, 4\},$
    $\{4, 3, 1\}, \{4, 3, 2\}, \{4, 3, 3\}, \{4, 3, 4\}, \{4, 4, 1\}, \{4, 4, 2\}, \{4, 4, 3\},$
    $\{4, 4, 4\}\}$

Solve の結果もリストである.

$$\text{Solve}\left[x^6 - x^3 - 1 == 0, x\right]$$

➥ $\left\{\left\{x \to \left(\frac{1}{2}\left(1-\sqrt{5}\right)\right)^{1/3}\right\},\left\{x \to (-1)^{2/3}\left(\frac{1}{2}\left(1-\sqrt{5}\right)\right)^{1/3}\right\},\right.$
$\left\{x \to -\left(-\frac{1}{2}\right)^{1/3}\left(1-\sqrt{5}\right)^{1/3}\right\},\left\{x \to -\left(-\frac{1}{2}-\frac{\sqrt{5}}{2}\right)^{1/3}\right\},$
$\left.\left\{x \to \left(\frac{1}{2}+\frac{\sqrt{5}}{2}\right)^{1/3}\right\},\left\{x \to (-1)^{2/3}\left(\frac{1}{2}+\frac{\sqrt{5}}{2}\right)^{1/3}\right\}\right\}$

グラフもリストになる(ImageSize → 200 は紙面の都合で指定している).

$$\text{Table}[\text{Plot}[\text{Sin}[a\,x], \{x, 0, 2\pi\}, \text{ImageSize} \to 200], \{a, 1, 4, 1\}]$$

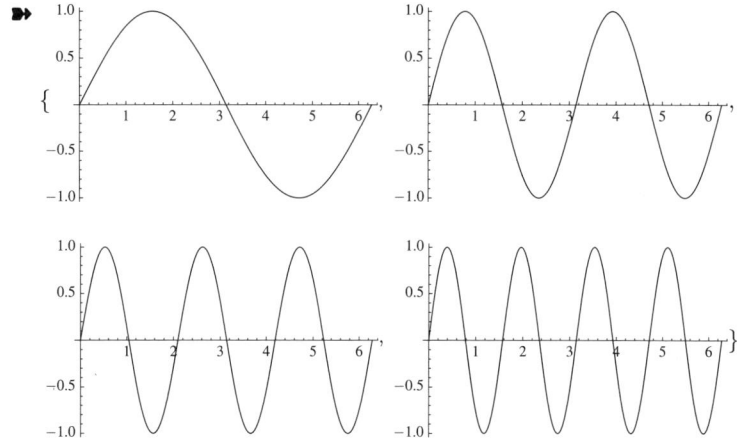

1.7.2 乱数のリストの生成

乱数を生成する関数には,その生成するリストの内容によってさまざまなものがある.

RandomInteger[{1, 6}, {100}]

➥ {2, 4, 1, 3, 3, 1, 3, 3, 4, 5, 3, 5, 1, 3, 6, 2, 2, 6, 3, 5, 3, 1, 1, 5, 5, 3, 1, 4, 1, 6, 6, 5, 5, 3, 1, 3, 3, 2, 5, 1, 3, 6, 3, 3, 4, 4, 6, 1, 5, 6, 2, 1, 5, 6, 5, 5, 2, 6, 3, 2, 6, 4, 5, 5, 3, 6, 5, 5, 4, 3, 5, 3, 2, 3, 3, 5, 5, 6, 3, 5, 2, 2, 6, 6, 2, 1, 3, 2, 1, 5, 2, 1, 1, 4, 6, 1, 5, 6, 1, 3}

ペアの乱数リストも簡単に生成することができる．

RandomInteger[{1, 6}, {100, 2}]

➡ {{1, 4}, {2, 3}, {4, 4}, {4, 1}, {5, 1}, {5, 2}, {2, 1}, {5, 5}, {5, 5}, {1, 4},
{5, 2}, {6, 6}, {4, 4}, {1, 2}, {2, 1}, {2, 3}, {4, 5}, {2, 3}, {5, 2}, {3, 6},
{6, 1}, {5, 6}, {4, 6}, {4, 1}, {2, 1}, {1, 5}, {4, 5}, {5, 5}, {3, 2}, {6, 4},
{6, 4}, {1, 6}, {2, 5}, {6, 1}, {6, 5}, {5, 4}, {4, 1}, {2, 5}, {4, 6}, {2, 2},
{5, 4}, {2, 3}, {2, 6}, {4, 5}, {4, 3}, {6, 2}, {1, 6}, {4, 5}, {5, 1}, {3, 4},
{3, 6}, {6, 4}, {1, 2}, {1, 3}, {3, 2}, {5, 1}, {4, 6}, {6, 3}, {2, 2}, {4, 1},
{6, 5}, {6, 4}, {4, 4}, {1, 2}, {1, 6}, {3, 4}, {2, 3}, {1, 2}, {3, 1}, {6, 4},
{2, 3}, {6, 6}, {2, 6}, {2, 3}, {2, 5}, {5, 4}, {4, 3}, {1, 5}, {1, 2}, {6, 2},
{2, 2}, {1, 3}, {4, 6}, {3, 3}, {1, 6}, {5, 1}, {6, 4}, {6, 1}, {4, 3}, {4, 2},
{1, 2}, {2, 2}, {6, 5}, {3, 1}, {2, 3}, {4, 1}, {2, 1}, {1, 1}, {5, 2}, {4, 5}}

RandomReal[{1, 6}, {10}]

➡ {3.47867, 3.63728, 4.95903, 3.96612, 4.74503, 1.13032, 2.64951, 1.58857, 3.03676, 1.94994}

RandomChoice[{"Cat", "Dog", "Mouse"}, {10}]

➡ {Mouse, Mouse, Dog, Dog, Dog, Mouse, Cat, Cat, Mouse, Cat}

練習問題

RandomPrime は指定された範囲の擬似乱数の素数を求めることができる．RandomPrime 関数を用いて 100 から 999 までの 3 桁の素数をできるだけ多くできるようにし，それらの重複をなくし，昇順に整列させなさい．

{101, 103, 107, 109, 113, 127, 131, 137, 139, 149, 151, 157, 163, 167, 173, 179,
181, 191, 193, 197, 199, 211, 223, 227, 229, 233, 239, 241, 251, 257, 263, 269,
271, 277, 281, 283, 293, 307, 311, 313, 317, 331, 337, 347, 349, 353, 359, 367,
373, 379, 383, 389, 397, 401, 409, 419, 421, 431, 433, 439, 443, 449, 457, 461,
463, 467, 479, 487, 491, 499, 503, 509, 521, 523, 541, 547, 557, 563, 569, 571,
577, 587, 593, 599, 601, 607, 613, 617, 619, 631, 641, 643, 647, 653, 659, 661,
673, 677, 683, 691, 701, 709, 719, 727, 733, 739, 743, 751, 757, 761, 769, 773,
787, 797, 809, 811, 821, 823, 827, 829, 839, 853, 857, 859, 863, 877, 881, 883,
887, 907, 911, 919, 929, 937, 941, 947, 953, 967, 971, 977, 983, 991, 997}

1.8 リストの要素の選び方

生成されたリストからいくつかの要素を取り出したり，必要な要素を選び出す方法は，さまざまなものが考えられる．

乱数を使って整数のリストを生成した．

　　$p = \text{RandomInteger}[\{1, 10\}, 6]$　　➡ $\{8, 9, 10, 7, 5, 8\}$

要素の個数は6個である．

　　$\text{Length}[p]$　　➡ 6

Partはリストの一部を取り出す．二重角括弧 [[...]] はPartの簡略表記である．

　　$\text{Part}[p, 3]$　　➡ 10

　　$p[[3]]$　　➡ 10

2番目と4番目の要素を取り出した．

　　$p[[\{2, 4\}]]$　　➡ $\{9, 7\}$

1番目から3番目までの要素を取り出した．

　　$p[[1\,;;3]]$　　➡ $\{8, 9, 10\}$

Takeは最初からいくつかを取り出す．負の数値を与えると末尾から取り出す．

　　$\text{Take}[p, 3]$　　➡ $\{8, 9, 10\}$
　　$\text{Take}[p, -2]$　　➡ $\{5, 8\}$
　　$\text{First}[p]$　　➡ 8
　　$\text{Rest}[p]$　　➡ $\{9, 10, 7, 5, 8\}$
　　$\text{Most}[p]$　　➡ $\{8, 9, 10, 7, 5\}$
　　$\text{Last}[p]$　　➡ 8

Tallyはリストの要素の度数を求める．

　　$\text{Tally}[p]$
　　　➡ $\{\{8, 2\}, \{9, 1\}, \{10, 1\}, \{7, 1\}, \{5, 1\}\}$

乱数を使って整数のペアのリストを生成した．

1.8 リストの要素の選び方

$q = \text{RandomInteger}[\{1, 10\}, \{10, 2\}]$
➡ $\{\{1,8\},\{10,5\},\{4,1\},\{7,5\},\{9,5\},\{1,2\},\{1,6\},\{7,5\},\{1,8\},\{5,3\}\}$

要素の個数は10個である．

Length$[q]$ ➡ 10

Dimensions$[q]$ ➡ $\{10,2\}$

2番目の要素を取り出す．

$q[[2]]$ ➡ $\{10,5\}$

2番目の要素の1番目の要素を取り出す．

$q[[2,1]]$ ➡ 10

TreeFormでリストを表すと，要素の位置がよくわかる[7]．

TreeForm$[q]$

➡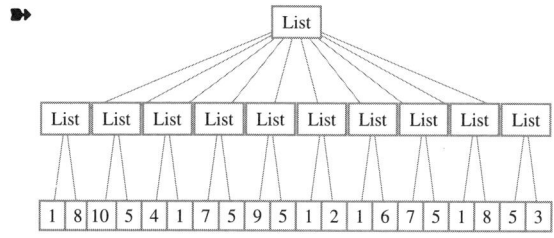

2列目のみを取り出した．

$q[[\text{All}, 2]]$ ➡ $\{8,5,1,5,5,2,6,5,8,3\}$

2番目と4番目の要素を取り出した．

$q[[\{2,4\}]]$ ➡ $\{\{10,5\},\{7,5\}\}$

ソートすると次のようになる．

Sort$[q]$
➡ $\{\{1,2\},\{1,6\},\{1,8\},\{1,8\},\{4,1\},\{5,3\},\{7,5\},\{7,5\},\{9,5\},\{10,5\}\}$

最初の3つだけ取り出す．

---

[7]. TreeFormに関しては，1.9節「FullFormと式」や1.11節「MapとApply」を参照．

Take[Sort[q], 3]　▶ {{1, 2}, {1, 6}, {1, 8}}

リストの階層を平坦化した．

Flatten[q]　▶ {1, 8, 10, 5, 4, 1, 7, 5, 9, 5, 1, 2, 1, 6, 7, 5, 1, 8, 5, 3}

さらにこのリストを3つの要素ごとにまとめた．

Partition[%, 3]
　▶ {{1, 8, 10}, {5, 4, 1}, {7, 5, 9}, {5, 1, 2}, {1, 6, 7}, {5, 1, 8}}

Select は条件を満たす要素を取り出す．以下では第2成分が5未満のものを取り出した[8]．

Select[q, #[[2]] < 5&]　▶ {{4, 1}, {1, 2}, {5, 3}}

練習問題

RandomInteger を用いて，下のように 3×3 行列を生成し，その2行目および2列目を取り出す操作を行いなさい．

m = RandomInteger[{0, 9}, {3, 3}]
　▶ {{3, 2, 9}, {9, 4, 4}, {4, 9, 2}}
　　{9, 4, 4}
　　{2, 4, 9}

1.9　FullForm と式

1.2節「*Mathematica* の文法について」で説明した FullForm や式についてさらに詳しく理解する．

1.9.1　式はリストと同じように扱える

Mathematica では，FullForm で式を表現すると，すべての式が *Mathematica* の通常の式の形をしていることが理解できる．初めに変数をクリアしておく．

　　Clear[a, b]

---

[8]. 条件式にある # や & については，1.10節「純関数」で説明する．

1.9 FullForm と式

FullForm$[a+b]$ ➡ Plus$[a, b]$

FullForm[**Range**[10]] ➡ List$[1, 2, 3, 4, 5, 6, 7, 8, 9, 10]$

通常の式はリストと同様の関数で扱える．Length は要素（関数の引数）の個数を表す．Length や Part などの関数は，リスト専用の関数というわけではなく，通常の式であるものすべてに対して扱うことができるからである．

Length$[a+b]$ ➡ 2

Part$[a+b, 2]$ ➡ b

グラフも通常の式であり，リスト同様に扱うことができる．

gr = ListPlot[**RandomInteger**[$\{1, 6\}, 6$]]

➡

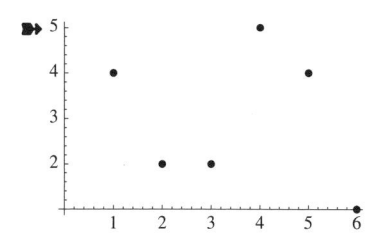

実際の表現形式を知るには，InputForm を使うとわかりやすい．

InputForm[**gr**]

➡ Graphics[{Hue[0.67, 0.6, 0.6], Point[{{1., 4.}, {2., 2.}, {3., 2.}, {4., 5.}, {5., 4.}, {6., 1.}}]}, {AspectRatio → GoldenRatio^(−1), Axes → True, AxesOrigin → {0, Automatic}, PlotRange → Automatic, PlotRangeClipping → True}]

Length[**gr**] ➡ 2

gr[[**1, 2, 1**]] ➡ $\{\{1., 4.\}, \{2., 2.\}, \{3., 2.\}, \{4., 5.\}, \{5., 4.\}, \{6., 1.\}\}$

Manipulate も例外ではない．

man = Manipulate[**Factor**$[x^n - 1]$, $\{n, 1, 10, 1\}$]

➡

man[[1, 1]] ▶ $-1+x^n$

Manipulateで生成されたものは，元の関数とほとんど変わらない形式になっているので，コンパクトに表現されている．

InputForm[man] ▶ Manipulate[Factor[x^n − 1], {n, 1, 10, 1}]

1.9.2 TreeForm

TreeFormで表現すると，部分が理解しやすい．

📝 数式の場合，入力した順番でなく，Mathematicaが表現し直した順になることに注意．

TreeForm$\left[\text{ex} = x^2 + 2xy - 1\right]$ [9]

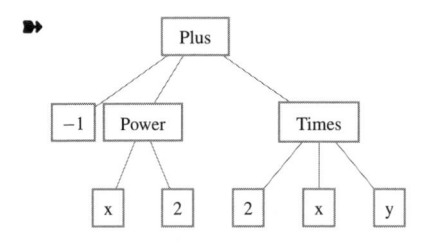

▶

```
            Plus
      ┌──────┼──────┐
     -1   Power    Times
          ┌─┴─┐   ┌──┼──┐
          x   2   2  x  y
```

左から3番目の枝で下がり，次に1番目の枝を選んだ．

ex[[3, 1]] ▶ 2

2番目の要素は，x^2 である．

ex[[2]] ▶ x^2

練習問題

次のSolveによって求められた解のリストを使って，以下のような解のみのリストを生成するためにはどのような関数を用いればよいか考えなさい．

soln = Solve$[x(x − 1)(x − 3)(x − 4) == 0, x]$
▶ $\{\{x \to 0\}, \{x \to 1\}, \{x \to 3\}, \{x \to 4\}\}$
　　$\{0, 1, 3, 4\}$

---

[9]. Mathematicaでは，乗算はスペースで表すことができる．この式では $2x\,y$ のように x と y の間にスペースを入れることに注意する．

1.10　純関数

さまざまなところで定義や条件式に用いられる純関数（Pure Function）について，その使い方を通して理解する．

1.10.1　純関数とは何か

Mathematica では，一般に関数は次のように定義する[10]．

$f[x\_] = x^2$　▶ x^2

この場合 f という名前の関数が定義され，その変数は x である．

$f[2]$　▶ 4

純関数は変数なしで定義できる関数であり，さまざまな場面で用いられる．匿名関数とも呼ばれる．

$\#^2\&[2]$　▶ 4

この場合，関数名と引数のどちらも定義する必要はない．$\#$ は引数を表し，$\&$ まで で純関数は定義される．正式には，$\#$ は Slot であり，$\&$ が Function を表している．

FullForm $[\#^2\&]$　▶ Function[Power[Slot[1], 2]]

引数が 2 つ以上あるものも同様に扱える．

$\#1^2 + \#2^2\&[2, 3]$　▶ 13

Array によって，Table のように使うこともできる．

Array $[\{\#, \#^2\}\&, 5]$　▶ $\{\{1,1\}, \{2,4\}, \{3,9\}, \{4,16\}, \{5,25\}\}$

1.10.2　純関数の応用

すでに説明したように，条件式などでも純関数は用いられる．

Select[Range[10], Mod[#, 3] == 1&]　▶ $\{1, 4, 7, 10\}$

同様のことを純関数を用いないで行うと，次のようになる．

---

[10]　1.13 節「関数の作り方」参照．

✎ 関数の頭部（名前の部分）のみを Select の条件式で書くことに注意．

$g[x\_] := \text{Mod}[x, 3] == 1;$
$\text{Select}[\text{Range}[10], g]$
➤ $\{1, 4, 7, 10\}$

グラフの彩色などでも純関数は用いられる．次の例では，実際に実行してみるとわかるが，y の値によって彩色している．

✎ 純関数の括弧の位置に注意．

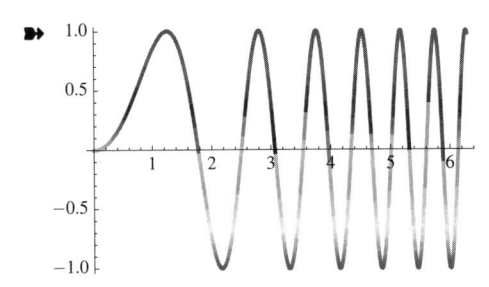

$\text{Plot}\left[\text{Sin}\left[x^2\right], \{x, 0, 2\pi\}, \text{PlotStyle} \to \text{Thick}, \text{ColorFunction} \to (\text{Hue}[\#2]\&)\right]$

➤

グラフの不等式領域を指定するときにも純関数は用いられる[11]．

$\text{Plot3D}[\text{Sin}[1.2(x+y)], \{x, -2, 2\}, \{y, -2, 2\},$
$\quad \text{RegionFunction} \to (0.5 < \#1^2 + \#2^2 < 4\&)]$

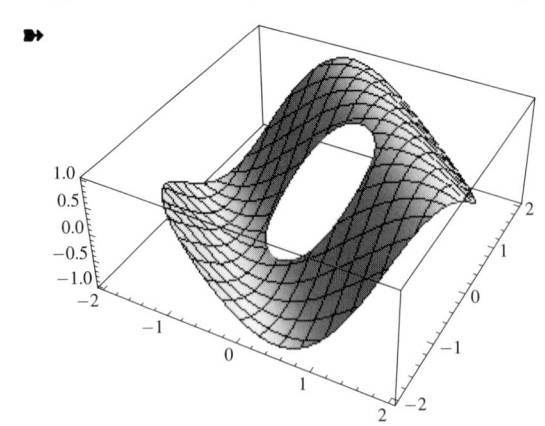

➤

---

[11] 詳しくは第 2 章で説明する．

練習問題

次の式の意味を考えなさい（少し時間がかかる）．

$\text{Length}\bigl[\text{Select}\bigl[\text{RandomReal}[\{-1,1\},\{1000000,2\}],$
$\#[[1]]^2 + \#[[2]]^2 < 1\&\bigr]\bigr]$

➡ 785826

$\text{N}[\%/1000000 * 4]$

➡ 3.1433

1.11　Map と Apply

Map と Apply は理解しにくい関数と考えている人が多い．しかし，これらの関数の挙動を理解すれば，*Mathematica* の式の扱い方を理解でき，*Mathematica* のプログラムを記述する能力は格段に向上する．

1.11.1　Map

TreeForm で Map がどのようなことを行っているのかを理解する．

$\text{TreeForm}[\{a,b,c\}]$

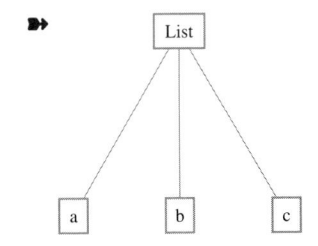

➡
```
       List
      / | \
     a  b  c
```

$\text{Map}[f,\{a,b,c\}]$

➡ $\{f[a], f[b], f[c]\}$

頭部とその要素の間に作用したことが理解できる．

$\text{TreeForm}[\text{Map}[f,\{a,b,c\}]]$

```
          List
        / |  \
       f  f   f
       |  |   |
       a  b   c
```

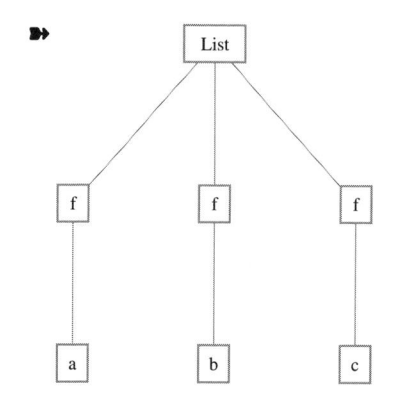

1.11.2 Apply

TreeFormでApplyがどのようなことを行っているのかも理解できる．

Apply[***f*, {*a*, *b*, *c*}]** ▶ *f*[*a*, *b*, *c*]

Applyは頭部を置換する．

TreeForm[**Apply**[***f*, {*a*, *b*, *c*}]]

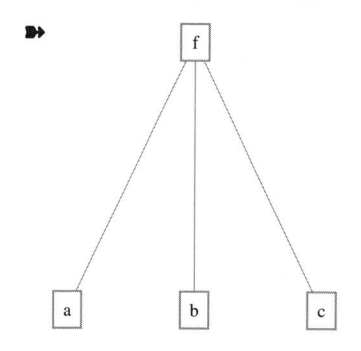

```
        f
      / | \
     a  b  c
```

MapとApplyは似たようなことを行う関数であるが，相互に使い分けることが必要である．

1.11.3 MapやApplyのレベル

Mapは式のレベル1に作用し，Applyはレベル0（頭部）に作用する．レベルを変えたいときには，指定する必要がある．ここではペアのリストを作成し，そのペア

ごとの和を作成する方法をもとに考えてみよう．

$m = \mathbf{RandomInteger[\{1,6\},\{10,2\}]}$
➡ $\{\{4,1\},\{5,1\},\{6,4\},\{5,6\},\{2,5\},\{2,2\},\{1,4\},\{1,4\},\{4,1\},\{3,6\}\}$

1つ下のListの頭部をPlusに変えた．

$\mathbf{Apply[Plus,m,1]}$ ➡ $\{5,6,10,11,7,4,5,5,5,9\}$

Partを用いて和を計算した．

$\mathbf{Map[\#[[1]]+\#[[2]]\&,m]}$ ➡ $\{5,6,10,11,7,4,5,5,5,9\}$

1つレベルを下げてMapを使った．

$\mathbf{Map[Sin,m,\{2\}]}$
➡ $\{\{\text{Sin}[4],\text{Sin}[1]\},\{\text{Sin}[5],\text{Sin}[1]\},\{\text{Sin}[6],\text{Sin}[4]\},\{\text{Sin}[5],\text{Sin}[6]\},$
$\{\text{Sin}[2],\text{Sin}[5]\},\{\text{Sin}[2],\text{Sin}[2]\},\{\text{Sin}[1],\text{Sin}[4]\},\{\text{Sin}[1],\text{Sin}[4]\},$
$\{\text{Sin}[4],\text{Sin}[1]\},\{\text{Sin}[3],\text{Sin}[6]\}\}$

「{2}」でなく「2」とすると，レベル1からレベル2までにMapが作用する．

$\mathbf{Map[Sin,m,2]}$
➡ $\{\{\text{Sin}[\text{Sin}[4]],\text{Sin}[\text{Sin}[1]]\},\{\text{Sin}[\text{Sin}[5]],\text{Sin}[\text{Sin}[1]]\},$
$\{\text{Sin}[\text{Sin}[6]],\text{Sin}[\text{Sin}[4]]\},\{\text{Sin}[\text{Sin}[5]],\text{Sin}[\text{Sin}[6]]\},$
$\{\text{Sin}[\text{Sin}[2]],\text{Sin}[\text{Sin}[5]]\},\{\text{Sin}[\text{Sin}[2]],\text{Sin}[\text{Sin}[2]]\},$
$\{\text{Sin}[\text{Sin}[1]],\text{Sin}[\text{Sin}[4]]\},\{\text{Sin}[\text{Sin}[1]],\text{Sin}[\text{Sin}[4]]\},$
$\{\text{Sin}[\text{Sin}[4]],\text{Sin}[\text{Sin}[1]]\},\{\text{Sin}[\text{Sin}[3]],\text{Sin}[\text{Sin}[6]]\}\}$

1.11.4 ちょっと応用

3次元の座標を30個作成し，球を描いた[12]．

$\mathbf{pts = RandomInteger[\{0,10\},\{30,3\}]}$
➡ $\{\{0,3,3\},\{0,3,7\},\{5,9,7\},\{3,9,4\},\{0,4,4\},\{3,5,2\},\{8,6,4\},\{0,3,7\},$
$\{5,4,10\},\{3,10,2\},\{6,0,8\},\{6,3,0\},\{3,10,9\},\{10,2,8\},\{8,1,2\},$
$\{4,5,10\},\{3,4,8\},\{6,6,2\},\{3,0,10\},\{0,5,9\},\{7,5,0\},\{6,7,8\},\{3,4,5\},$
$\{10,7,2\},\{6,0,5\},\{7,1,9\},\{3,8,1\},\{0,2,5\},\{7,8,8\},\{9,7,8\}\}$

---

[12]. これに関する例は，第2章のグラフィックスや1.10節「純関数」を参照．

Graphics3D[Map[{Hue[RandomReal[ ]], Sphere[#]}&, pts]]

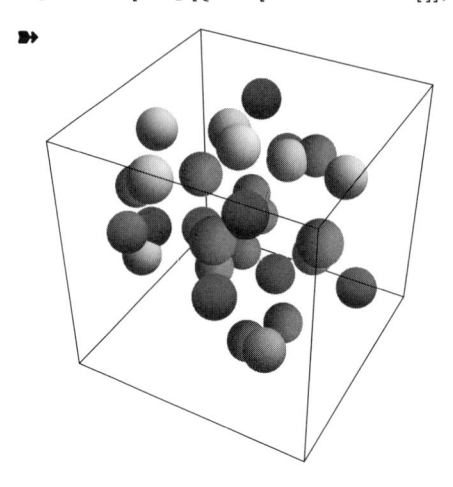

⇒

練習問題

Range と Apply を用いて 100 以下の 3 の倍数の和を求めなさい．

1.12 Nest と Fold

繰り返し処理を行う *Mathematica* 特有の関数，Nest と Fold を理解しよう．これらの関数を理解することにより，面倒なプログラムを書かなくとも簡単に反復の計算が可能になる．

1.12.1 Nest

Nest は計算結果を使って反復計算する．

Nest[*f*, *x*, 5] ⇒ $f[f[f[f[f[x]]]]]$

NestList は Nest の経過をリストにする．

NestList[*f*, *x*, 5]
⇒ $\{x, f[x], f[f[x]], f[f[f[x]]], f[f[f[f[x]]]], f[f[f[f[f[x]]]]]\}$

関数の部分は純関数でも記述できる．

NestList[1.5#(# − 1)&, 0.1, 10]

▶ {0.1, −0.135, 0.229838, −0.265518, 0.504027, −0.374976, 0.773374, − 0.2629, 0.498025, −0.374994, 0.773422}

ニュートン法で$\sqrt{3}$の近似値を求める.

NestList$\left[N\left[\# - \frac{(\#^2 - 3)}{2\#}\&, 20\right], 1, 10\right]$//TableForm

▶ 1
2.0000000000000000000
1.7500000000000000000
1.732142857142857143
1.732050810014727541
1.732050807568877295
1.73205080756887729
1.73205080756887729
1.73205080756887729
1.7320508075688773
1.7320508075688773

Column[NestList[(Append[# + 1, 1] + Prepend[# + 1, 1])/2&, {1}, 5], Center]

▶ {1}
$\{\frac{3}{2}, \frac{3}{2}\}$
$\{\frac{7}{4}, \frac{5}{2}, \frac{7}{4}\}$
$\{\frac{15}{8}, \frac{25}{8}, \frac{25}{8}, \frac{15}{8}\}$
$\{\frac{31}{16}, \frac{7}{2}, \frac{33}{8}, \frac{7}{2}, \frac{31}{16}\}$
$\{\frac{63}{32}, \frac{119}{32}, \frac{77}{16}, \frac{77}{16}, \frac{119}{32}, \frac{63}{32}\}$

1.12.2 Fold

Foldは3つの引数をとる.

Fold[f, x, Range[10]]

▶ $f[f[f[f[f[f[f[f[f[f[x, 1], 2], 3], 4], 5], 6], 7], 8], 9], 10]$

階乗を計算した.

FoldList[Times, 1, Range[10]]

▶ {1, 1, 2, 6, 24, 120, 720, 5040, 40320, 362880, 3628800}

FoldList $\left[\#1 + \#2^2 \&, 1, \text{Range}[10]\right]$

➡ $\{1, 2, 6, 15, 31, 56, 92, 141, 205, 286, 386\}$

1.12.3 FixedPoint と FixedPointList

FixedPoint は，結果が変化しなくなるまで計算を繰り返す．

FixedPoint $\left[\sqrt{\#}\&, 2.\right]$

➡ 1.

FixedPointList $\left[\sqrt{\#}\&, 2., 20\right]$

➡ $\{2., 1.41421, 1.18921, 1.09051, 1.04427, 1.0219, 1.01089, 1.00543, 1.00271,$
$1.00135, 1.00068, 1.00034, 1.00017, 1.00008, 1.00004, 1.00002, 1.00001,$
$1.00001, 1., 1., 1.\}$

FixedPointList は，結果が変化しなくなるまで反復を繰り返し，その結果をリストで返す．

ニュートン法で $\sqrt{3}$ の近似値を求める．

FixedPointList $\left[\mathbf{N}\left[\# - \frac{(\#^2 - 3)}{2\#}\&, 20\right], 1\right] // \mathbf{TableForm}$

➡ 1
2.0000000000000000000
1.7500000000000000000
1.732142857142857143
1.732050810014727541
1.732050807568877295
1.73205080756887729

練習問題

以下のプログラムは，10円玉2つと50円玉3つと100円玉4つで払える金額のすべてを求めている．どのように計算しているのかを調べなさい．

Union[Flatten[Fold[{#1, #1 + #2}&, {0}, {10, 10, 50, 50, 50, 100, 100, 100, 100}]]]

➡ $\{0, 10, 20, 50, 60, 70, 100, 110, 120, 150, 160, 170, 200, 210, 220, 250, 260,$
$270, 300, 310, 320, 350, 360, 370, 400, 410, 420, 450, 460, 470, 500, 510, 520,$
$550, 560, 570\}$

Length[%]
▶ 36

1.13 関数の作り方

Mathematica で関数を定義する方法について理解する.

1.13.1 割り当て

割り当て（代入）には，即時割り当て（=）と遅延割り当て（:=）がある．以下のように2つは区別される．

$a = \text{RandomInteger}[\{1, 6\}, 3]$
▶ $\{3, 4, 2\}$
$b := \text{RandomInteger}[\{1, 6\}, 3]$
$\text{Table}[a, \{3\}]$
▶ $\{\{3, 4, 2\}, \{3, 4, 2\}, \{3, 4, 2\}\}$
$\text{Table}[b, \{3\}]$
▶ $\{\{2, 4, 1\}, \{6, 4, 5\}, \{3, 6, 3\}\}$

なぜこのような違いがあるのだろうか？ 即時割り当てでは，右辺はすでに評価され，評価された数値が代入されるのに対して，遅延割り当てでは，呼び出されたときに評価されるように，右辺は評価されずにその式が代入されている．

?a

Global`a
$a = \{3, 4, 2\}$

?b

Global`b
$b := \text{RandomInteger}[\{1, 6\}, 3]$

1.13.2　関数の作り方の基本

変数や関数名のシンボルをクリアしておく．

　　$\mathrm{Clear}[f,g]$

関数の定義は，以下のような形式で，左辺の引数にパターンと呼ばれる形を用いて記述する．単純な関数であれば，基本的には即時割り当てを使用する．

　　$f[x\_] = x^2$　⇒　x^2
　　　$f[3]$　⇒　9

しかし，右辺が未知の場合には，遅延割り当てを用いなければうまくいかない．右辺をあらかじめ評価しておくのか，その関数が呼び出されたときに評価するのかによって，「=」と「:=」を使い分ける必要がある．

　　$g[n\_] = \mathrm{Table}[x^p, \{p, 1, n\}]$
　　　⇒ $\mathrm{Table}[x^p, \{p, 1, n\}]$
　　$g[n\_] := \mathrm{Table}[x^p, \{p, 1, n\}]$
　　$g[10]$　⇒　$\{x, x^2, x^3, x^4, x^5, x^6, x^7, x^8, x^9, x^{10}\}$

🖉　最初の入力に対して，メッセージウィンドウに「Table::iterb : 反復演算 $\{p,1,n\}$ は適正な範囲を持ちません」のようなエラーメッセージが表示されることに注意する．

次の微分の例では，偏微分の評価はあらかじめ行っていなければならないので，即時割り当てを使わなければいけない．

　　$\mathrm{Clear}[f, g_1, g_2]$
　　$f[x\_] = x^2$　⇒　x^2
　　$g_1[x\_] := D[f[x], x]$
　　$g_2[x\_] = D[f[x], x]$　⇒　$2x$
　　$g_1[3]$　⇒　$\partial_3 9$
　　$g_2[3]$　⇒　6

🖉　$g_1[3]$ の出力時に「General::ivar : 3 は有効な変数ではありません」というエラーが表示されることに注意する．

関数は重複した定義を行うことができる．その場合条件が厳しいものから評価される．まず，関数名をクリアする．

Clear[f]

右辺に条件式を書くと True や False を返す関数を作ることができる．

$f[x\_] = -2 < x < 2$ ➡ $-2 < x < 2$

$f[0.5]$ ➡ True

パターンに以下のような記述をすると，整数のみしか評価しない関数になる．

$f[x\_\text{Integer}] = x^2$ ➡ x^2

定義されたものを見ると評価が適用される順に表示される．

?f

> Global`f
> $f[x\_\text{Integer}] = x^2$
> $f[x\_] = -2 < x < 2$

$f[1]$ ➡ 1

Clear[f]

フィボナッチの数列もルールで定義することができる．

fib[1] = fib[2] = 1;
fib[$n\_$] := fib[n] = fib[$n-1$] + fib[$n-2$];
fib[10]
➡ 55

Table[fib[n], {n, 30}]
➡ {1, 1, 2, 3, 5, 8, 13, 21, 34, 55, 89, 144, 233, 377, 610, 987, 1597, 2584, 4181, 6765, 10946, 17711, 28657, 46368, 75025, 121393, 196418, 317811, 514229, 832040}

練習問題

上で定義したフィボナッチの数列では，遅延割り当てと即時割り当ての両方を用いている．その理由を考えなさい．

$$\text{fib}[n\_] := \text{fib}[n] = \text{fib}[n-1] + \text{fib}[n-2];$$

1.14 記号計算1

*Mathematica*は数式処理ソフトウェアであり，数式などの記号を処理できることに特徴がある．ここでは数式や関数の処理について理解する．

1.14.1 展開と因数分解

式の展開や因数分解には，さまざまなものがある．

Expand $\left[(x+1)^{30}\right]$
➯ $1+30x+435x^2+4060x^3+27405x^4+142506x^5+593775x^6+2035800x^7$
$+5852925x^8+14307150x^9+30045015x^{10}+54627300x^{11}+86493225x^{12}$
$+119759850x^{13}+145422675x^{14}+155117520x^{15}+145422675x^{16}$
$+119759850x^{17}+86493225x^{18}+54627300x^{19}+30045015x^{20}$
$+14307150x^{21}+5852925x^{22}+2035800x^{23}+593775x^{24}+142506x^{25}$
$+27405x^{26}+4060x^{27}+435x^{28}+30x^{29}+x^{30}$

関数の中までは展開されない．

Expand $\left[\text{Sin}\left[(x+1)^{10}\right]\right]$ ➯ $\text{Sin}\left[(1+x)^{10}\right]$

ExpandAllならば展開できる．

ExpandAll $\left[\text{Sin}\left[(x+1)^{10}\right]\right]$
➯ $\text{Sin}\left[1+10x+45x^2+120x^3+210x^4+252x^5+210x^6+120x^7\right.$
$\left.+45x^8+10x^9+x^{10}\right]$

三角関数の展開もできる．

TrigExpand[Sin[5x]]
➯ $5\text{Cos}[x]^4\text{Sin}[x]-10\text{Cos}[x]^2\text{Sin}[x]^3+\text{Sin}[x]^5$

因数分解された結果は，通常は昇べきの順に表される．

Factor $[x^{10} - 1]$
➡ $(-1+x)(1+x)\left(1 - x + x^2 - x^3 + x^4\right)\left(1 + x + x^2 + x^3 + x^4\right)$

因子と重複度のペアのリストとして取り出すこともできる．

FactorList $[x^{20} - 1]$
➡ $\{\{1,1\}, \{-1+x,1\}, \{1+x,1\}, \{1+x^2,1\}, \{1 - x + x^2 - x^3 + x^4, 1\},$
$\{1 + x + x^2 + x^3 + x^4, 1\}, \{1 - x^2 + x^4 - x^6 + x^8, 1\}\}$

それぞれの因子の係数のみを取り出した．

Map $[\text{CoefficientList}[\text{First}[\#], x]\&, \text{FactorList}[x^{30} - 1]]$
➡ $\{\{1\}, \{-1,1\}, \{1,1\}, \{1,-1,1\}, \{1,1,1\}, \{1,-1,1,-1,1\}, \{1,1,1,1,1\},$
$\{1,-1,0,1,-1,1,0,-1,1\}, \{1,1,0,-1,-1,-1,0,1,1\}\}$

多項式の最大公約因子を求める．

PolynomialGCD $[x^6 - 1, x^4 - 1]$ ➡ $-1 + x^2$

判別式を求める．

Discriminant $[x^3 - 1, x]$ ➡ -27

2つの方程式から y を消去する．

Eliminate $[\{x^2 + y^2 == 1, x + 2y - 1 == 0\}, y]$
➡ $-2x + 5x^2 == 3$

1.14.2 分数関数

部分分数式に分解する．

Apart $\left[\dfrac{1}{x^4 - 1}\right]$ ➡ $\dfrac{1}{4(-1+x)} - \dfrac{1}{4(1+x)} - \dfrac{1}{2(1+x^2)}$

通分する．

Together[%] ➡ $\dfrac{1}{(-1+x)(1+x)(1+x^2)}$

Expand では，分母は展開されない．

Expand[%] ➡ $\dfrac{1}{(-1+x)(1+x)(1+x^2)}$

ExpandDenominator[%%] ➡ $\dfrac{1}{-1+x^4}$

📝 %%は2つ前の出力を表す．%nで出力番号を指定することもできる．

約分する．

Cancel $\left[\dfrac{x^4-1}{x^6-1}\right]$ ➡ $\dfrac{1+x^2}{1+x^2+x^4}$

多項式同士の割り算をしたときの商と剰余を求める．

PolynomialQuotientRemainder $[x^{10}, x^2+x-2, x]$
➡ $\{171-85x+43x^2-21x^3+11x^4-5x^5+3x^6-x^7+x^8, 342-341x\}$

三角関数の分数式も扱うことができる．

Apart $\left[\dfrac{1}{\operatorname{Sin}[x]^4-1}, \operatorname{Trig} \to \operatorname{True}\right]$
➡ $\dfrac{1}{-3+\operatorname{Cos}[2x]} - \dfrac{\operatorname{Sec}[x]^2}{2}$

練習問題

x^n-1を因数分解したときの因数（因子）の中の係数の総和を，nを1から30まで変化させて求めなさい．

📝 例えば，$x^2-1=(x+1)(x-1)$であるから，各係数は$1,1,1,-1$，よって和は2となる．

1.15 記号計算2

前節に続いて，記号計算について紹介していく．ここでは方程式や微分・積分の関数について理解しよう．

1.15.1 方程式の解法

まず各変数をすべてクリアする．

📝 変数のクリアは，Clear[a]のように指定するが，すべての変数や関数をクリアするときには，次のように書く．

Clear["Global`*"]

方程式を解く．

$\mathrm{Solve}\left[x^2+x-1==0, x\right]$

▶ $\left\{\left\{x \to \frac{1}{2}\left(-1-\sqrt{5}\right)\right\}, \left\{x \to \frac{1}{2}\left(-1+\sqrt{5}\right)\right\}\right\}$

連立方程式を解く.

$\mathrm{Solve}\left[\left\{x^6-1==0, x^9-1==0\right\}, x\right]$

▶ $\left\{\{x \to 1\}, \left\{x \to -(-1)^{1/3}\right\}, \left\{x \to (-1)^{2/3}\right\}\right\}$

$\mathrm{ExpToTrig}[\%]$

▶ $\left\{\{x \to 1\}, \left\{x \to -\frac{1}{2}-\frac{\mathrm{i}\sqrt{3}}{2}\right\}, \left\{x \to -\frac{1}{2}+\frac{\mathrm{i}\sqrt{3}}{2}\right\}\right\}$

1次方程式をパラメータにより場合分けして解く.

$\mathrm{Reduce}[a\,x+b==0, x]$

▶ $(b==0\&\&a==0) \,||\, \left(a \neq 0 \&\& x == -\frac{b}{a}\right)$

数値解を求める.

$\mathrm{NSolve}\left[x^6-1==0, x\right]$

▶ $\{\{x \to -1.\}, \{x \to -0.5-0.866025\,\mathrm{i}\}, \{x \to -0.5+0.866025\,\mathrm{i}\},$
$\{x \to 0.5-0.866025\,\mathrm{i}\}, \{x \to 0.5+0.866025\,\mathrm{i}\}, \{x \to 1.\}\}$

ニュートン法によって解を求める.

$\mathrm{FindRoot}\left[\mathrm{Sin}[x]==x^2, \{x, 1\}\right]$

▶ $\{x \to 0.876726\}$

$\mathrm{Plot}\left[\mathrm{Sin}[x]-x^2, \{x, -1, 1.5\}\right]$

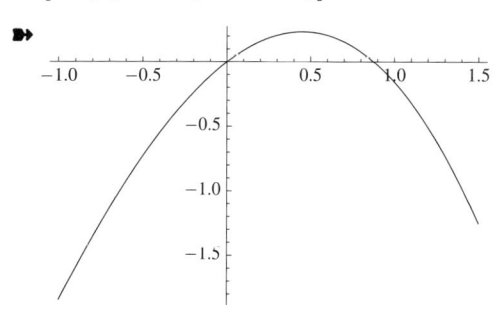

▶

再帰方程式を解く.

$$\text{RSolve}[\{f[n] == n\,f[n-1],\, f[1]==1\},\, f[n],\, n]$$
➥ $\{\{f[n] \to \text{Gamma}[1+n]\}\}$

1.15.2 微積分

偏微分する．

$$\text{D}\left[\text{Sin}[5x]^6,\, x\right] \quad ➥ 30\text{Cos}[5x]\text{Sin}[5x]^5$$

不定積分する．

$$\int \frac{\text{Sin}[x]}{\sqrt{x}}\,\mathrm{d}x \quad ➥ \sqrt{2\pi}\text{FresnelS}\left[\sqrt{\frac{2}{\pi}}\sqrt{x}\right]$$

Integrate は前提条件を付け加えることができる．

$$\text{Integrate}[x^n, \{x, 0, 1\}]$$
➥ $\text{If}\left[\text{Re}[n] > -1,\, \dfrac{1}{1+n},\, \text{Integrate}[x^n, \{x, 0, 1\}, \text{Assumptions} \to \text{Re}[n] \leq -1]\right]$

$$\text{Integrate}[x^n, \{x, 0, 1\}, \text{Assumptions} \to n > 0]$$
➥ $\dfrac{1}{1+n}$

定積分する．

$$\pi \int_0^1 \text{Sin}[x]\,\mathrm{d}x \quad ➥ \pi(1 - \text{Cos}[1])$$

数値積分する．

$$\text{NIntegrate}\left[\text{Sin}\left[x^2\right], \{x, 0, 1\}\right] \quad ➥ 0.310268$$

極限を求める．

$$\text{Limit}\left[\frac{\text{Sin}[x]}{x},\, x \to 0\right] \quad ➥ 1$$

練習問題

ドキュメントセンターで DSolve の使い方を調べ，以下の微分方程式を解きなさい．

$$x'(s) = \cos(t(s)),\ y'(s) = \sin(t(s)),\ t'(s) = s,\ x(0) = y(0) = t(0) = 0$$

1.16 Ruleの処理

なぜSolveの結果は=ではなく→（Rule）の形で表示されるのか，またこの結果を再利用するためにはどうしたらよいのかと，よく聞かれる．理由は簡単だが，Ruleの使い方に困っている人も多いと聞く．ここでは，Ruleの使い方について理解しよう．

1.16.1 なぜRuleで表示されるのか

$\text{soln} = \text{Solve}\left[x^2 - 2x - 3 == 0, x\right]$ ➡ $\{\{x \to -1\}, \{x \to 3\}\}$

$x^2 - 2x - 3 == 0 /.\,\text{soln}$ ➡ $\{\text{True}, \text{True}\}$

Solveの結果は，Ruleと呼ばれる形で表現される．なぜだろうか？ *Mathematica*では，= は代入（割り当て）を表すので，二重に代入されてしまっては困るし，== では，その後の運用が面倒になる．

✍ しかし，Reduce等の出力結果は論理式であるために==等を使って表される．

1.16.2 Ruleの使い方

Rule（→）は置換規則であり，その結果をあとで使うために用意されている．

$D\left[x^2 - 2x - 3, x\right]/.\,\text{soln}$ ➡ $\{-4, 4\}$

出力結果を別の式に代入したり，グラフを描いたりすることもできる．

$\text{soln2} = \text{Solve}\left[x^2 + y^2 == 1, y\right]$

➡ $\left\{\left\{y \to -\sqrt{1-x^2}\right\}, \left\{y \to \sqrt{1-x^2}\right\}\right\}$

$\text{Plot}[y/.\,\text{soln2}, \{x, -1, 1\}, \text{AspectRatio} \to \text{Automatic}]$

➡

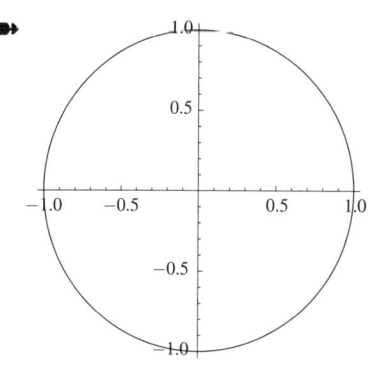

ここで使われた /. は，ReplaceAll という関数の簡略形である．

?/.

> *expr*/.*rules* 式 *expr* の下位区分のそれぞれを変換しようとするとき，規則または規則のリストを適用する．≫

1.16.3 ちょっと応用

ReplaceAll と Rule を用いると，以下のような計算も簡単にできる．

Clear[p, q]
$m = $ **RandomInteger**[$\{1, 6\}, \{10, 2\}$]
➡ $\{\{1,5\},\{6,4\},\{1,1\},\{3,5\},\{3,6\},\{5,3\},\{5,1\},\{2,5\},\{2,2\},\{6,1\}\}$

$m/.\{p\_, q\_\} \to p + q$
➡ $\{6, 10, 2, 8, 9, 8, 6, 7, 4, 7\}$

ReplaceAll の表記を使ったときには明らかに評価順序がわかるが，/. の形の後置表現では，評価順序がわかりにくい．以下の例で評価順序を理解してほしい．

Sort$[m/.\{p\_, q\_\} \to p^q]$
➡ $\{1, 1, 4, 5, 6, 32, 125, 243, 729, 1296\}$

Sort$[m]/.\{p\_, q\_\} \to p^q$
➡ $\{1, 1, 4, 32, 243, 729, 5, 125, 6, 1296\}$

/.（ReplaceAll）は一度だけ置換の適用をするが，//.（ReplaceRepeated）は繰り返し置き換えを行う．

Clear[a, b, c, d]
$\log[a\, b\, c\, d]/.\log[a\_\, b\_] \to \log[a] + \log[b]$
➡ $\log[a] + \log[bcd]$

$\log[a\, b\, c\, d]//.\log[a\_\, b\_] \to \log[a] + \log[b]$
➡ $\log[a] + \log[b] + \log[c] + \log[d]$

ルールはパターンで定義できる．そのため以下のようなこともできる．

RandomInteger[$\{-5, 5\}, 100$]$/.\_?$Negative $\to$ " × "

➡ {4, 2, 1, ×, ×, ×, ×, 1, 3, ×, 2, 5, ×, 1, ×, 3, 4, 4, 1, 3, 4, 3, ×, ×, 0, 1, 1, 2, 2, 4, 5, 1, 5, 5, 2, ×, ×, ×, ×, 2, ×, 0, ×, ×, 0, ×, ×, ×, ×, ×, 5, 0, 0, ×, 4, ×, 3, 0, 0, ×, ×, 4, 5, 0, 2, 0, ×, 4, 0, ×, 4, 4, 4, 3, ×, ×, 3, 4, 1, ×, ×, 5, 5, 0, 5, 0, ×, 5, ×, 3, ×, ×, ×, 5, ×, 4, 1, ×, ×, 3}

ルールにも，割り当て[13]と同じようにRule（→）とRuleDelayed（:>または:→）の2種類がある．

Table[x, {5}]/. x → RandomInteger[{1, 6}]
➡ {5, 5, 5, 5, 5}

Table[x, {5}]/. x :> RandomInteger[{1, 6}]
➡ {1, 2, 6, 4, 1}

練習問題

乱数を使って2つのサイコロを10,000回振ったときの目の和の度数分布を作成しなさい（グラフは描かなくともよい）．

{{2, 293}, {3, 576}, {4, 809}, {5, 1127}, {6, 1390}, {7, 1684}, {8, 1335}, {9, 1113}, {10, 821}, {11, 577}, {12, 275}}

1.17　式の簡約化と変数のクリア

Simplifyは式の簡約化をする関数である．ただし，使い方には多少コツがある．また，簡約化する関数はSimplifyだけではない．ここでは，式の簡約化に関する関数と，変数や関数名のクリアについての話をする．

Simplify関数は式の簡約化を行うが，その内部では実にさまざまな多項式の変換や操作を行っている．あるときは展開，あるときは因数分解など数十通りの可能性を吟味し，その式に最も適した形に簡約化している．自分が望んだ形にならない場合もあるが，ある意味Mathematicaが自動的に行って出した結果であり，自分の意に沿わない場合には，それに適した関数を自分で選べばよいのである．

---

[13]．割り当てについては，1.13節「関数の作り方」を参照．

1.17.1 Simplify

Simplifyは，条件を設定することでより目的に近い，あるいは目的に合った結果を導くことができる．次の例は，*Mathematica* が標準では複素関数をもとにするために起こることに対処している．

$$\text{Simplify}\left[\sqrt{x^2}\right] \quad \Rightarrow \quad \sqrt{x^2}$$

$$\text{Simplify}\left[\sqrt{x^2}, x \in \text{Reals}\right] \quad \Rightarrow \quad \text{Abs}[x]$$

$$\text{Simplify}\left[\sqrt{x^2}, x < 0\right] \quad \Rightarrow \quad -x$$

FullSimplify は，Simplify よりも多くの変換を試みるが，それだけ遅くなる．

$$\text{Simplify}\left[4\text{Cos}[x]^3 - 3\text{Cos}[x]\right] \quad \Rightarrow \quad \text{Cos}[x](-1 + 2\text{Cos}[2x])$$

$$\text{FullSimplify}\left[4\text{Cos}[x]^3 - 3\text{Cos}[x]\right] \quad \Rightarrow \quad \text{Cos}[3x]$$

これらのことについては，ドキュメントセンターの「代数式の簡約化」が詳しい．

1.17.2 その他の簡約化

そのほかにも，さまざまな操作が簡約化の目的で使われる．

TrigExpand[Sin[10x]]
$\Rightarrow 10\text{Cos}[x]^9\text{Sin}[x] - 120\text{Cos}[x]^7\text{Sin}[x]^3 + 252\text{Cos}[x]^5\text{Sin}[x]^5$
$\quad - 120\text{Cos}[x]^3\text{Sin}[x]^7 + 10\text{Cos}[x]\text{Sin}[x]^9$

TrigFactor[%]
$\Rightarrow 2\text{Cos}[x](1 - 2\text{Cos}[2x] + 2\text{Cos}[4x])(1 + 2\text{Cos}[2x] + 2\text{Cos}[4x])\text{Sin}[x]$

TrigReduce[%]
$\Rightarrow \text{Sin}[10x]$

TrigToExp[Sin[10x]]
$\Rightarrow \dfrac{1}{2}i e^{-10ix} - \dfrac{1}{2}i e^{10ix}$

ExpToTrig$\left[e^i\right]$
$\Rightarrow \text{Cos}[1] + i\text{Sin}[1]$

FunctionExpand$\left[\text{Sin}\left[\dfrac{\pi}{15}\right]\right]$
$\Rightarrow -\dfrac{1}{8}\sqrt{3}\left(-1 + \sqrt{5}\right) + \dfrac{1}{4}\sqrt{\dfrac{1}{2}\left(5 + \sqrt{5}\right)}$

FunctionExpand[Mod[$(p-1)!, p$], $p \in$ Primes]
➭ $-1+p$

1.17.3 変数のクリア

　Mathematica は変数や関数として文字が割り当てられたとき，Mathematica が終了されるまでその内容を常に保持し続ける．そのため予期しない結果が起こることもある．Mathematica の組込み関数は一般に大文字から始まる名称がついているため，ユーザーは変数や関数名に小文字で始まる名称をつけておくと区別しやすい．

　小文字で始まる変数等を検索するために，以下のような関数がある．

　　hoge $= 3$　　➭ 3

　　?Global`*

> Global`hoge
> hoge $= 3$

この変数の中身をクリア（消去）するには，以下のどちらかの方法を用いる．

　　Clear[hoge]

　　hoge$=$.

　割り当てがされていない変数等は，ノートブックで青色に表示され，割り当てがされている変数等は黒色で表示される．ユーザーが定義した変数や関数の中身を一括してクリア（消去）したい場合には，以下のようにすればよい．

　　Clear["Global`*"]

定義自体をすべて消去するためには，以下のようにすればよい．

　　Remove["Global`*"]

　　?Global`*

> Information::nomatch: Global`* と合致するシンボルが見付かりません．

練習問題

ドキュメントセンターで，式の簡約化に使えるその他の関数を探しなさい．

1.18 関数とパッケージの作り方

Moduleの使い方や，簡単なパッケージの作り方について理解する．

1.18.1 Module

例えば以下のように関数を作った場合，引数であるa, b, cはその関数定義の中で局所化されているが，soln と x は局所化されていない．そのため，以下のような問題が起こる．

$f[a\_, b\_, c\_] := ($
　soln $=$ Solve $\left[a\,x^2 + b\,x + c == 0, x\right]$;
　$x/.$ soln
$)$
$f[1, 1, -2]$　➡ $\{-2, 1\}$
　　$x = 5$　➡ 5
$f[1, 1, -3]$　➡ $5/.$Solve[False, 5]

Moduleは，関数やプログラムの中で使われている変数を局所化することができる．

$g[a\_, b\_, c\_] :=$ Module[$\{$soln$, x\}$,
　soln $=$ Solve $\left[a\,x^2 + b\,x + c == 0, x\right]$;
　$x/.$ soln
$]$
$g[1, 1, -2]$　➡ $\{-2, 1\}$
　　$x = 3$　➡ 3
$g[1, 1, -3]$　➡ $\left\{\dfrac{1}{2}\left(-1-\sqrt{13}\right), \dfrac{1}{2}\left(-1+\sqrt{13}\right)\right\}$

局所化した変数は，カラードシンタックス[14]で緑色で表示される．

1.18.2 コンテキスト

パッケージを作成する際には，コンテキストを意識することが必要となる．例えば前項で定義したfは，Global` というコンテキストを持っている．また，組込み関

---

[14]. カラードシンタックスとは，*Mathematica*の関数の文法や変数の定義の状況を色で表現したものである．通常の変数は，定義されていなければ青，定義されていれば黒で表現されている．

数は System` というコンテキストを持っており，パッケージではこれらと重複しないように独自のコンテキストを設定することが必要となる．

コンテキストはファイルシステムのディレクトリのように考えるとわかりやすい．

  Context[Plot] ▶ System`

  Context[x] ▶ Global`

コンテキストは，コンテキストパス（\$ContextPath）の順序で検索される．つまり，重複した変数や関数の名称をつけると，つけた順に検索される．パッケージなどを呼び出さずにパッケージの関数を使おうとすると，その関数が Global` として定義されてしまうために，パッケージを読み込んだときに名称が重複し，シャドウィングというトラブルが起こることがある．

  \$ContextPath
  ▶ {DocumentationSearch`, ResourceLocator`, JLink`, PacletManager`, WebServices`, System`, Global`}

1.18.3　パッケージの作り方

Mathematica 6 以降では，関数の多くが組込み関数となり，パッケージをたびたび呼び出すことも少なくなった．しかし自分が頻繁に用いる関数はパッケージにしておくと便利である．

以下はパッケージの例である．コンテキストを指定したり，途中経過の関数名などが表示されたりしないようにするためには，次のように記述することが必要になる．

  BeginPackage["Collatz`"]
   collatz::usage = "collatz[n] は，n から始まるコラッツの問題の結果がリストとして表示される."
   Begin["Private`"]
    next[$n\_$?OddQ] := next[n] = $3n + 1$
    next[$n\_$?EvenQ] := next[n] = $n/2$
    collatz[$n\_$] := FixedPointList[next, n, SameTest →
     ((#2 == 1)&)]
   End[ ]
   Attributes[collatz] = {ReadProtected}
  EndPackage[ ]

このように作成したパッケージの部分のセルを，「セル」メニューの「セルのプロパティ」から初期化セルに指定し，パッケージ形式で保存すれば，パッケージは完成である．パスを指定するか，パスの通っているところに置いておき，次のように指定することで，そのパッケージは読み込まれることになる（以下の出力は，Macの場合）．

  ≪ Collatz`

なお，パスの通っているところは，次のように$Pathで確認できる．

  $Path

▶ {/Applications/Mathematica.app/SystemFiles/Links, /Users/shinya/Library/Mathematica/Kernel,/Users/shinya/Library/Mathematica/Autoload, /Users/shinya/Library/Mathematica/Applications,/Library/Mathematica/Kernel, /Library/Mathematica/Autoload,/Library/Mathematica/Applications,., /Users/shinya,/Applications/Mathematica.app/AddOns/Packages, /Applications/Mathematica.app/AddOns/LegacyPackages,/Applications/Mathematica.app/SystemFiles/Autoload,/Applications/Mathematica.app/AddOns/Autoload,/Applications/Mathematica.app/AddOns/Applications, /Applications/Mathematica.app/AddOns/ExtraPackages,/Applications/Mathematica.app/SystemFiles/Kernel/Packages,/Applications/Mathematica.app/Documentation/English/System}

練習問題

上の例を参考に，実際にパッケージを作成して，読み込み，実行しなさい．

1.19   Import と Export

外部のデータを読み込んだり，外部に書き出したりするときには，ImportとExportが便利である．この節は，Mathematica 7に対応した書き方をしている．Mathematica 6では出力結果も異なり，入力する命令にも多少の修正が必要であることに注意してほしい．

1.19.1 Import

JPEG形式の画像ファイルを読み込み，変数に代入する．

> photo = Import["/Users/shinya/Desktop/いまこそMMA/root5.jpg"]

➡

中身はImageで表現されている．Imageはラスター画像を表す関数である．

> Short[InputForm[photo]]

➡ Image[{{{233, 229, 255}, ≪298≫, {163, 88, 5}}, ≪299≫}, ≪5≫]

写真のデータをグレイスケールに変換する．

> makeGray[{r_, g_, b_}] := $\dfrac{0.3r + 0.4g + 0.3b}{255}$;
>
> gray = Transpose[Reverse[Map[makeGray, photo[[1]], {2}]]];

補間を行い，表示する．

> photofn = ListInterpolation[gray];
>
> DensityPlot[photofn[x, y], {x, 1, 300}, {y, 1, 300},
>   PlotPoints → 100]

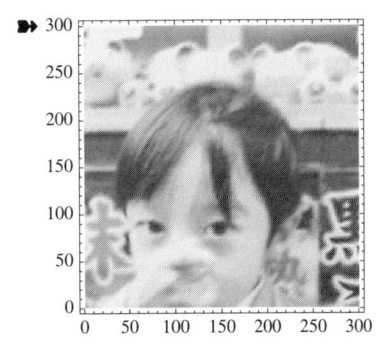

➡

データの加工も簡単にできる．

$$\text{DensityPlot}\Big[\text{photofn}\left[x^2, y^2\right], \left\{x, 1, \sqrt{300}\right\}, \left\{y, 1, \sqrt{300}\right\},$$
$$\text{PlotPoints} \to 100\Big]$$

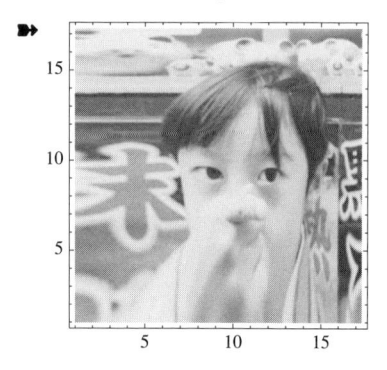

▶

Import で読み込めるデータ形式は多い．

\$ImportFormats

▶ {3DS, ACO, AIFF, ApacheLog, AU, AVI, Base64, Binary, Bit, BMP, Byte, BYU, BZIP2, CDED, CDF, Character16, Character8, Complex128, Complex256, Complex64, CSV, CUR, DBF, DICOM, DIF, Directory, DXF, EDF, ExpressionML, FASTA, FITS, FLAC, GenBank, GeoTIFF, GIF, Graph6, GTOPO30, GZIP, HarwellBoeing, HDF, HDF5, HTML, ICO, Integer128, Integer16, Integer24, Integer32, Integer64, Integer8, JPEG, JPEG2000, JVX, LaTeX, List, LWO, MAT, MathML, MBOX, MDB, MGF, MMCIF, MOL, MOL2, MPS, MTP, MTX, MX, NB, NetCDF, NOFF, OBJ, ODS, OFF, Package, PBM, PCX, PDB, PDF, PGM, PLY, PNG, PNM, PPM, PXR, QuickTime, RawBitmap, Real128, Real32, Real64, RIB, RSS, RTF, SCT, SDF, SDTS, SDTSDEM, SHP, SMILES, SND, SP3, Sparse6, STL, String, SXC, Table, TAR, TerminatedString, Text, TGA, TIFF, TIGER, TSV, UnsignedInteger128, UnsignedInteger16, UnsignedInteger24, UnsignedInteger32, UnsignedInteger64, UnsignedInteger8, USGSDEM, UUE, VCF, WAV, Wave64, WDX, XBM, XHTML, XHTMLMathML, XLS, XML, XPORT, XYZ, ZIP}

1.19.2 Export

Exportで書き出せるデータ形式も多い．

\$ExportFormats

▶ {3DS, ACO, AIFF, AU, AVI, Base64, Binary, Bit, BMP, Byte, BYU, BZIP2, CDF, Character16, Character8, Complex128, Complex256, Complex64, CSV, DICOM, DIF, DXF, EPS, ExpressionML, FASTA, FITS, FLAC, FLV, GIF, Graph6, GZIP, HarwellBoeing, HDF, HDF5, HTML, Integer128, Integer16, Integer24, Integer32, Integer64, Integer8, JPEG, JPEG2000, JVX, List, LWO, MAT, MathML, Maya, MGF, MIDI, MOL, MOL2, MTX, MX, NB, NetCDF, NOFF, OBJ, OFF, Package, PBM, PCX, PDB, PDF, PGM, PICT, PLY, PNG, PNM, POV, PPM, PXR, RawBitmap, Real128, Real32, Real64, RIB, RTF, SCT, SDF, SND, Sparse6, STL, String, SVG, SWF, Table, TAR, TerminatedString, TeX, Text, TGA, TIFF, TSV, UnsignedInteger128, UnsignedInteger16, UnsignedInteger24, UnsignedInteger32, UnsignedInteger64, UnsignedInteger8, UUE, VRML, WAV, Wave64, WDX, X3D, XBM, XHTML, XHTMLMathML, XLS, XML, XYZ, ZIP, ZPR}

アニメーションを作成し，Flash形式でファイルに書き出す．

anim = Animate[Plot[Sin[$a\,x$], $\{x, 0, 2\pi\}$, PlotStyle $\rightarrow$ Thick], $\{a, 1, 10\}$]

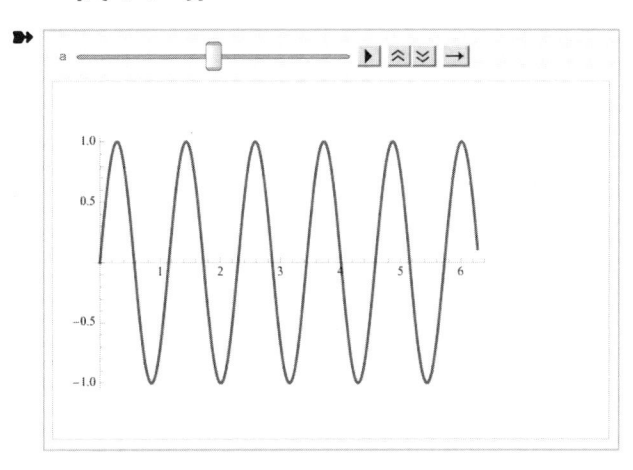

Export["sin.swf", anim]
➥ sin.swf

練習問題

第2章のグラフィックスの評価結果の1つをJPEG形式で保存しなさい．

1.20 以前のバージョンからの移行

Mathematica 6以降のノートブックや文法は，Mathematica 5以前のそれとは大きく異なる．昔から作りためておいたものや，過去の参考資料などがあるときは，現在のバージョンに移行しなければならない．

Mathematica 5以前とMathematica 6以降とでは，以下の部分が異なる．

- グラフィックスの表現形式と扱いの変化
- グラフィックスのオプションの変化
- 乱数発生の関数の変化
- パッケージ関数から組込み関数への移行
- Tally，Accumulate，Spanなどのリスト操作関数の追加
- ヘルプからドキュメントセンターへの変化
- 動的な操作とManipulateなどの追加
- その他

この中で新規に登場したものはドキュメントセンター等で確認できるので，以前より簡単な関数に置き換えられるものは置き換えればよい．

最も変化が大きいのは，グラフィックスの表現形式と扱いが異なることである．グラフィックスは，以前のバージョンではサイドエフェクトによって出力されており，正式な出力の扱いではなかったが，Mathematica 6以降では出力結果の式として扱うことができ，それ自身も入力する式と同様の加工が可能になった．

また，サイドエフェクトであったためにグラフィックス関数の末尾に出力を抑止するセミコロン（;）をつけていたが，現在はそれでは出力されない．また，DisplayFunctionなどのオプションによりグラフィックス出力を一時行わないようにしていたテクニックも，現在は使えない（出力するかしないかは，セミコロンによりコントロールできる）．

1.20.1　アニメーションの移行

以前の *Mathematica* では，Do や Table を使ってグラフィックスを複数個生成して，それをセルごとにパラパラ漫画のように見せることによって，アニメーションを実現していた．しかし，現在のバージョンでは，Animate や Manipulate 関数によって容易にアニメーションを生成できる．以前に作成したグラフのリストからアニメーションを作るためには，以下のようにする方法もある．

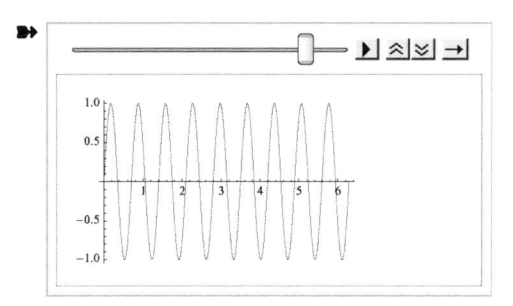

$\mathrm{grs} = \mathrm{Table}[\mathrm{Plot}[\mathrm{Sin}[a\,x], \{x, 0, 2\pi\}], \{a, 1, 10\}];$
$\mathrm{ListAnimate}[\mathrm{grs}]$

Animate や Manipulate は Table とほぼ書式が同じであることから，移行も容易だろう．

$\mathrm{Animate}[\mathrm{Plot}[\mathrm{Sin}[a\,x], \{x, 0, 2\pi\}], \{a, 1, 10\}]$

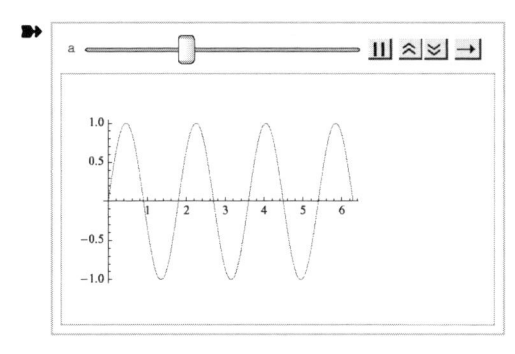

1.20.2 自動互換性検証ツール

以前のノートブックを Mathematica 6 以降で読み込む前に，「自動互換性検証ツール」を使ってチェックすることができる．このツールから「問題検出のため入力をスキャン」というボタンをクリックすると，ノートブック全体がスキャンされ，互換性に問題のある部分とその理由，そして解決手段の候補が示される．

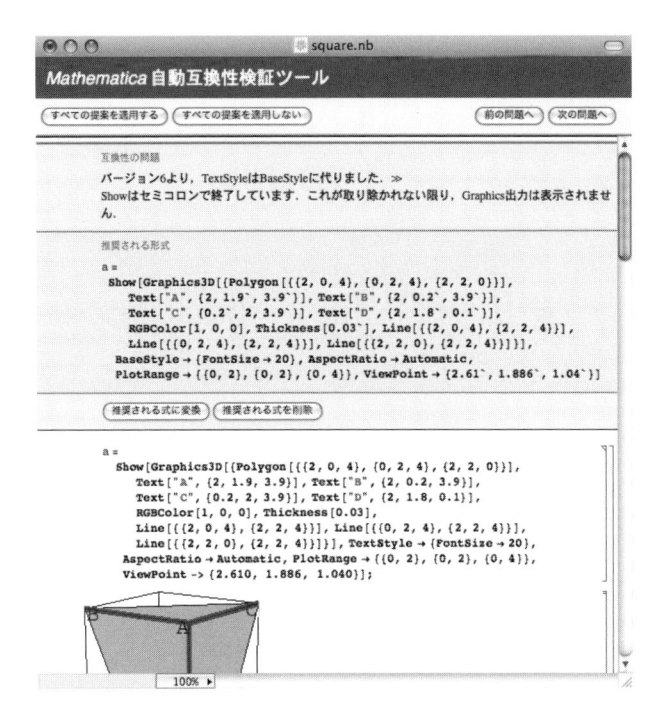

このツールは便利であるが，落とし穴もある．例えば以下のような表現をした場合，以前のバージョンならば描画されていたグラフィックスが出力されない．ここで1行目には指摘が出るが，2行目はチェックされないので見落とすことがある．

gr = Plot[Sin[x], {$x, 0, 2\pi$}];
gr;

練習問題

以前のノートブックを現在のバージョンで動作するように移行しなさい．

第2章 グラフィックス

絵を描きたいときにはどうするかって？
マウスでお絵かきしたいときには，そのとおりにすればよいし，
関数のグラフを描きたいときには，関数のグラフを描けばいいんだ．
線やポリゴンもキチンと描きたいときには座標が必要だよね．

JMUG 会員の中村健蔵氏が，*Mathematica* のプログラミングで描いたもの．中村さんは，本業のかたわら *Mathematica* を利用した絵をたくさん製作されているアーティストである．本作品は，エッシャー生誕百周年の公募展で入選した四季のシリーズの1つ「秋」である．スタッガー曲線を使い，黄色，赤，緑の色系列を定義して，乱数で色を微妙に変化させている．

みなさんも，このグラフィックスの章を学び，プログラミングを駆使したおもしろい絵を描いてみたらいかがだろう．

2.1 グラフィックスの文法

グラフィックスに関する関数の文法は，ほとんど統一されており，その概要を理解することによって，さまざまなグラフィックスを作成することができる．

グラフィックスを表示する関数には，大きく分けて関数やデータのプロットをする．Plot関数とグラフィックスプリミティブがある．また，統計グラフを描くためには別のパッケージの関数もある．

2.1.1 関数のプロット

関数やデータをプロットする関数は，第1引数に関数の式（複数の場合にはリスト形式で列挙する）やデータを記述する．第2引数からは，その関数の変数やパラメータをリスト形式で範囲指定する．また，そのあとにオプションを設定することがある．

> 個々の関数についての説明は各セクションで行う．ここでは関数の書き方の概要を眺める．

$\text{Plot}\left[\text{Sin}\left[x^3\right], \{x, 0, 2\pi\}\right]$

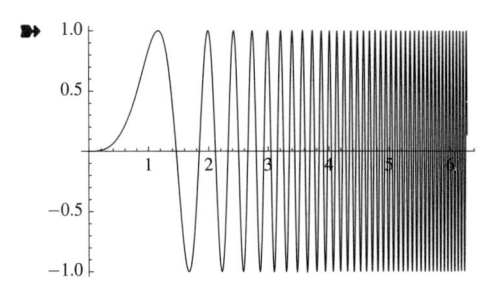

データのプロットの場合には，変数やパラメータ範囲が必要ない．

$\text{data} = \text{Sort}[\text{RandomReal}[\{0, 10\}, \{100, 2\}]];$
$\text{ListLinePlot}[\text{data}, \text{PlotStyle} \to \text{Thick}]$

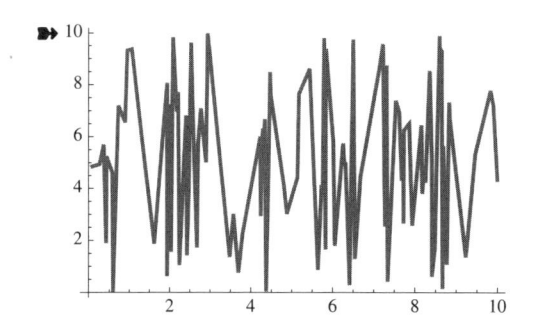

3次元のプロットに関しても関数を変更するだけでさまざまな描画ができる．

$\text{ContourPlot}\left[\text{Abs}\left[1-(x+y\,\mathrm{i})^3\right],\{x,-1.2,1.2\},\{y,-1.2,1.2\},\right.$
$\left.\text{Contours}\to 10\right]$

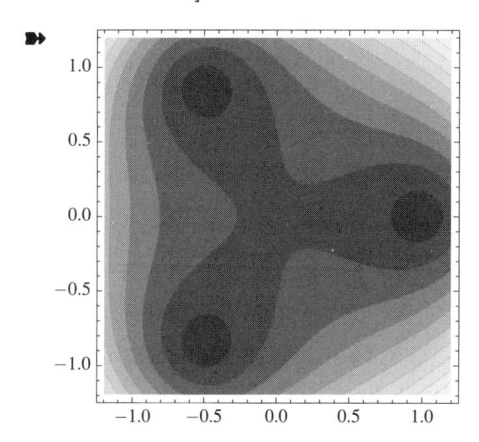

以下の「, $\text{PlotRange}\to\{0,1\}, \text{ClippingStyle}\to\text{None}$」の部分をオプションという．見方によってオプションを考慮する必要がある．

$\text{Plot3D}\left[\text{Abs}\left[1-(x+y\,\mathrm{i})^3\right],\{x,-1.2,1.2\},\{y,-1.2,1.2\},\right.$
$\left.\text{PlotRange}\to\{0,1\}, \text{ClippingStyle}\to\text{None}\right]$

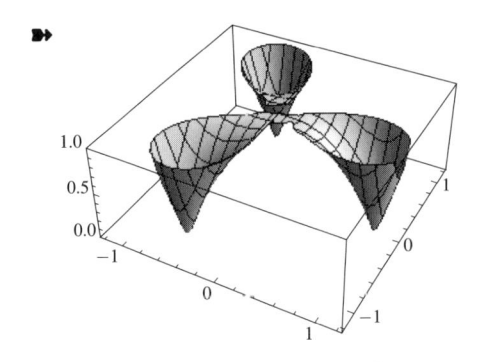

2.1.2 プリミティブ

グラフィックスプリミティブやディレクティブの詳細に関しては，2.11, 2.12 節で説明する．プリミティブを Graphics や Graphics3D の中にリスト形式で列挙して図形を描画する．

$$\text{Graphics}\left[\left\{\text{Thick}, \text{Blue}, \text{Circle}[\{0,0\},1], \text{Red}, \text{Line}\left[\text{Table}\left[\{\text{Cos}[t], \text{Sin}[t]\}, \left\{t, 0, 2\pi, \frac{2\pi}{5}\right\}\right]\right]\right\}\right]$$

内容によっては Map が必要になるものもある．

$\text{pts} = \text{RandomReal}[\{0, 30\}, \{50, 3\}];$
$\text{Graphics3D}[\{\text{Thick}, \text{Blue}, \text{Line}[\text{pts}], \text{Green}, \text{Map}[\text{Sphere}, \text{pts}]\}]$

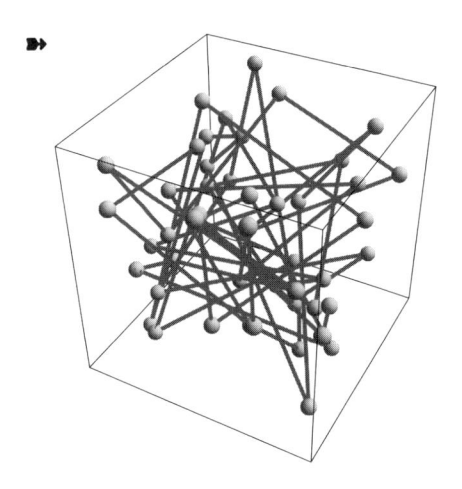

2.1.3 グラフィックスの共通性

PlotやPlor3Dなどによる関数のプロットと，GraphicsやGraphics3Dは同じ構造を持っており，Showを用いてまとめて表示することができる．

Show[Plot [{$x^2, 2x - 1$}, {$x, -1, 2$}],
 Graphics[{Red, PointSize[Large], Point[{1, 1}], Brown,
  Arrow[{{1.5, 0.5}, {1, 1}}], Text["接点", {1.6, 0.4}]}],
 AspectRatio → Automatic, PlotRange → {−1, 2}]

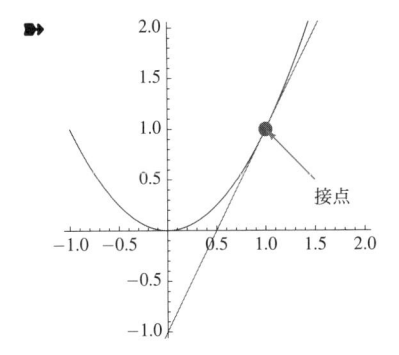

練習問題

以下のようなプロットの関数の出力結果に対して，InputForm を見てみよう．Graphics と同じ構造を持つことが理解できる．

$\mathrm{Plot}[\mathrm{Sin}[x], \{x, 0, 2\pi\}]$

// InputForm

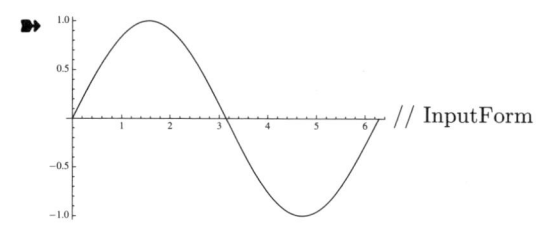

2.2 Plot関数とオプションの基本

ここでは，Plot の使い方と基本的なオプションについて理解する．

2.2.1 Plot

Plot は陽関数のグラフを描画する関数である．$y = f(x)$ 形式の関数に関して，右辺の $f(x)$ の部分とその定義域を指定すれば，簡単に描画することができる．

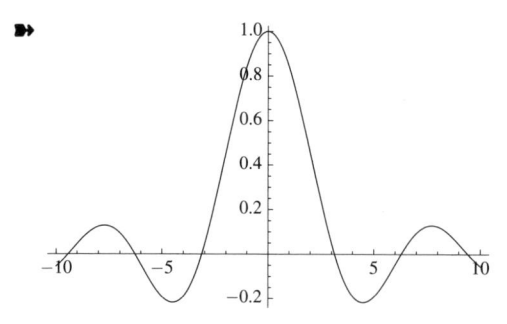

$\mathrm{Plot}[\mathrm{Sinc}[x], \{x, -10, 10\}]$

複数のグラフを描画するには，リストを利用する．

$\mathrm{Plot}[\{\mathrm{Sin}[x], \mathrm{Cos}[x]\}, \{x, 0, 2\pi\}]$

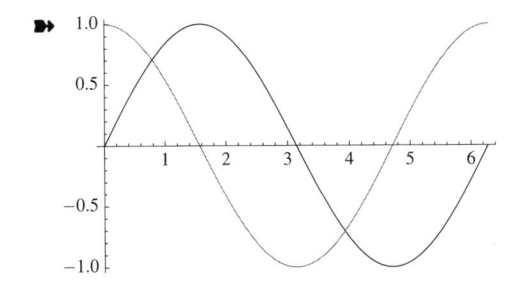

2.2.2 オプション

Plot のオプションは，他のグラフィックスの関数でも利用できるものが多い．Options 関数によって現在の設定値（規定値）を見ることができる．出力は実際の出力結果を整形して表示したものである．

Options[Plot]

AlignmentPoint → Center
Axes → True
AxesOrigin → Automatic
Background → None
BaseStyle → {}
ColorFunction → Automatic
ColorOutput → Automatic
DisplayFunction :→ $DisplayFunction
Evaluated → Automatic
Exclusions → Automatic
Filling → None
FormatType :→ TraditionalForm
FrameLabel → None
FrameTicks → Automatic
GridLines → None
ImageMargins → 0.
ImageSize → Automatic
MaxRecursion → Automatic
MeshFunctions → {#1&}
MeshStyle → Automatic
PerformanceGoal :→ $PerformanceGoal
PlotPoints → Automatic
PlotRangeClipping → True
PlotRegion → Automatic
PreserveImageOptions → Automatic
RegionFunction → (True&)
Ticks → Automatic

AspectRatio → $\frac{1}{\text{GoldenRatio}}$
AxesLabel → None
AxesStyle → {}
BaselinePosition → Automatic
ClippingStyle → None
ColorFunctionScaling → True
ContentSelectable → Automatic
Epilog → {}
EvaluationMonitor → None
ExclusionsStyle → None
FillingStyle → Automatic
Frame → False
FrameStyle → {}
FrameTicksStyle → {}
GridLinesStyle → {}
ImagePadding → All
LabelStyle → {}
Mesh → None
MeshShading → None
Method → Automatic
PlotLabel → None
PlotRange → {Full, Automatic}
PlotRangePadding → Automatic
PlotStyle → Automatic
Prolog → {}
RotateLabel → True
TicksStyle → {}

オプションの内容（設定値）は，→ を用いて表すことができる．PlotStyle はグラフの線の太さや色などを指定することができる．Ticks は目盛りやその表示を指定することができる．

$$\text{Plot}\Big[\{\text{Sin}[x+\text{Cos}[x]],\text{Cos}[x+\text{Sin}[x]]\},\{x,0,2\pi\},$$
$$\text{PlotStyle} \to \{\{\text{Thick},\text{Red}\},\{\text{Thick},\text{Blue}\}\},$$
$$\text{Ticks} \to \Big\{\text{Range}\Big[0,2\pi,\frac{\pi}{4}\Big],\text{Automatic}\Big\}\Big]$$

Filling オプションで，グラフの指定領域を塗ることができる．次の例は，1番目のグラフから2番目のグラフの値を引き，負の部分は黄色，正の部分は緑色で塗り分けている．

$$\text{Plot}\big[\{\text{Sin}[x]^2,\text{Sin}\big[x^2\big]\},\{x,0,2\pi\},\text{Filling} \to \{1 \to \{\{2\},\{\text{Yellow},\text{Green}\}\}\}\big]$$

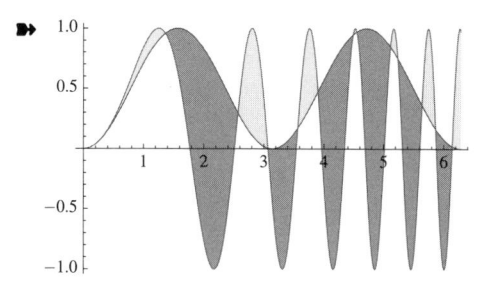

Mesh オプションでは，グラフィックスを生成するために必要な点の表示や分割点を表示することもできる．

Mesh → All では，すべての生成点を表示する．

Plot$\left[\text{Sin}\left[x^2\right], \{x, 0, 2\pi\}, \text{Mesh} \to \text{All}, \text{MeshStyle} \to \{\text{PointSize}[\text{Medium}], \text{Red}\}\right]$

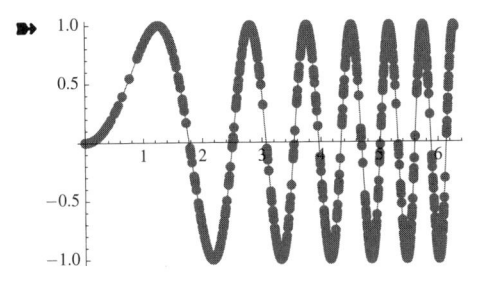

具体的な数値を与えると，その数の分割点（分割数とは異なる）を与える．

Plot$\left[\text{Sin}\left[x^2\right], \{x, 0, 2\pi\}, \text{Mesh} \to 5, \text{MeshStyle} \to \{\text{PointSize}[\text{Large}], \text{Red}\}\right]$

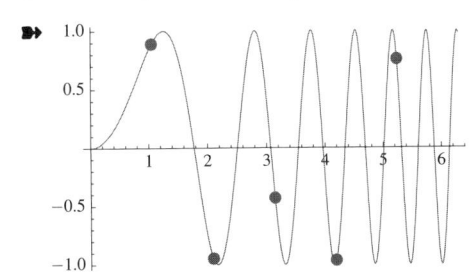

MeshFunctions で縦軸方向の分割点を与えることも可能である．

Plot$\left[\text{Sin}\left[x^2\right], \{x, 0, 2\pi\}, \text{Mesh} \to 5, \text{MeshStyle} \to \{\text{PointSize}[\text{Large}], \text{Red}\}, \text{MeshFunctions} \to \{\#2\&\}\right]$

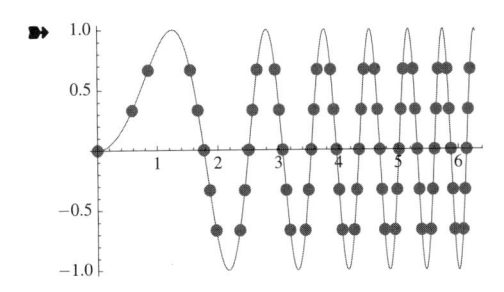

練習問題

ドキュメントセンターで Plot のオプションを調べ，試しなさい．

2.3 ParametricPlot と PolarPlot

パラメータで表される2次元のグラフに関しては，ParametricPlot を用いることができる．

2.3.1 ParametricPlot

ParametricPlot は，$x = f(t)$, $y = g(t)$ に関して，関数 $\{f(t), g(t)\}$ をパラメータ t について描く関数である．

ParametricPlot[{Cos[t], Sin[3t]}, {t, 0, 2π}, PlotStyle → Thick]

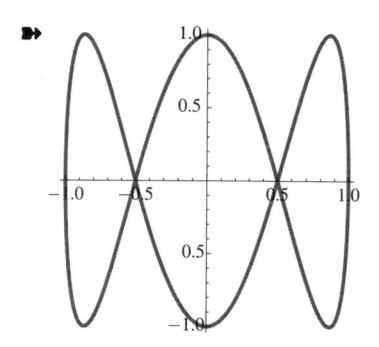

パラメータを2つ持つ関数では，その領域を描く．

ParametricPlot[{r Cos[t], r Sin[t]}, {r, 0.5, 1}, {t, 0, π}]

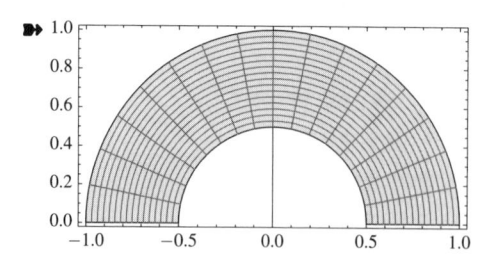

2.3.2 ParametricPlotのオプション

Meshも通常に与えることができる．次の例の場合，純関数の$\#1, \#2, \#3, \#4$は，それぞれx, y, r, tに対応している．

$\text{ParametricPlot}[\{r\,\text{Cos}[t], r\,\text{Sin}[t]\}, \{r, 0.5, 1\}, \{t, 0, \pi\}, \text{Mesh} \to$
$\{12, 5\}, \text{MeshFunctions} \to \{\#4\&, (\#1 + \#2^2)\&\},$
$\text{MeshStyle} \to \{\{\text{Thick}, \text{Red}\}, \{\text{Thick}, \text{Green}\}\}]$

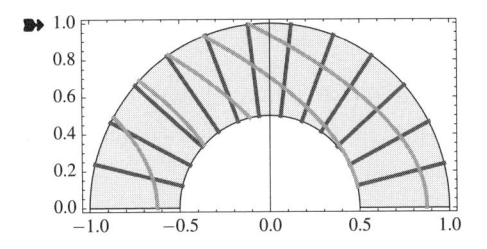

$\text{ParametricPlot}[\{(u^2 + v), (u - v^2)\}, \{u, -1, 1\}, \{v, -1, 1\},$
$\text{ColorFunction} \to \text{"Rainbow"}, \text{BoundaryStyle} \to$
$\{\text{Thickness}[0.03], \text{Green}\}]$

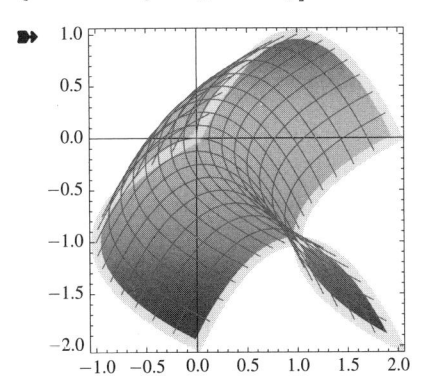

2.3.3 PolarPlot

極形式の方程式はPolarPlotで描く．PolarPlotは*Mathematica* 6から組込み関数になっている．

$\text{PolarPlot}[\text{Sin}[7t], \{t, 0, \pi\}]$

▶▶

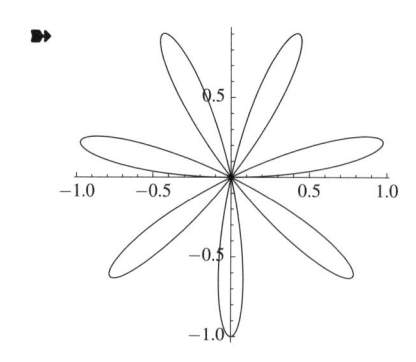

$$\mathrm{Manipulate[PolarPlot[Sin}[a\,t], \{t, 0, \pi\}, \mathrm{ImageSize} \to 200,$$
$$\mathrm{PlotRange} \to 1], \{\{a, 5\}, 1, 10, 1, \mathrm{Appearance} \to \text{"Labeled"}\}]$$

▶▶

練習問題

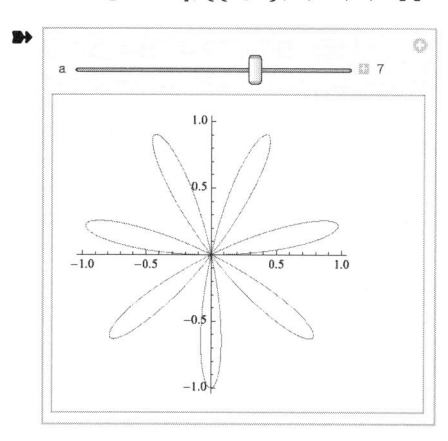

PolarPlotを用いてリマソン $r = a + b\cos\theta$ を描きなさい．a, b の値は適宜設定しなさい．

2.4 不等式領域の描画

RegionPlot は，不等式領域を描画するための関数である．ここでは Region-Plot やその他の描画関数に関する RegionFunction について理解する．

2.4.1 RegionPlot

RegionPlot は不等式領域を指定し，その範囲を描画する．

RegionPlot $\left[\text{Abs}\left[(x+y\,\mathtt{i})^3-1\right]<1,\{x,-1.5,1.5\},\{y,-1.5,1.5\}\right]$

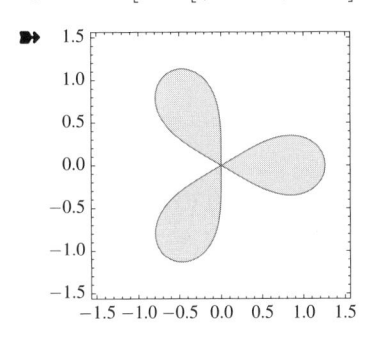

2つの領域を同時に描画すると以下のようになる．

RegionPlot$\left[\{-1<x+y<1,\,0.5<x^2+y^2<2\},\{x,-2,2\},\right.$ $\left.\{y,-2,2\}\right]$

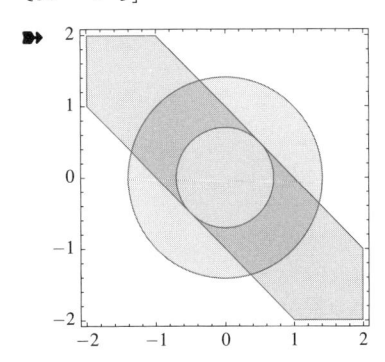

2つの領域の共通領域（論理積）を描画した.

RegionPlot$\big[-1 < x+y < 1 \&\& 0.5 < x^2+y^2 < 2, \{x, -2, 2\},$
$\{y, -2, 2\}\big]$

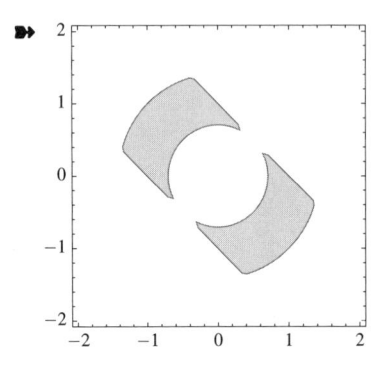

2つの領域は本来繋がっているはずであるが，上の図では繋がっていない．このような場合には MaxRecursion や PlotPoints を設定することにより，描画の精度が増し，目的の図が得られることがある.

RegionPlot$\big[-1 < x+y < 1 \&\& 0.5 < x^2+y^2 < 2, \{x, -2, 2\},$
$\{y, -2, 2\}, \text{MaxRecursion} \to 10\big]$

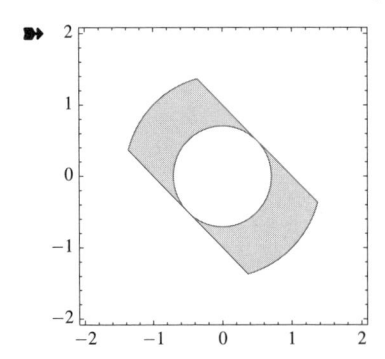

残念ながら PlotPoints→ 100 では，領域は繋がらない.

RegionPlot$\big[-1 < x+y < 1 \&\& 0.5 < x^2+y^2 < 2, \{x, -2, 2\},$
$\{y, -2, 2\}, \text{PlotPoints} \to 100\big]$

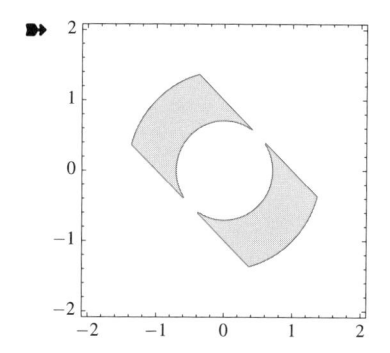

Manipulate と組み合わせたときには，スライダーからマウスが離されたときに描画が完了する．

$\mathrm{Manipulate}\left[\mathrm{RegionPlot}\left[\mathrm{Abs}\left[(x+y\,\mathrm{i})^3-1\right]<p,\{x,-1.5,1.5\},\right.\right.$
$\quad\{y,-1.5,1.5\},\mathrm{ImageSize}\to 200,\mathrm{MaxRecursion}\to 3],$
$\quad\{\{p,1\},0,2,\mathrm{Appearance}\to\text{"Labeled"}\}]$

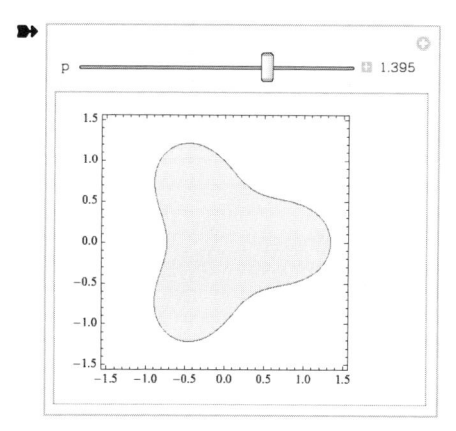

2.4.2 RegionFunction

RegionFunction は Plot などのオプションで，不等式領域での描画を指定する．ここで $\#1, \#2$ はそれぞれ x, y を意味している．

$\mathrm{ParametricPlot}[\{\mathrm{Cos}[23t],\mathrm{Sin}[29t]\},\{t,0,2\pi\},$
$\quad\mathrm{RegionFunction}\to(0.3<\#1^2+\#2^2<1\&)]$

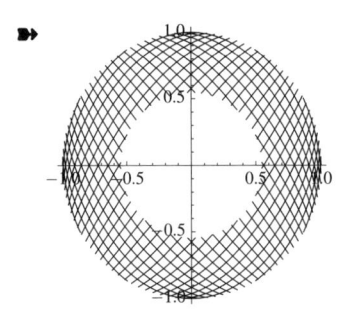

$\text{Plot3D}\left[\text{Sin}[x+y], \{x, -4, 4\}, \{y, -4, 4\}, \text{RegionFunction} \to \left(2 < \#1^2 + \#2^3 < 16 \& \right)\right]$

練習問題

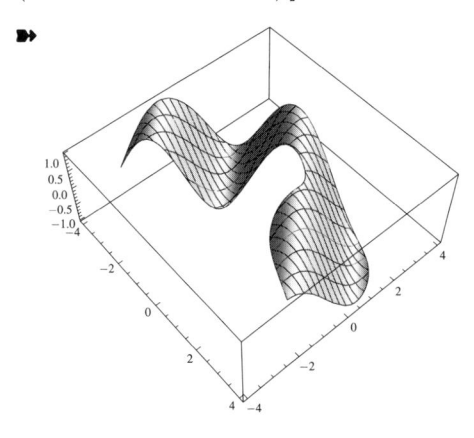

$\sin(xy) < 0.5$ の領域をできるだけきれいに描画しなさい.

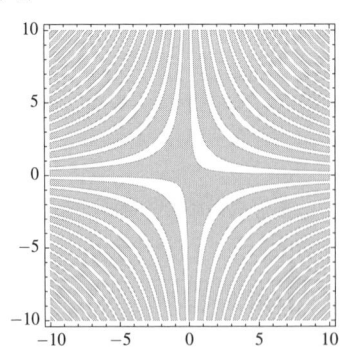

2.5 データの描画

1次元や2次元のデータをプロットする ListPlot の使い方を説明する．また，ListPlot のいくつかのオプションや関連する関数についても説明する．

2.5.1 ListPlot

1次元のリストを作り，ListPlot で描画する．このとき，横軸はリストのデータの順序である[1]．

data1 = Table$\left[n^3, \{n, 0, 100, 10\}\right]$

▶ $\{0, 1000, 8000, 27000, 64000, 125000, 216000, 343000, 512000, 729000,$
$1000000\}$

ListPlot[data1]

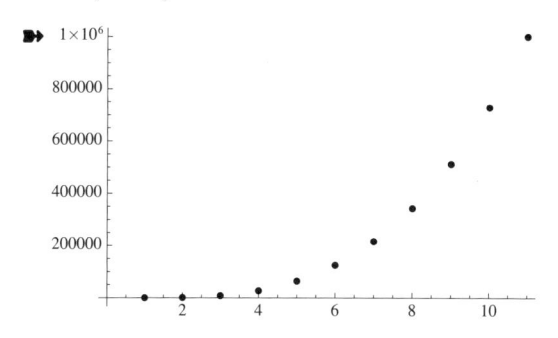

DataRange オプションを指定することにより，横軸の設定を行うことができる．

ListPlot[data1, Joined $\to$ True, PlotStyle $\to$ {Thick, Red},
DataRange $\to$ {0, 100}]

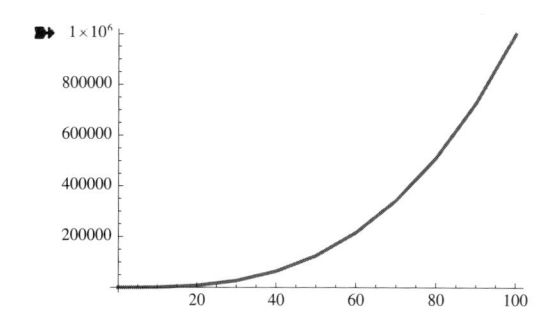

---

[1] リストについては，1.6節「リストって何だろう」を参照．

2次元のデータに関しては，それぞれ横軸と縦軸の値として描画される．

data2 = Table $\left[\{n^3, n^2\}, \{n, 0, 10\}\right]$

➡ $\{\{0, 0\}, \{1, 1\}, \{8, 4\}, \{27, 9\}, \{64, 16\}, \{125, 25\}, \{216, 36\}, \{343, 49\},$
$\{512, 64\}, \{729, 81\}, \{1000, 100\}\}$

ListPlot[data2, Joined → True]

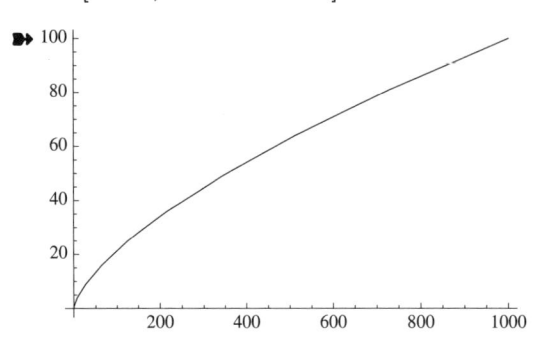

2つの1次元データを作成して描画した．1つ目のデータと2つ目のデータの差がわかるように2つの点の間を線分で結んだ．

data3 = Transpose[data2]

➡ $\{\{0, 1, 8, 27, 64, 125, 216, 343, 512, 729, 1000\}, \{0, 1, 4, 9, 16, 25, 36, 49, 64,$
$81, 100\}\}$

ListPlot[data3, DataRange → {0, 10}, Filling → {1 → {2}},
PlotStyle → {{PointSize[Large], Red}, {PointSize[Large], Blue}},
FillingStyle → {Thick, Green}]

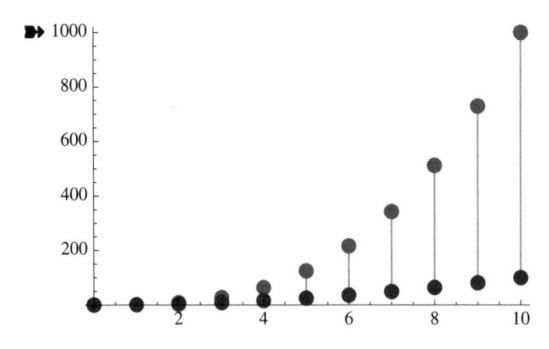

点の種類や大きさは，PlotMarkersで指定することができる．

ListPlot[data3, DataRange → {0, 10}, PlotMarkers → {Automatic, Medium}]

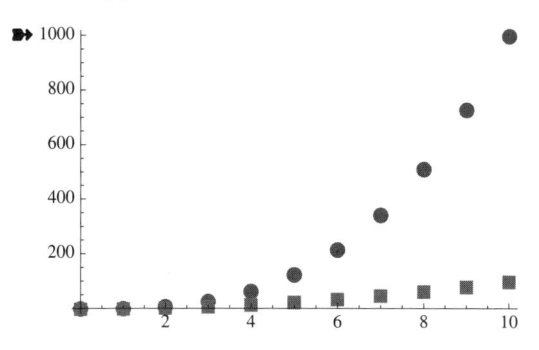

文字でもグラフィックスでもマーカーにできる．

ListPlot[data3, DataRange → {0, 10}, Filling → {1 → {2}},
PlotMarkers → {{Graphics[{Red, Polygon[{{−1, 0}, {0, 1}, {1, 0}, {0, −1}}]}], 0.1}, {"あ", Medium}}]

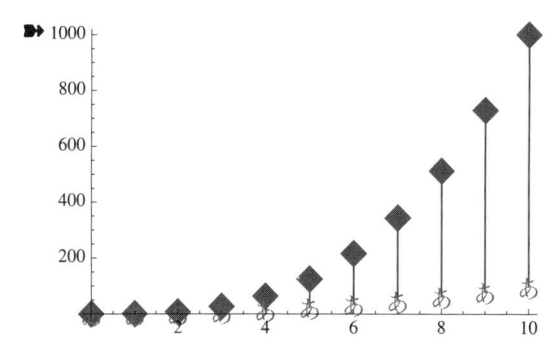

2.5.2 ListLinePlot

ListLinePlotは，ListPlotのJoinedオプションを指定したのと同様に，データを線で結ぶ．

data4 = Accumulate[RandomReal[{0, 5}, {100}]];
ListLinePlot[data4, DataRange → {0, 1}]

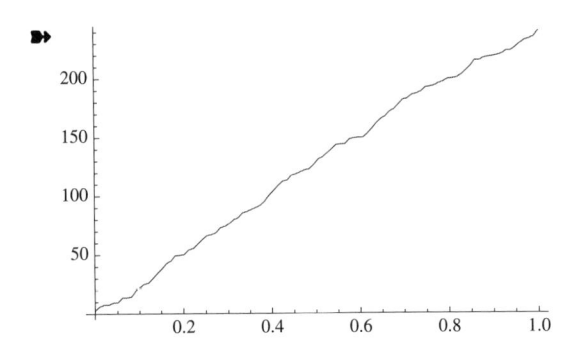

点を表示することもできる．

ListLinePlot[data4, DataRange → {0, 1}, Mesh → All]

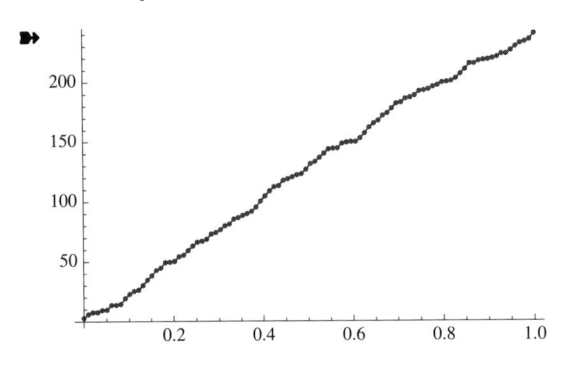

練習問題

自分でデータを作成して，そのデータを ListPlot で描画しなさい．また，そのマーカーをグラフィックスや文字で作成しなさい．

2.6 描画ツールとグラフィックスインスペクタ

描画ツールやグラフィックスインスペクタの使い方を理解する．

2.6.1 図を描く

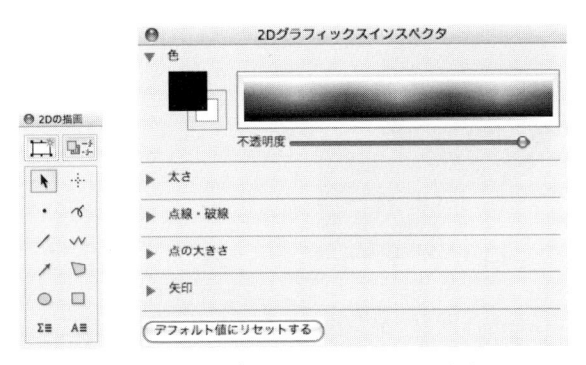

描画ツール　　　　　グラフィックスインスペクタ

　描画ツールの左上の ボタンから新規グラフィックスの領域を作成し，そこにさまざまなオブジェクトを配置することができる．図の色や太さは，目的のオブジェクトを指定してから， で表示される2Dグラフィックスインスペクタで指定する．文字の大きさは「編集」メニューから指定する．文字に関しては，組込み関数Insetが使われるので，バウンディングボックスの拡大縮小とは無関係に大きさが設定されることがある．

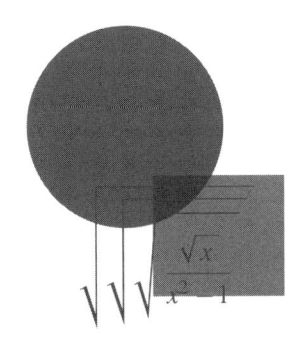

2.6.2 図を保存する

描いた図を保存するには，変数に代入する．Plot関数等で描いた関数のグラフなどに追加で注釈などを加えたものや，外部から読み込んだ[2]写真などに書き込みをつけたものも，同様に保存することが可能である．

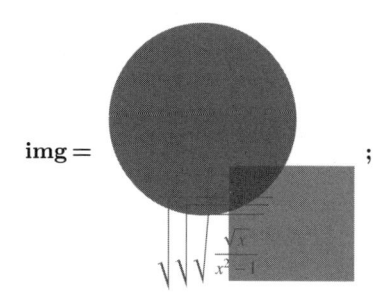

$$\mathbf{img} = \text{（図）} ;$$

作られた図はGraphics関数で描かれている．重複や無駄な記述も多少あるが，これをもとに加工することも容易にできる．

Short[InputForm[img], 5]

� Graphics[{{RGBColor[0.00627145799954223, 0., 0.26666666666666666], Opacity[0.604], Disk[{0.4083333333333333, 0.6138888888888888}, {0.32212642254053825, 0.32212642254053836}]}, {≪3≫}, {RGBColor[0., 0.5333333333333333, 0.0878461890592813], ≪5≫}}, PlotRange → {≪2≫}]

2.6.3 点の座標をとる

描画ツールの右上の（アイコン）で，点の座標マーカーを設定することができる．座標マーカーでクリックした座標は，[CTRL]+C（Macでは⌘+C）でコピーされ，[CTRL]+V（Macでは⌘+V）でノートブックにリスト形式で出力することができる．

---

[2] 外部からのファイルの読み込みについては，1.19節「ImportとExport」を参照．

Plot [Sin [x^2], {$x, 0, 2\pi$}]

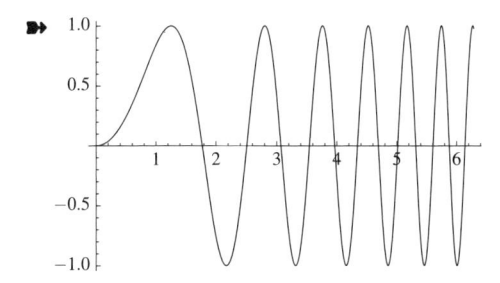

{{1.26, 0.9951}, {2.177, −1.011}, {2.788, 0.9852}, {3.323, −1.001}}

練習問題

Plot 関数等でグラフを作成し，そのグラフに注釈を加えなさい．

2.7　3次元のグラフ

3次元のグラフィックスを描く最も基本的な関数である Plot3D について理解し，いくつかのオプションの使い方も学んでいく．

2.7.1　Plot3D

Plot3D は，$z = f(x, y)$ の形式の右辺の式とその範囲を記述することで，3次元空間中の曲面を描画することができる．

Plot3D[{Cos[x + Sin[y]], Sin[x + Cos[y]]}, {$x, -3, 3$}, {$y, -3, 3$}]

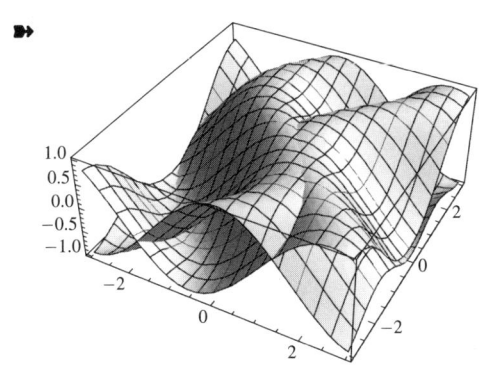

2.7.2　Plot3Dのオプション

2Dグラフィックス同様に，PlotStyleのオプションにより，色などが容易に指定できるようになった．

$\text{Plot3D}[\{\text{Cos}[x+\text{Sin}[y]], \text{Sin}[x+\text{Cos}[y]]\}, \{x, -3, 3\}, \{y, -3, 3\},$
　$\text{PlotStyle} \to \{\text{Red}, \text{Blue}\}]$

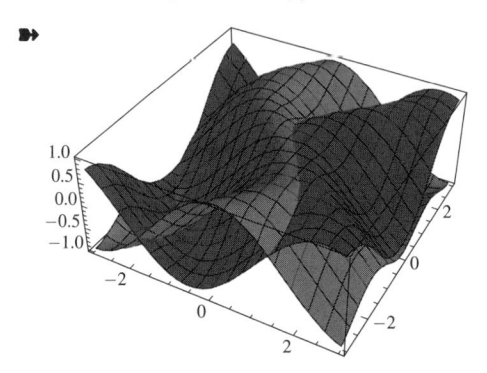

Specularityによって一方に鏡面指数を与え，一方をOpacityによって半透明に設定した．

$\text{Plot3D}[\{\text{Cos}[x+\text{Sin}[y]], \text{Sin}[x+\text{Cos}[y]]\}, \{x, -3, 3\}, \{y, -3, 3\},$
　$\text{PlotStyle} \to \{\{\text{Specularity}[\text{White}, 5], \text{Red}\}, \{\text{Opacity}[0.5], \text{Blue}\}\}]$

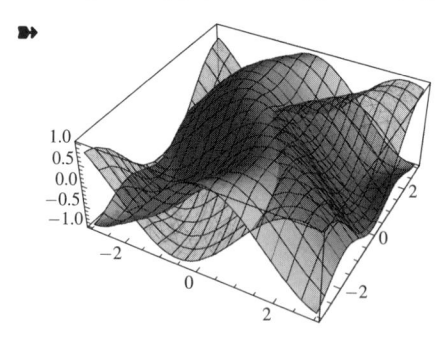

Mesh → Allを指定すると，細分割の様子が見える．

$\text{Plot3D}[\{\text{Cos}[x+\text{Sin}[y]], \text{Sin}[x+\text{Cos}[y]]\}, \{x, -3, 3\}, \{y, -3, 3\},$
　$\text{Mesh} \to \text{All}]$

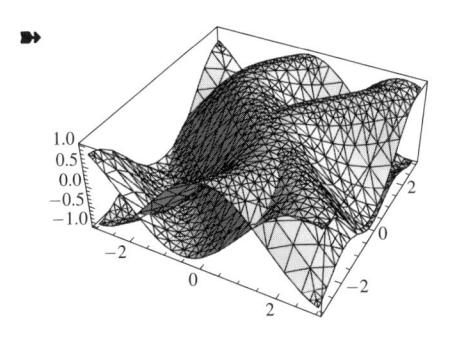

2.7.3 グラフィックスの回転

3次元のグラフィックスは，マウスの操作で容易に回転させることができる．基本的な操作は以下のとおりであるが，ParametricPlot3Dの出力などでは一部異なる動作になる．

操作	Windows	Mac
回転	ドラッグ	ドラッグ
ズーム	[CTRL] + ドラッグ	⌘ + ドラッグ
スライド	[SHIFT] + ドラッグ	[SHIFT] + ドラッグ

回転したグラフィックスのViewPointやViewVerticalを求めるには，以下のような操作を行う．

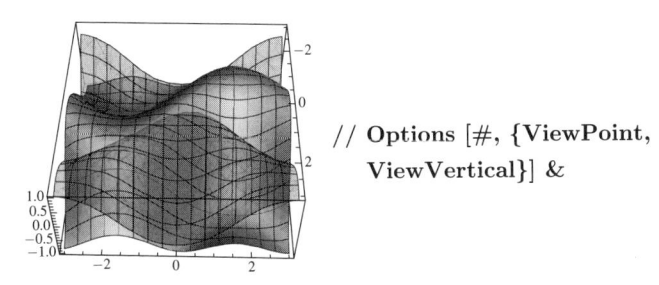

// **Options** [#, {**ViewPoint**, **ViewVertical**}] &

▶ {ViewPoint → {2.23296, 0.0681261, 2.5415}, ViewVertical → {0., 0., 1.}}

練習問題

次の関数で描かれる曲面について，z 軸方向の MeshFunctions を指定することにより，以下のような同心円の Mesh を描きなさい．

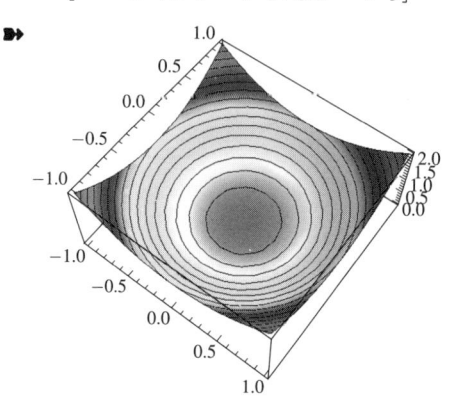

$$\text{Plot3D}\left[x^2+y^2, \{x,-1,1\}, \{y,-1,1\}\right]$$

2.8 DensityPlot, ContourPlot, ContourPlot3D

ここでは3次元以上の関数を描画する組込み関数である DensityPlot, ContourPlot, ContourPlot3D について理解する．

2.8.1 ContourPlot

ContourPlot は等高線を描く関数である．ContourPlot は等高線のデータを補間することにより表現している．等高線はマウスポインタを近づけることにより，Tooltip でその値を表示することが可能である．

$$\text{ContourPlot}[\text{Cos}[x+\text{Sin}[y]], \{x,-3,3\}, \{y,-3,3\}]$$

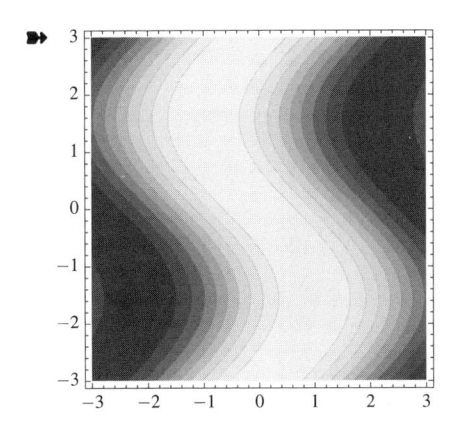

陰関数のグラフも ContourPlot で実現することができる．

$\text{ContourPlot}\left[y^2 == x\left(x^2-1\right), \{x, -3, 3\}, \{y, -3, 3\}, \text{ContourStyle} \to \{\text{Thick}, \text{Red}\}\right]$

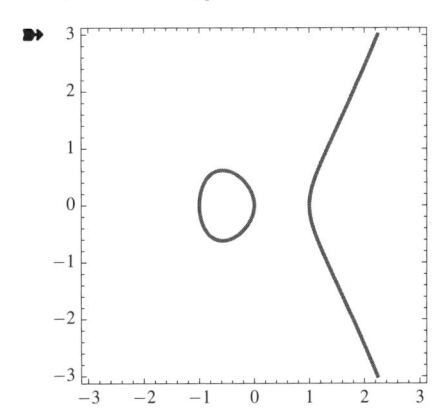

ColorFunction はユーザーが任意に作成することもできるが，すでにあるカラースキームを指定することもできる．

✐ カラースキームに関しては，ドキュメントセンターで「カラースキーム」を検索すると見ることができる．

$\text{ContourPlot}\left[y^2 - x\left(x^2-1\right), \{x, -3, 3\}, \{y, -3, 3\},\right.$
$\text{ContourStyle} \to \{\{\text{Thick}, \text{Blue}\}\}, \text{ColorFunction} \to$
$\left."\text{TemperatureMap}", \text{Contours} \to 10\right]$

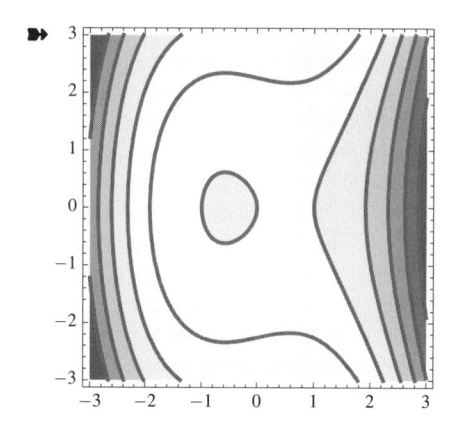

2.8.2 DensityPlot

DensityPlotは密度グラフを描く関数である．

**DensityPlot[Cos[x + Sin[y]], {x, 0, 2π}, {y, 0, 2π},
ColorFunction → "AvocadoColors", Mesh → 10]**

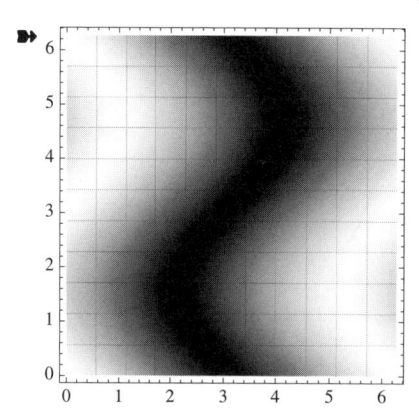

2.8.3 ContourPlot3D

ContourPlot3Dは等値面を描画する関数である．

**ContourPlot3D[$x^2 + y^2 + z^2$, {x, −1, 1}, {y, −1, 1}, {z, −1, 1},
ContourStyle → {Red, Green, Blue},
RegionFunction → (#1 > 0 || #2 > 0 || #3 > 0&), Contours → 5,
Mesh → None]**

練習問題

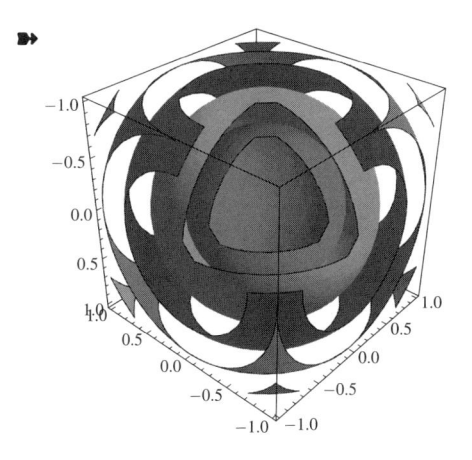

ContourPlotによって，原点を中心とした円を描きなさい．また，方程式を設定することにより，原点を中心とする半径1の円も描きなさい（オプションを工夫して，以下のような表示にしなさい）．

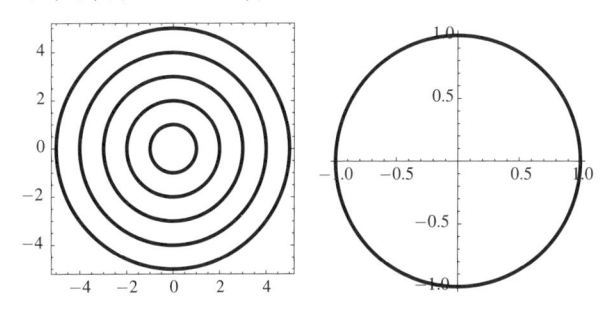

2.9　ParametricPlot3D と RegionPlot3D

3次元でパラメータ表示の関数や不等式領域で設定される立体などを描くために，ParametricPlot3D と RegionPlot3D の使い方を理解しよう．

2.9.1　ParametricPlot3D

パラメータが1つの関数を描くと曲線が描かれる．

ParametricPlot3D$[s\{\text{Cos}[s], \text{Sin}[s], 1\}, \{s, 0, 10\pi\}, \text{PlotStyle} \to \{\text{Thick}, \text{Red}\}]$

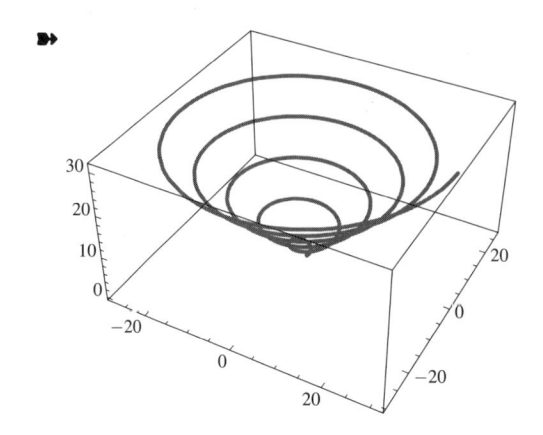

パラメータの数が2つであれば曲面が描かれる．2つ以上の曲面を描くには，リスト形式を用いる．

ParametricPlot3D[{{(2 − Cos[s])Cos[t], (2 − Cos[s])Sin[t], Sin[s]}, {Sin[s], (2 − Cos[s])Cos[t] + 2, (2 − Cos[s])Sin[t]}}, {s, 0, 2π}, {t, 0, 2π}]

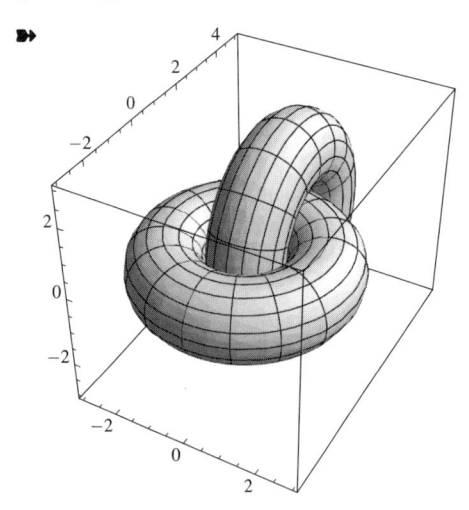

2.9.2　RegionPlot3D

RegionPlot3Dは不等式領域を描画する．面だけでなくソリッドモデルを描画することができる．

RegionPlot3D$[x^2 - y^2 - z^2 > 1, \{x, -10, 10\}, \{y, -10, 10\},$
$\{z, -10, 10\}]$

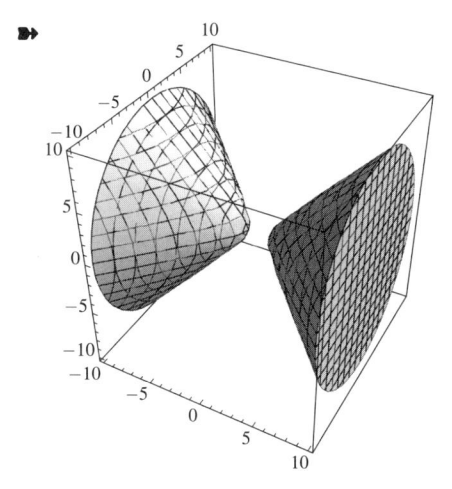

直交する2つの円柱の交わる部分の立体を描画した.

RegionPlot3D$[x^2 + y^2 < 1 \&\& y^2 + z^2 < 1, \{x, -1, 1\}, \{y, -1, 1\},$
$\{z, -1, 1\}, \text{PlotStyle} \to \text{Orange}, \text{PlotPoints} \to 50, \text{Mesh} \to \text{None}]$

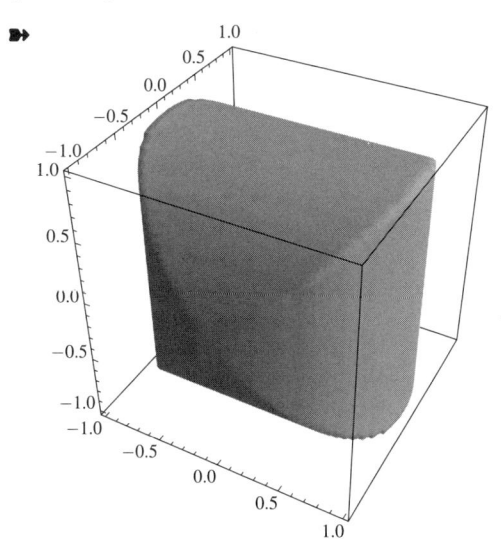

透明な属性を与えて描画した．

RegionPlot3D[$x\,y\,z > 0, \{x, -1, 1\}, \{y, -1, 1\}, \{z, -1, 1\}$,
　PlotStyle $\to \{\{\text{Opacity}[0.5], \text{Purple}\}\}$, PlotPoints $\to 50$, Mesh
　$\to$ None]

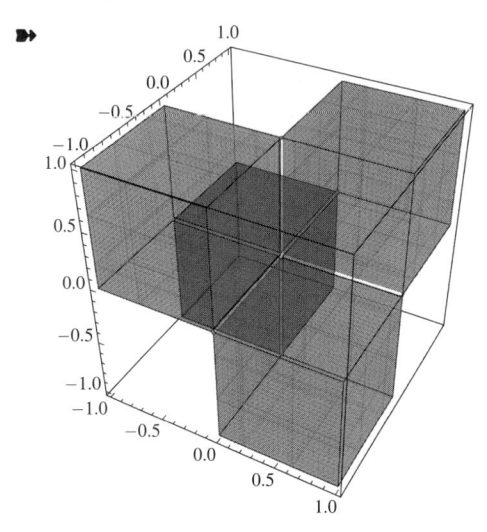

練習問題

ParametricPlot3D や RegionPlot3D を使って，球面または球体を描きなさい．

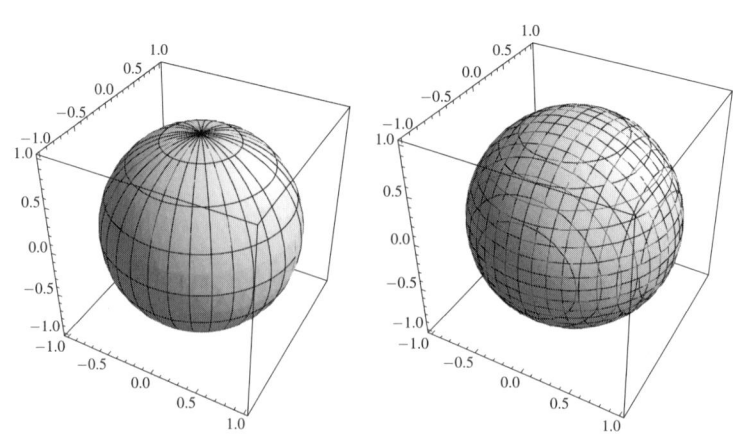

2.10 ListPlot3D, ListContourPlot, ListDensityPlot

ListPlot3D や ListContourPlot, ListDensityPlot は, リスト形式の3次元座標データを描画する関数である.

乱数を使って3次元の座標データを生成した.

$\mathrm{data} = \mathrm{Flatten}[\mathrm{Table}[\{x + \mathrm{RandomReal}[\,], y + \mathrm{RandomReal}[\,], \mathrm{Sin}[x+y]\}, \{x, -3, 3, 0.2\}, \{y, -3, 3, 0.2\}], 1];$

2.10.1 ListPlot3D

地形図のような表示をしてみた.

$\mathrm{ListPlot3D}[\mathrm{data}, \mathrm{Mesh} \to 10, \mathrm{MeshFunctions} \to \{\#3\,\&\},$
$\mathrm{ColorFunction} \to \text{"GreenBrownTerrain"}]$

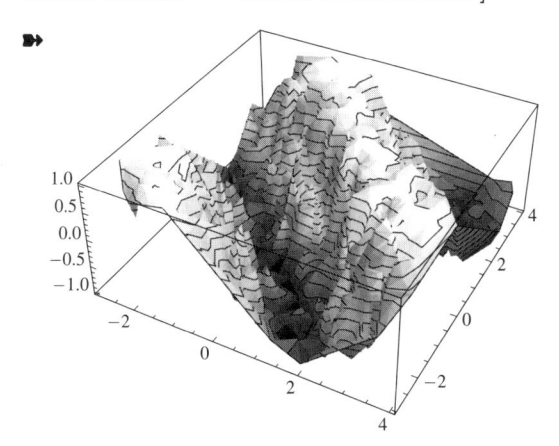

InterpolationOrder → 0 で補間を行わない設定にできる.

$\mathrm{ListPlot3D}[\mathrm{data}, \mathrm{Mesh} \to 10, \mathrm{MeshFunctions} \to \{\#3\,\&\},$
$\mathrm{ColorFunction} \to \text{"Rainbow"}, \mathrm{InterpolationOrder} \to 0]$

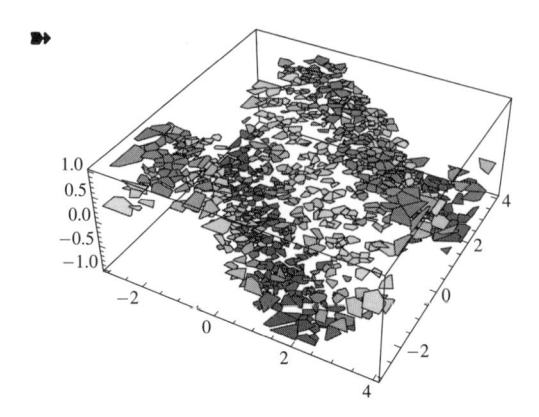

MeshShadingやFillingオプションで色をつけてみた．

> ListPlot3D[data, ColorFunction → "ThermometerColors",
> MeshShading → {{Blue, Red}, {Green, Yellow}}, Filling →
> Bottom, FillingStyle → {Opacity[0.5], Brown}]

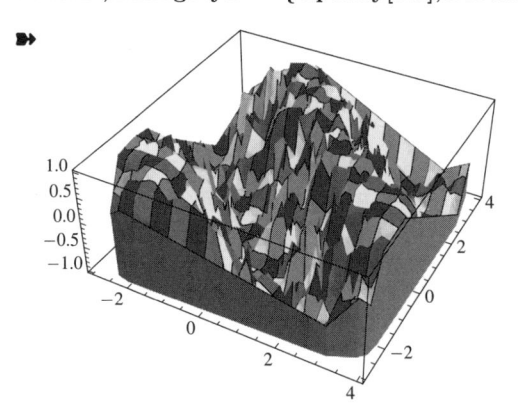

MeshShadingはColorFunctionやPlotStyleの色づけよりも優先されることがある．

2.10.2　ListContourPlot, ListDensityPlot

ListContourPlotは等高線を補間して表示してくれる．マウスポインタを近づけることによって，Tooltipでその値を表示する．

> ListContourPlot[data, Contours → 10, ContourStyle → Blue,
> ColorFunction → "GreenBrownTerrain"]

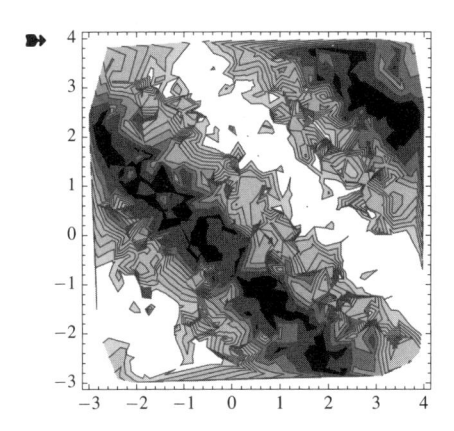

同じデータを ListDensityPlot で表示した．

ListDensityPlot[data, Mesh → All]

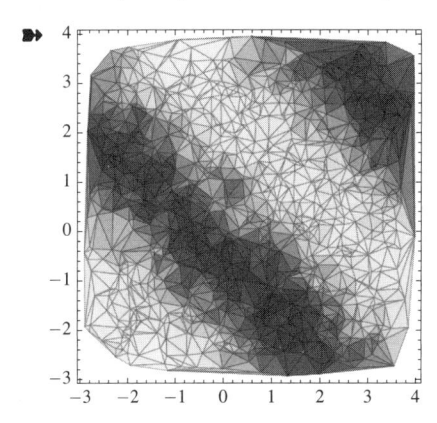

練習問題

次のデータを，例を参考に ListPlot3D，ListContourPlot，ListDensityPlot で描画しなさい．また，さまざまなオプションを試してみなさい．

data2 = Table[Sin[$x\,y$] + RandomReal[{−0.3, 0.3}], {x, −3, 3, 0.2}, {y, −3, 3, 0.2}];

ListPlot3D[data2, DataRange → {{−3, 3}, {−3, 3}}]

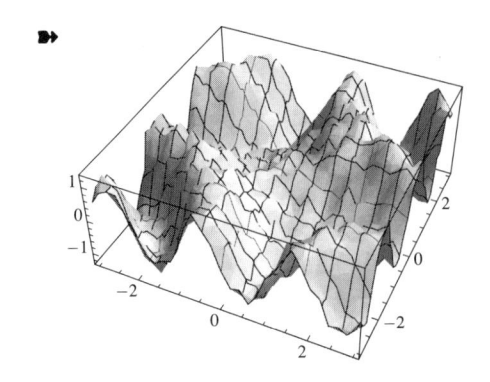

2.11 グラフィックスプリミティブ（2次元）

グラフィックスプリミティブは，点，線，多角形などのグラフィックスの要素である．ここでは2次元のグラフィックスプリミティブについて理解する．

点列を乱数で作る．

pts = RandomInteger[{−10, 10}, {5, 2}]

➡ $\{\{-3, 1\}, \{8, 0\}, \{6, 6\}, \{7, -8\}, \{1, -7\}\}$

点を指定した色で表示した．Graphicsで括ることに注意する．

Graphics[{PointSize[Large], Red, Point[pts]}, PlotRange → 10, Frame → True]

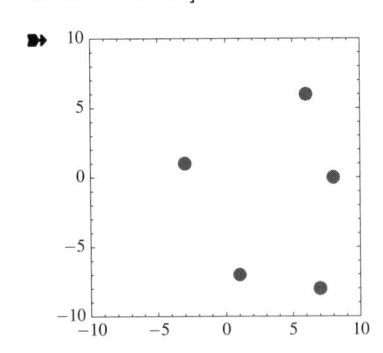

同様に直線を描画した．点列の順序に従って描画する．

Graphics[{Thick, Blue, Line[pts]}, PlotRange → 10, Frame → True]

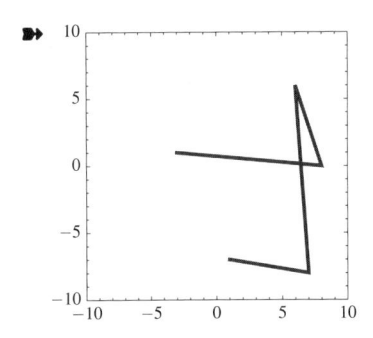

点列をソートしてから描画した．

Graphics[{Thick, Blue, Line[Sort[pts]]}, PlotRange → 10, Frame → True]

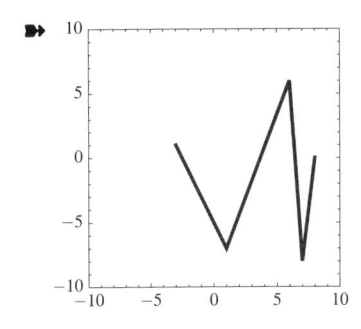

同様に多角形を描画した．

Graphics[{Green, Polygon[Sort[pts]]}, PlotRange → 10, Frame → True]

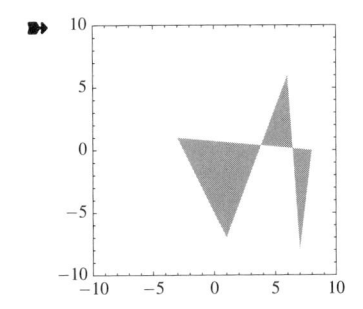

Circleは複数の座標のリストを扱うことができない．そのため，Mapで1つ1つ割り当てる．以下では，円の半径は既定値の1を使っている．

Graphics[{Thick, Pink, Map[Circle, pts]}, PlotRange → 10, Frame → True]

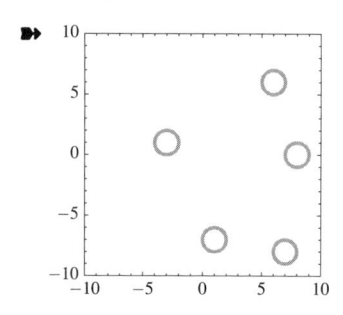

Disk も同様である.

Graphics[{Thick, Purple, Map[Disk, pts]}, PlotRange → 10, Frame → True]

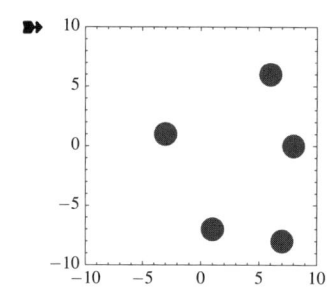

色を変化させた点を表示した.

Graphics[{PointSize[0.08], Table[{RGBColor[$\frac{x}{10}, \frac{y}{10}, 0$], Point[{x, y}]}, {x, 0, 10}, {y, 0, 10}]}]

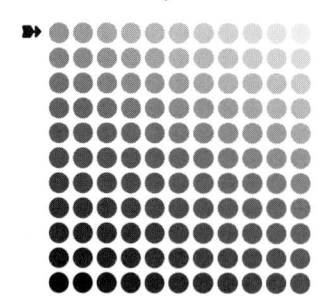

2.11 グラフィックスプリミティブ（2次元）

グラフィックスプリミティブを Graphics 関数を用いて表示したものと，Plot 等の2次元のグラフィックス関数は，同じレベルで扱うことができる．

$\text{pts} = \text{Table}\left[\{x, \text{Sin}[x]\}, \left\{x, 0, 2\pi, \frac{\pi}{4}\right\}\right];$

$\text{Show}[\text{Plot}[\text{Sin}[x], \{x, 0, 2\pi\}, \text{PlotStyle} \to \text{Thick}],$
　$\text{Graphics}[\{\text{PointSize}[0.04], \text{Red}, \text{Point}[\text{pts}]\}]]$

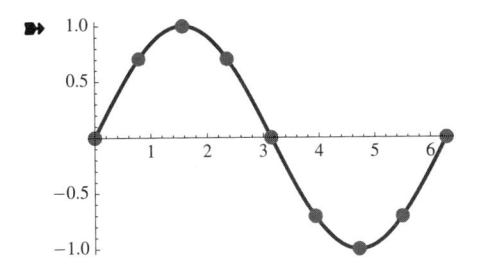

Manipulate の中でグラフィックスプリミティブを利用した．

$\text{Manipulate}[\text{Graphics}[\{\text{Red}, \text{Polygon}[\text{pts}]\}, \text{PlotRange} \to 2,$
　$\text{ImageSize} \to 150], \{\{\text{pts}, \{\{0,0\}, \{-1,1\}, \{1,1\}\}\}, \text{Locator},$
　$\text{LocatorAutoCreate} \to \text{True}\}]$

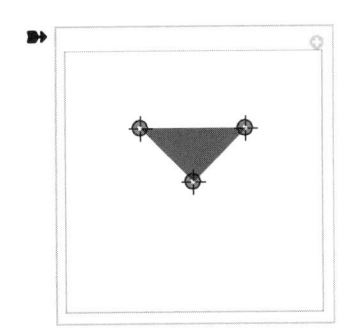

練習問題

グラフィックスプリミティブを用いて，次のような正多角形（正3角形から正10角形）を作成しなさい．

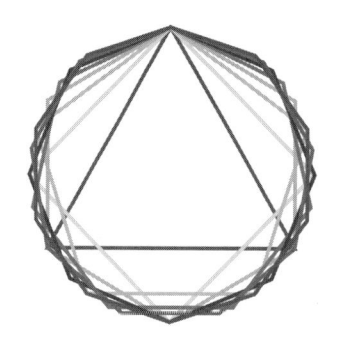

2.12　グラフィックスプリミティブ（3次元）

2次元と同様に，3次元においてもグラフィックスプリミティブがある．ここでは3次元のグラフィックスプリミティブについて理解しよう．

3次元の点列を，乱数を用いて生成する．

pts = RandomInteger[{0, 10}, {100, 3}];

Point, Line, Polygon は，2次元のときと同様に使うことができる[3]．

Graphics3D[{PointSize[Large], Red, Point[pts], Blue, Line[pts]}]

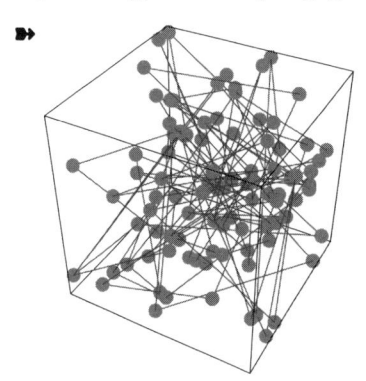

Mapを使って，それぞれの点に対して色のついた球を作成した．このときの球の半径は既定値の1である．

---

[3]. 2.11節「グラフィックスプリミティブ（2次元）」を参照．

Graphics3D[Map[{Hue[RandomReal[ ]], Sphere[#]}&, pts]]

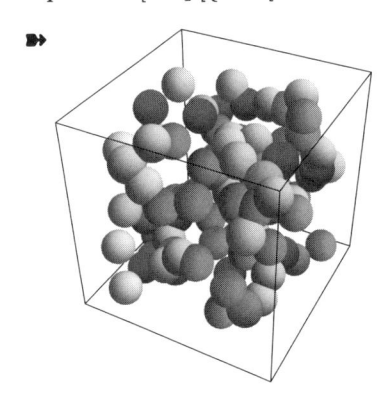

同様に立方体を作成した．

Graphics3D[Map[{Hue[RandomReal[ ]], Cuboid[#]}&, pts]]

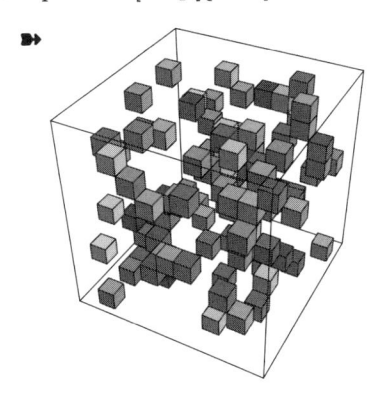

EdgeFormを空のまま利用することで，辺などの稜線を表示しない指定となる．半透明にして色の変化のある立方体を並べ，色立体を作成した．

$$\text{Graphics3D}\left[\left\{\text{EdgeForm}[\,],\text{Opacity}[0.5],\right.\right.$$
$$\left.\left.\text{Table}\left[\left\{\text{RGBColor}\left[\frac{x}{10},\frac{y}{10},\frac{z}{10}\right],\text{Cuboid}[\{x,y,z\}]\right\},\right.\right.$$
$$\left.\left.\{x,0,10\},\{y,0,10\},\{z,0,10\}\right]\right\}\right]$$

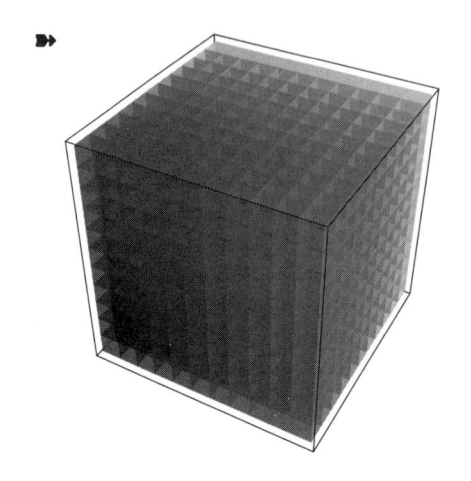

3次元の座標のペアを作成し，円筒形を描画した．

```
pts2 = Table[RandomInteger[{0, 15}, {3}], {20}, {2}];
Graphics3D[Map[{EdgeForm[ ], Hue[RandomReal[ ]],
Cylinder[#]}&, pts2]]
```

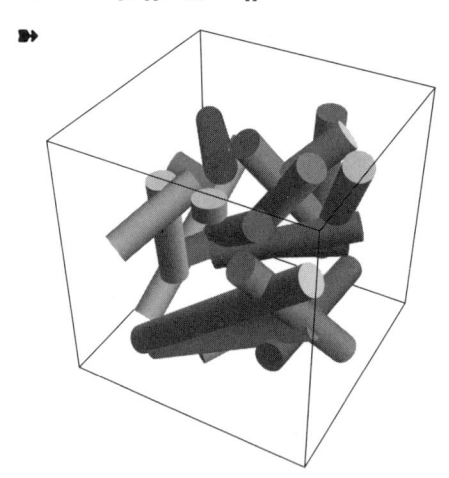

練習問題

次のマッチ棒のような図形を，乱数を用いて描きなさい．

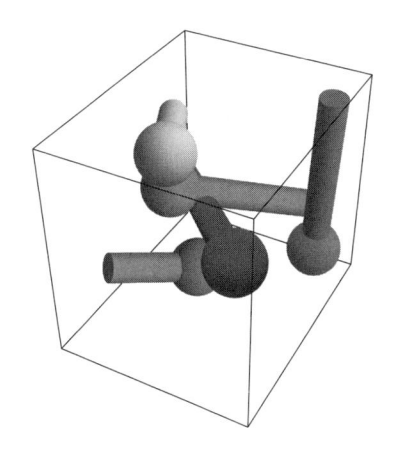

2.13 Glow, Specularity, Lighting

ここでは3次元グラフィックスに対する光の当て方や反射指数について理解する.

2.13.1 Glow

Glowを使うと，3次元のオブジェクトの光沢をなくしたり，特定の色を持つ光沢を与えたりすることができる.

Graphics3D[{Glow[ ], Orange, Sphere[ ]}]

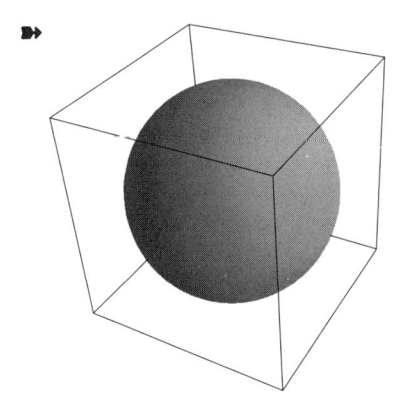

2.13.2 Specularity

Specularityは鏡面指数を指定できる．次の図は白色光の鏡面指数を与えている．数値が大きいほど，光は拡散しないで反射する．

Row[Table[Graphics3D[{Orange, Specularity[White, n], Sphere[ ]}],
$\{n, \{5, 20, 100\}\}]]$

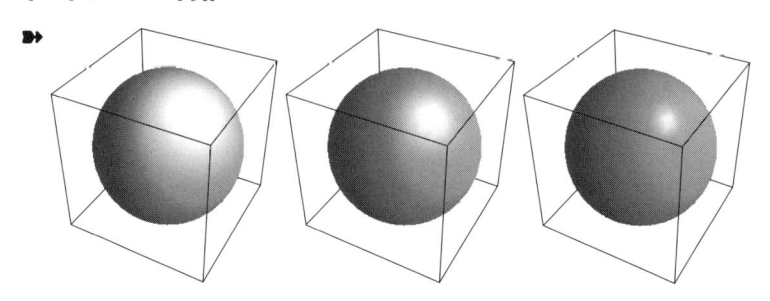

2.13.3 Lighting

Lightingはさまざまな属性の光を指定することができる．Plot関数やShowのオプションとして与えることができる．

tor = ParametricPlot3D[{$(2 - \text{Cos}[s])\text{Cos}[t], (2 - \text{Cos}[s])\text{Sin}[t],$
  $\text{Sin}[s]\}, \{s, 0, 2\pi\}, \{t, 0, 2\pi\}, \text{Mesh} \to \text{False}];$

Show[tor, Lighting → Automatic]

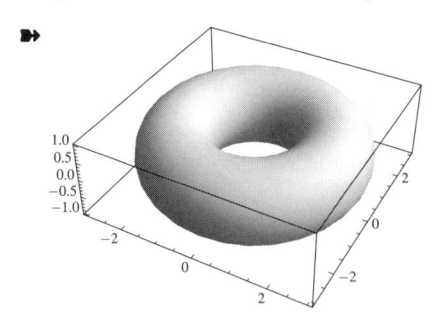

Ambientは環境光（周辺光）であり，周囲に反射した光が一様に当たることを表している．

Show[tor, Lighting → {{"Ambient", Orange}}]

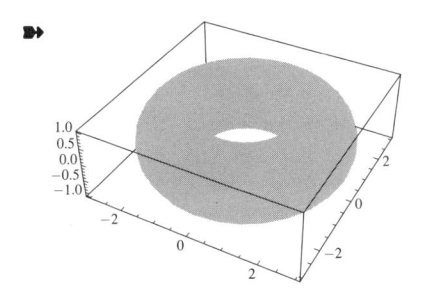

Directionalは指定されたベクトルの方向を持った光を表す.

Show[tor, Lighting → {{"Directional", Yellow, {{0, 0, 2}, {0, 0, 0}}}}]

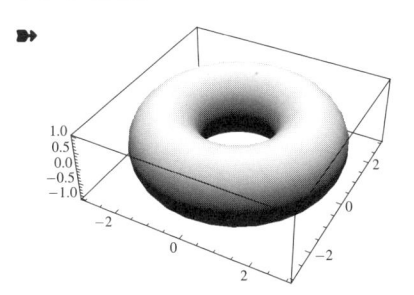

Pointは指定した座標上にある点光源を表す.

Show[tor, Lighting → {{"Point", Yellow, {2, −2, 1.5}}}]

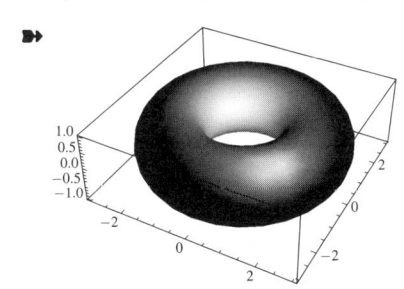

Spotは指定した座標から半円錐角度を指定した開きを持ったスポットライトを表す.

Row[Table[Show[tor, Lighting → {{"Spot", White, {2, −2, 1.5}, q}}], $\left\{q, \left\{\frac{\pi}{6}, \frac{\pi}{3}\right\}\right\}$]]

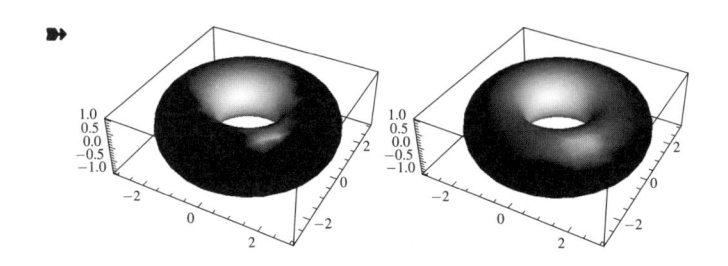

練習問題

実際に自分で3Dの曲面を描き，ドキュメントセンターを参考にして，Lighting, Glow, Specularity などを設定しなさい.

2.14　GraphicsGrid

複数のグラフィックスを配置するとき，Tableで表示してもかまわないのだが，工夫して表示することで見栄えも変わってくる．

Tableで配置すると，リストの波括弧が表示されてしまう．

Table[ParametricPlot[{Cos[$a\,t$], Sin[$b\,t$]}, {$t, 0, 2\pi$}, ImageSize → 100], {$a, 1, 3$}, {$b, 1, 3$}]

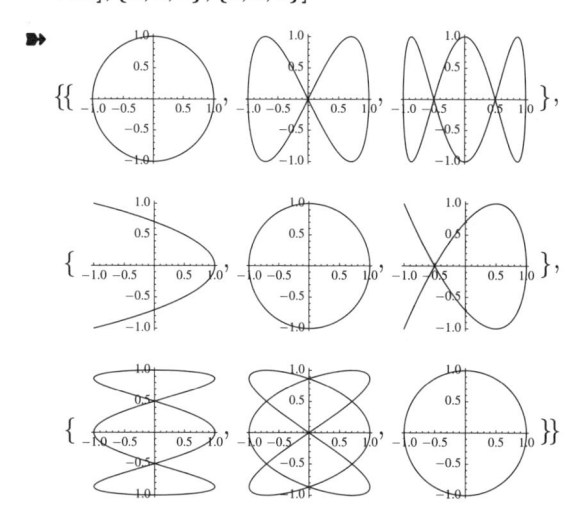

Gridをつけることにより，2次元格子状に配置してくれる．しかし，1つ1つのグ

ラフは，クリックしてみるとわかるように，個別のオブジェクトになっている．

Grid[Table[ParametricPlot[{Cos[a t], Sin[b t]}, {t, 0, 2π}, ImageSize → 100], {a, 1, 3}, {b, 1, 3}]]

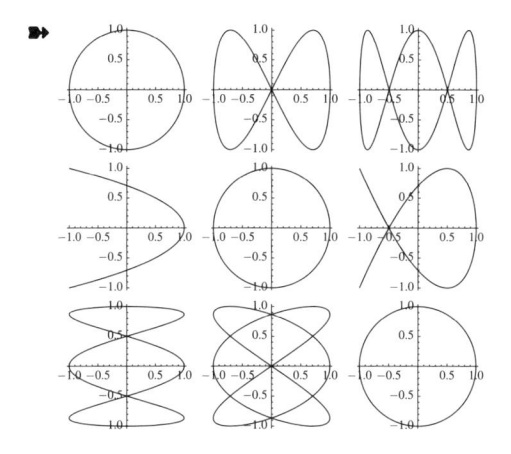

GraphicsGrid は，Grid に似ているが，並べたグラフィックスを1つのオブジェクトとして扱うため，全体のサイズを拡大縮小することが容易にできる．

GraphicsGrid[Table[ParametricPlot[{Cos[a t], Sin[b t]}, {t, 0, 2π}, ImageSize → 100], {a, 1, 3}, {b, 1, 3}]]

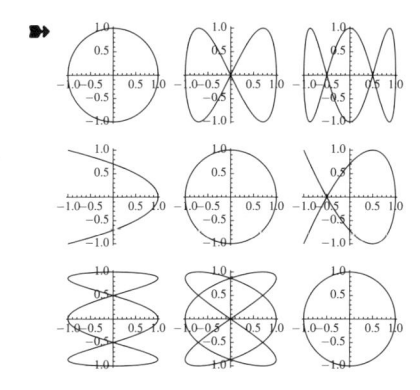

Map を利用すると，次のような図を描くこともできる．

GraphicsGrid[Map[Plot3D[Sin[x y], {x, −3, 3}, {y, −3, 3}, ViewPoint → #]&, {{Above, {2, 2, 2}}, {Front, Right}}, {2}], Frame → All]

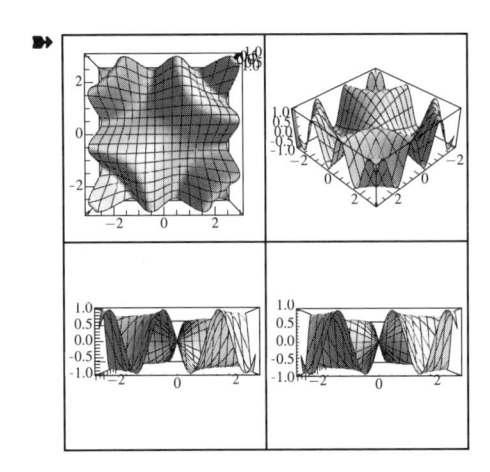

GraphicsRow はリスト形式のグラフィックスを横に並べる，GraphicsColumn は縦に並べる．

GraphicsRow[Table[Plot[Sin[a x], {x, 0, 2π}], {a, 1, 3}]]

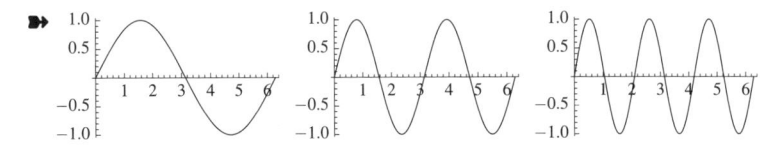

練習問題

GraphicsGrid を用いて以下のように配置するためには，どのようにしたらよいか考えなさい．

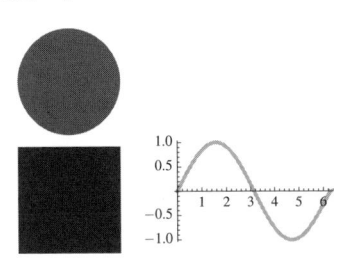

2.15　アニメーション

アニメーションは，*Mathematica* 6 からスライダー等が表示され，よりインタラクティブに操作できるようになった．また，Manipulate 関数などでも，さらに詳細に動作するアニメーションを作成することができる．

2.15.1　Animate

アニメーションを作成する Animate 関数の文法は，Table などの文法と同様である（紙面の都合で，ImageSize → 200 としてある）．

$\mathbf{Animate[Plot[Sin}[a\,x], \{x, 0, 2\pi\}, \mathbf{ImageSize} \to \mathbf{200]}, \{a, 1, 10\}]$

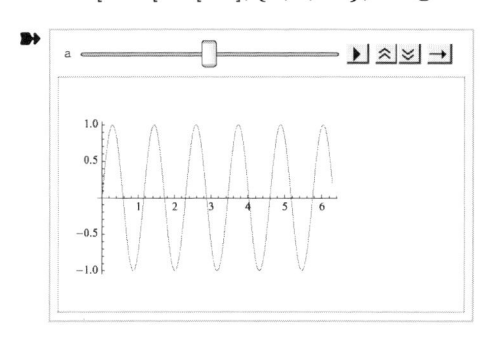

アニメーションを作成する際に注意することは，PlotRange を指定することである．

✍ PlotRange オプションを取り除いてみると，おかしくなることに気づくだろう．

スライダーを複数設定することも可能である．

$\mathbf{Animate[Plot}[a\,\mathbf{Sin}[b\,x], \{x, 0, 2\pi\}, \mathbf{PlotRange} \to \{-5, 5\}, \mathbf{ImageSize} \to \mathbf{200]}, \{a, 1, 5\}, \{b, 1, 5\}]$

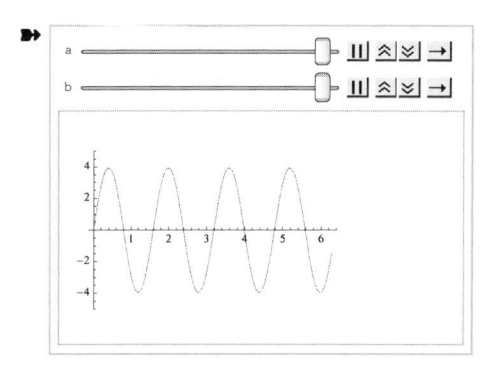

Animate[Plot3D[Sin[$x + y + a$], {$x, -3, 3$}, {$y, -3, 3$}, ImageSize $\to 200$], {$a, 0, 2\pi$}]

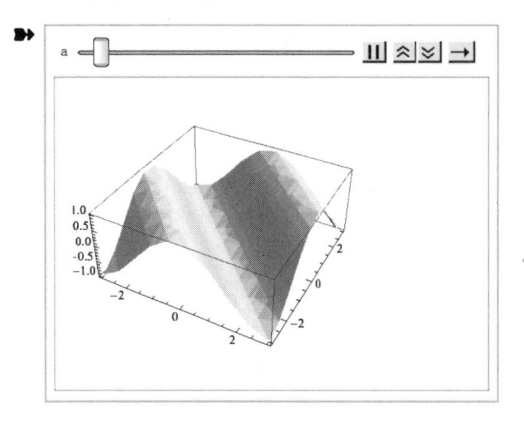

2.15.2 ListAnimate

ListAnimateは，グラフィックスのリストをアニメーションとして表示する．

anim = Table[ParametricPlot3D[{r^2Cos[t], r^2Sin[t], Cos[$2\pi r - \dfrac{i\pi}{3}$]}, {$r, 0, 6$}, {$t, 0, 2\pi$}, Mesh $\to$ None, Boxed $\to$ False, Axes $\to$ False, PlotRange $\to$ {Automatic, Automatic, {$-1, 1$}}, ImageSize $\to 200$], {$i, 0, 12, 1$}];

ListAnimate[anim]

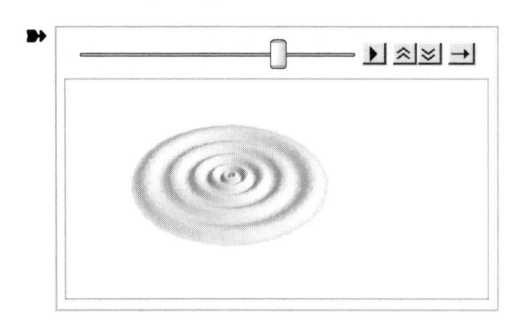

ListAnimate はあらかじめグラフィックスのリストを作成するため，その一部のグラフィックスが修正または回転等によって変更されたとき，アニメーションがおかしな表示になることがある．このようなことを避けるために，Deployed → True というオプションにより，グラフィックスを選択や修正ができないようにすることができる．

anim2 = Table[Plot3D[Sin[$a\,x\,y$], {$x, 0, \pi$}, {$y, 0, \pi$}, ImageSize → 200], {$a, 1, 3, 0.2$}];

ListAnimate[anim2, Deployed → True]

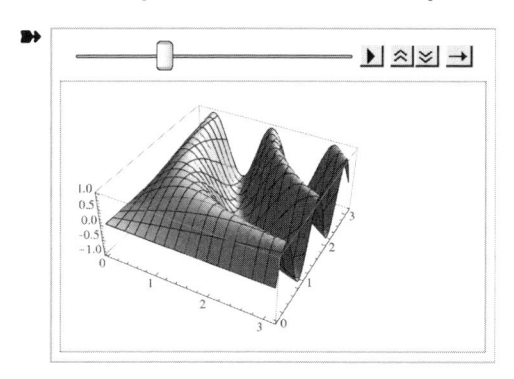

練習問題

$y = \sin x$ を級数展開したグラフを，ListAnimate を使って次数を変化させて作成しなさい．

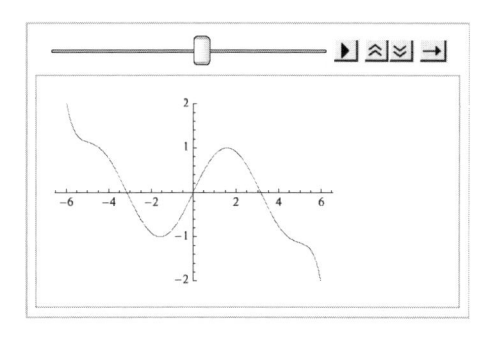

2.16 インタラクティブな表現

マウスを使ってさまざまな変化をさせることができる表現は，Manipulate 以外にもさまざまなものがある．紙面ではその表現自体を見せることはできないが，ぜひ入力してその動きを確認してほしい．

2.16.1 Mouseover

Mouseover を使うと，グラフィックスの上にマウスポインタが位置したとき，別の表示に変えることができる．

$\mathrm{Mouseover}\Big[\mathrm{Plot}[\{\mathrm{Sin}[x], \mathrm{Cos}[x]\}, \{x, 0, 2\pi\}, \mathrm{PlotRange} \to \{-2, 2\},$
$\mathrm{ImageSize} \to 200], \mathrm{Plot}\Big[\Big\{\mathrm{Sin}[x], \mathrm{Cos}[x], \sqrt{2}\mathrm{Sin}\Big[x + \frac{\pi}{4}\Big]\Big\},$
$\{x, 0, 2\pi\}, \mathrm{PlotStyle} \to \{\mathrm{Automatic}, \mathrm{Automatic}, \{\mathrm{Thick}, \mathrm{Orange}\}\},$
$\mathrm{PlotRange} \to \{-2, 2\}, \mathrm{ImageSize} \to 200\Big]\Big]$

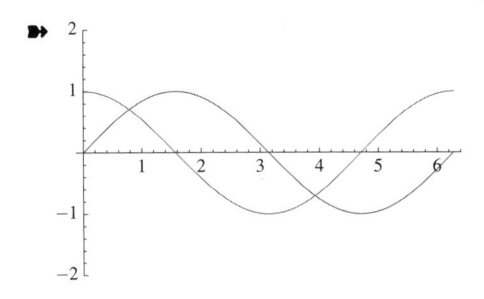

Mouseover は普通の文字列にも利用できる．

Style[Mouseover["真", "偽"], 32]　　➡ 真

2.16.2 Tooltip

Tooltip は，グラフにマウスポインタが近づくと，グラフの説明が表示される．

Plot[Evaluate[Tooltip[Table[LegendreP[n, x], $\{n, 2, 6\}$]]], $\{x, -1, 1\}$,
　　PlotStyle → Thick]

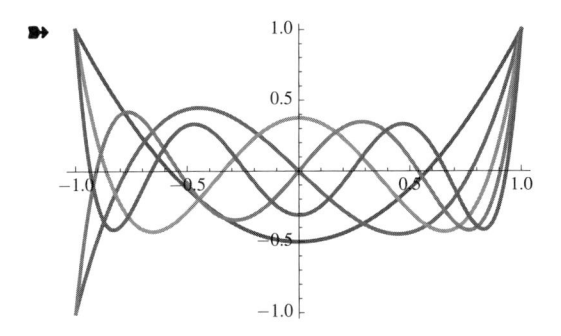

2.16.3 TabView

TabView は,表示したいもののリストを作成し,それをタブ形式で選択できるようにする.

TabView[Table[Text[f] $\to$ Plot[$f[x]$, $\{x, 0, 2\pi\}$, ImageSize $\to$ 200], $\{f, \{\text{Sin}, \text{Cos}, \text{Tan}\}\}$]]

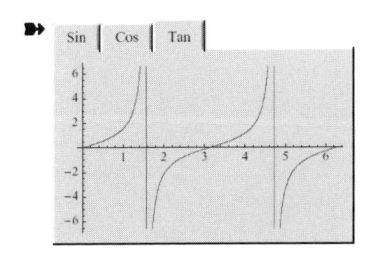

MenuView は,表示したいもののリストを作成し,プルダウンメニューで表示する.

MenuView[Table[Text[f] $\to$ Plot[$f[x]$, $\{x, 0, 2\pi\}$, ImageSize $\to$ 200], $\{f, \{\text{Sin}, \text{Cos}, \text{Tan}\}\}$]]

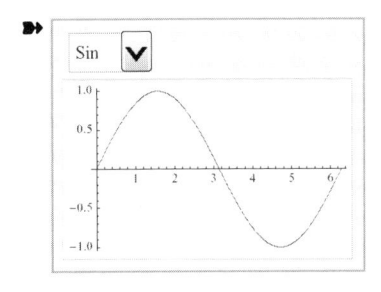

FlipViewは，リスト形式のものを，クリックするたびに変化するように表現する．

FlipView[Table[Plot[Sin[$n\,x$], {$x, 0, 2\pi$}, PlotStyle $\to$ Thick,
Epilog $\to$ Style[Text[n, {$\pi, 0.8$}], 24], ImageSize $\to$ 200], {$n, 1, 5$}]]

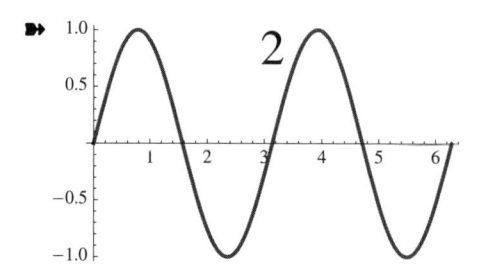

SlideViewは，アニメーションのような表現を実現する（別のグラフィックスや写真を順次表示させることも可能である）．

SlideView[Table[PolarPlot[$1 + b\cos[\theta]$, {$\theta, 0, 2\pi$}, PlotRange
$\to$ {{$-1, 6$}, {$-4, 4$}}, PlotStyle $\to$ Thick, ImageSize $\to$ 200],
{$b, 0, 5, 0.25$}]]

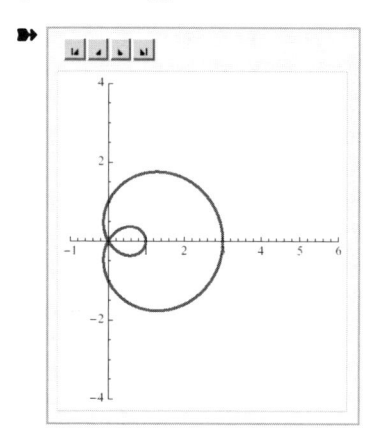

練習問題

次のグラフィックスのリストに関して，本節のさまざまな表現を試みなさい．

Table[PolarPlot[Sin[$a\,t$], {$t, 0, 2\pi$}], {$a, 1, 10$}];

2.17 グラフィックスの表現形式

GraphicsComplexは，*Mathematica* 6以降で取り入れられたグラフィックスの形式である．3次元のグラフィックスや複雑なグラフィックスに関しては，あらかじめ座標を定義しておき，その順番を指定することによってグラフィックスを描画することができる．

2.17.1 GraphicsComplex

初めに点列を作り，その座標の順序をGraphicsComplexの中でグラフィックスプリミティブを指定することにより，グラフィックスを生成する．

$\text{pts} = \text{Table}\left[\left\{\text{Cos}\left[t+\dfrac{\pi}{2}\right], \text{Sin}\left[t+\dfrac{\pi}{2}\right]\right\}, \left\{t, 0, 2\pi, \dfrac{2\pi}{5}\right\}\right];$

$\text{gr} = \text{Graphics}[\text{GraphicsComplex}[\text{pts}, \{\text{Red},$
  $\text{Polygon}[\{1,3,5,2,4,1\}]\}]]$

➡

出力されたグラフィックスは，GraphicsComplexで書かれている．

gr//InputForm

➡ Graphics[GraphicsComplex[{{0, 1}, {−Sqrt[5/8 + Sqrt[5]/8],
   (−1 + Sqrt[5])/4}, {−Sqrt[5/8 − Sqrt[5]/8], (−1 − Sqrt[5])/4},
   {Sqrt[5/8 − Sqrt[5]/8], (−1 − Sqrt[5])/4}, {Sqrt[5/8 + Sqrt[5]/8],
   (−1 + Sqrt[5])/4}, {0, 1}}, {RGBColor[1, 0, 0], Polygon[{1, 3, 5, 2, 4, 1}]}]]

Normal関数により，実際に座標を割り当てた形に変換することができる．

Normal[gr]//InputForm

▶ Graphics[{RGBColor[1, 0, 0], Polygon[{{0, 1}, {−Sqrt[5/8 − Sqrt[5]/8], (−1 − Sqrt[5])/4}, {Sqrt[5/8 + Sqrt[5]/8], (−1 + Sqrt[5])/4}, {−Sqrt[5/8 + Sqrt[5]/8], (−1 + Sqrt[5])/4}, {Sqrt[5/8 − Sqrt[5]/8], (−1 − Sqrt[5])/4}, {0, 1}}]}]

2.17.2 オプション

VertexColors オプションで，頂点に彩色することもできる．

Graphics[GraphicsComplex[pts, {Red, Polygon[{1, 3, 5, 2, 4}]}, VertexColors → {Red, Yellow, Green, Blue, Purple}]]

▶

2.17.3 一般のグラフィックスの表現形式

Plot3D も，実際の表現は GraphicsComplex で表現されている．

Plot3D[Sin[x + Cos[y]], {x, 0, 3}, {y, 0, 3}]

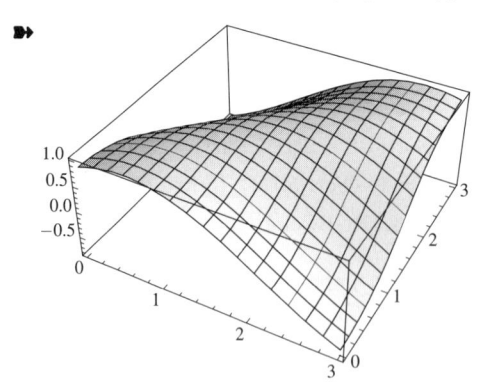

▶

2.17 グラフィックスの表現形式

Short[InputForm[... **] , 3]**

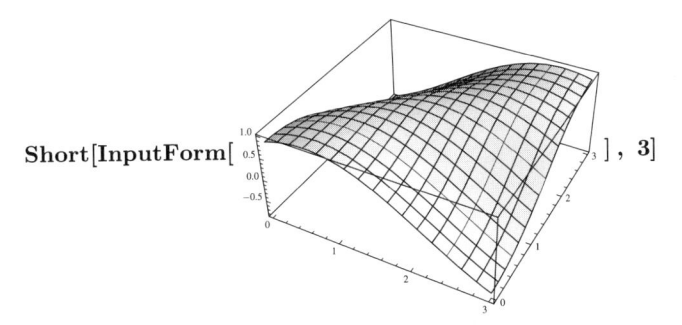

➡ Graphics3D[GraphicsComplex[{{2.1428571428571426 *^- 7,
2.1428571428571426 *^- 7, 0.8414711005869303}, ≪1527≫,
{2.062499919642857, ≪2≫}}, ≪2≫], ≪5≫]

ContourPlot で Contour にツールチップが表示されるのも，GraphicsComplex を用いて Contour を描いているからである．

ContourPlot[Sin[x + Cos[y]], {x, 0, 3}, {y, 0, 3}]

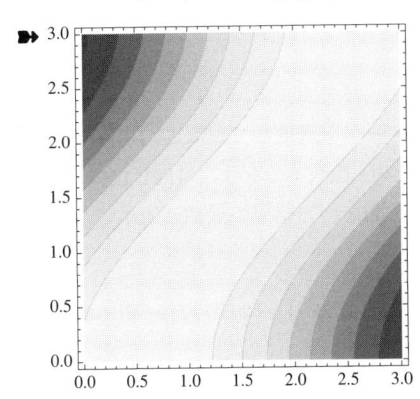

練習問題

下のような図形を，GraphicsComplex を用いて作成しなさい．なお，座標の番号のつけ方についても Mathematica の関数を用いて作成しなさい．

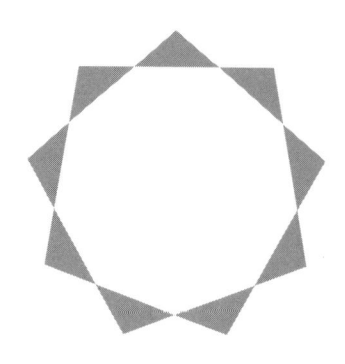

2.18　グラフィックスの無駄を避ける方法

グラフィックスだけでなく，評価順序などを考慮することによって，*Mathematica* の処理の速さは違ってくる．

Plot 関数は，その引数を評価しないままに実行する．

Attributes[Plot]

➡ {HoldAll, Protected}

以下では，LegendreP 関数をパラメータを変更して複数描画する．Plot 関数は通常その引数を評価しないで実行するため，複数本のグラフは同じ色の1個のオブジェクトとして描画される．また，処理時間を出力結果の最初に表示したが，かなりの時間がかかっている．

Plot[Table[LegendreP[n,x], {$n,1,10$}], {$x,0,1$}]//Timing

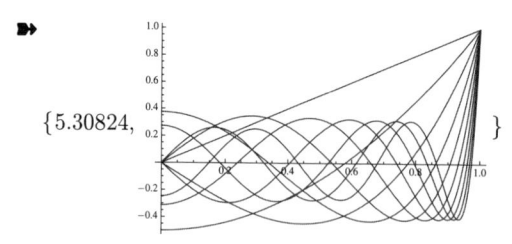

➡ {5.30824, }

これを解消する方法は2つある．Plot 関数の第1引数に Table を置きたい場合には，明示的に Evaluate を用いて評価する．こうすると，それぞれのグラフは色分けされるようにグラフのリストが生成されたのちに Plot 関数が評価されているのがわ

かる．また時間は，環境や状況にもよるが，上の例と比較して数十倍程度違う．

Plot[Evaluate[Table[LegendreP[n,x],{$n,1,10$}]],{$x,0,1$}]//Timing

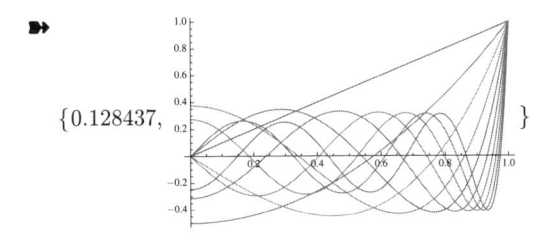

▶ {0.128437, }

もう1つの方法は，あらかじめTableを評価しておく方法である．簡単なことであるが，このようなことを考慮すると処理速度は大きく変わる．

grs = Table[LegendreP[n,x],{$n,1,10$}];

Plot[grs,{$x,0,1$}]//Timing

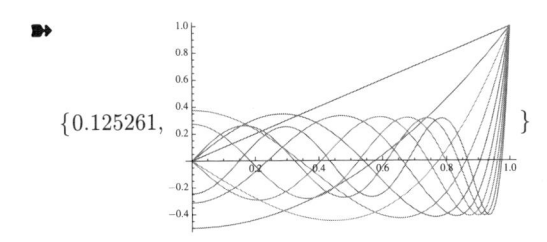

▶ {0.125261, }

次の例も同様の問題を持っている．Integrateの部分は評価されていないので，tの値が変化するたびに逐次積分の計算が実行され，かなりの時間がかかっている．

Plot[Integrate[x^2,{$x,-1,t$}],{$t,-1,1$}]//Timing

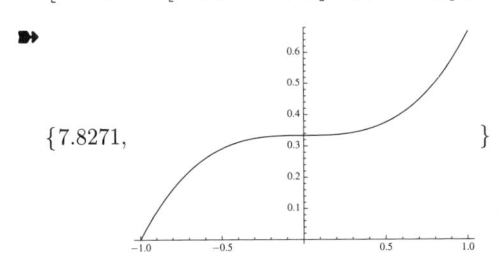

▶ {7.8271, }

この問題の解決方法は先ほどと同様である．時間の差が大きく出ることがわかる．

Plot[Evaluate[Integrate[x^2,{$x,-1,t$}]],{$t,-1,1$}]//Timing

{0.023757, ▰ }

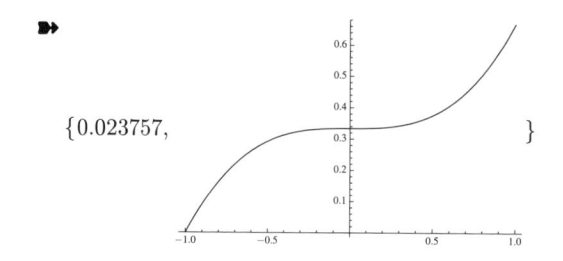

Plotの引数をあらかじめ評価しておく必要があるかどうかは，吟味しておかなければならない．

int = Integrate $[x^2, \{x, -1, t\}]$;
Plot[int, $\{t, -1, 1\}$]//Timing

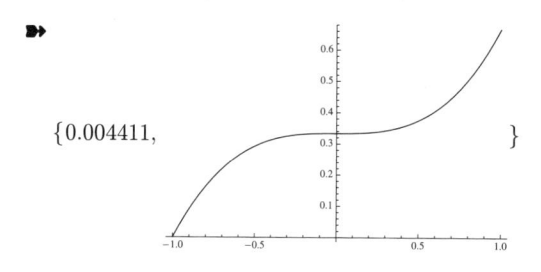

{0.004411, ▰ }

練習問題

下の図のような $y = x^2 - 2$ の接線の直線群を描画するには，どのようにしたらよいか考えなさい．

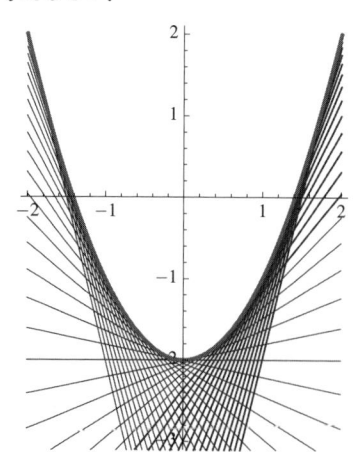

2.19 サウンド

ここでは Mathematica で音を出す関数について理解する．Mathematica で音を用いることによって，一見無意味な数列もある種の音となることに注意したい．

2.19.1 Play

440Hz の音を出力する．

$\mathrm{Play}[\mathrm{Sin}[440 \times 2\pi t], \{t, 0, 1\}]$

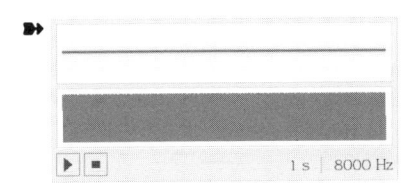

サンプリングレートの異なる 2 つの音を比較する．

$\mathrm{Play}[\mathrm{Sin}[10000 \times 2\pi t], \{t, 0, 1\}, \mathrm{SampleRate} \to 44100]$

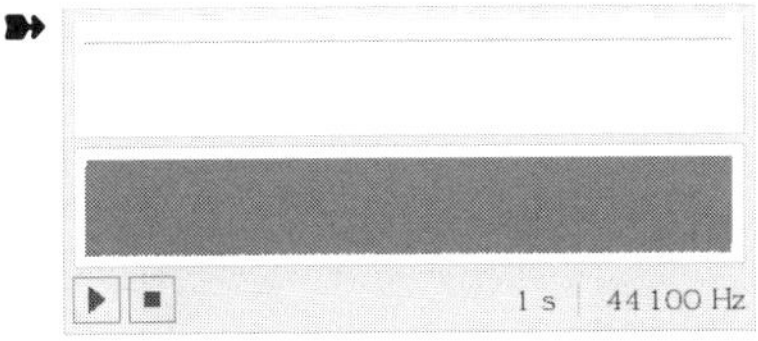

$\mathrm{Play}[\mathrm{Sin}[10000 \times 2\pi t], \{t, 0, 1\}, \mathrm{SampleRate} \to 8000]$

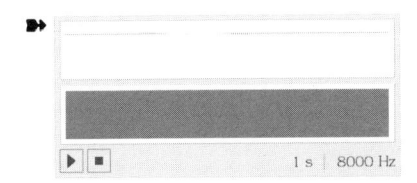

うなりをつけてみた．

Play $\left[\text{Sin}\left[500\pi t^2\right], \{t, 0, 1\}\right]$

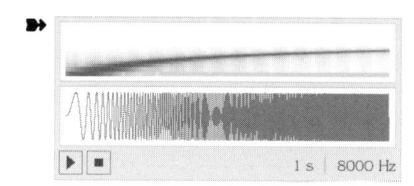

リーマン・ジーゲル Z 関数の音を作ってみる．

Play[RiemannSiegelZ[2000x], $\{x, 0, 15\}$]

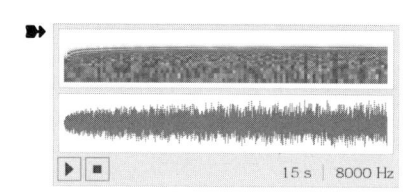

$\frac{22}{17}$ を小数にしたときの数列を音にする．

ListPlay $\left[\text{First}\left[\text{RealDigits}\left[\text{N}\left[\frac{22}{17}, 5000\right]\right]\right]\right]$

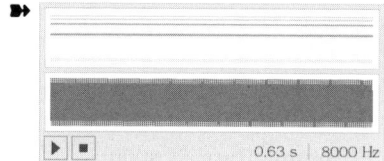

無理数 π の音も聞いてみる．

ListPlay[First[RealDigits[N[π, 5000]]]]

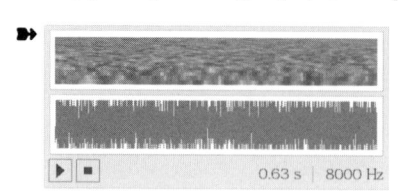

2.19.2 Sound

Sound は音に関するプリミティブを指定し，音を出すことができる．SoundNote は音階や音色などを指定することができる．

Sound[Map[SoundNote, {"C", "C", "G", "G", "A", "A", "G"}]]

Sound[Map[SoundNote[#, 1, "Violin"]&, RandomInteger[12, 30]]]

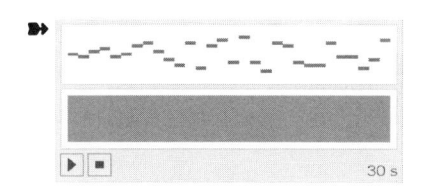

Import で音声や音楽データを読み込み，加工することもできる．

mdata = Import["/Users/shinya/Desktop/いまこそMMA/music.aif"]

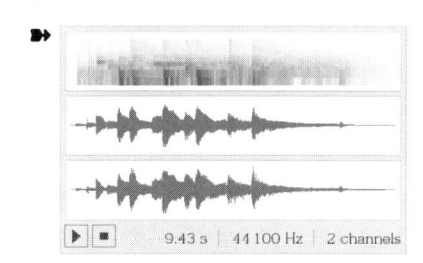

Short[InputForm[mdata], 3]

➡ Sound[SampledSoundList[{{0., 0., 0., 0., 0., 0., 0., 0., 0., 0., 0., 0., 0., 0., 0., ≪415865≫, 0., 0., 0., 0., 0., 0., 0., 0.}, ≪1≫}, 44100]]

練習問題

Sound を使ってさまざまな音色の音楽を聞いてみなさい．また，オプションを変更したり，そのサウンドデータのリストを加工したりして聞いてみなさい．

第3章 マニピュレート

教材や資料の配布，そしてデモンストレーションという観点から，*Mathematica* 6 で導入された Manipulate は非常に便利である．*Mathematica* のすべての機能が使えるわけではないが，そういう制約が気になるレベルに達するころには，*Mathematica* の便利さから逃れられなくなっている．──マニピュレートされているのは，ユーザーかもしれない．

でき上がったばかりの *Mathematica* 3.0 で利用できるようになった日本語機能をデモンストレーションするテオ・グレイ氏と，画面を真剣に見つめる（左から）黒坂さん，松本先生，榊原先生．その当時，Unicode を基本にした国際化はとても珍しかった．

3.1 マニピュレートの基本

Mathematica 6 から導入された組込み関数「Manipulate」を使うと，驚くほど簡単にインタラクティブなアプリケーションを作ることができる．ここでは最も基本的な Manipulate の使い方を説明する．

3.1.1 "たくさん計算させる"から"動的に変化させる"へ

整数の素因数分解を行うFactorInteger，上付き文字を表すSuperscript，積を計算するTimesを組み合わせることで，数学の教科書にあるような素因数分解を表現することができる（以下の例では100の素因数分解を行っている）．少し難しいかもしれないが，ここではそういうものだと思っておこう[1]．

  Times@@(Superscript@@@FactorInteger[100])
   ▶ $2^2 5^2$

この操作を複数の整数に対して同時に計算させるには，リストを作るのに便利な組込み関数であるTableを使って，次のように行えばよい．この例では，変数nを1から10まで1刻みで動かして，それぞれのnに対して素因数分解を行っている．

  Table[Times@@(Superscript@@@FactorInteger[n]), {n, 1, 10, 1}]
   ▶ $\{1^1, 2^1, 3^1, 2^2, 5^1, 2^1 3^1, 7^1, 2^3, 3^2, 2^1 5^1\}$

利用する関数をTableからManipulateに変更すると，一度にリストとして結果が求まるのではなく，マウスで選択された整数に対してのみ動的に結果が計算されるようになる．マウスでドラッグすることで変数nの値を変化させることができるが，このときにドラッグするバーのことをスライダーと呼ぶ．より変化がわかりやすくなるように，この例では整数1から100までを1刻みで動かしている．

  Manipulate[Times@@(Superscript@@@FactorInteger[n]),
   {n, 1, 100, 1}]
   ▶

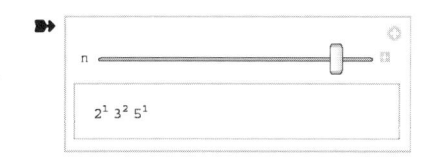

3.1.2 "たくさん描画させる"から"動的に変化させる"へ

今度は，たくさん計算させるのではなく，たくさん描画させたいグラフを動的に変化させてみる．例えば，次の正弦関数のグラフを描かせる命令を，角周波数を変化させていくつも実行させたい場合を考える．このような場合，組込み関数Tableを使

---

[1]. 「@@」と「@@@」については，ドキュメントセンターの項目「Apply」を参照．

い，角周波数 n を変化させて，複数のグラフをリストとして生成することもできる．下記の例では，角周波数を整数倍で1倍から2倍まで1倍刻みで（つまり2段階だけ）変化させている．

(*角周波数を変化させない普通の場合*)
$\mathrm{Plot}[\mathrm{Sin}[x], \{x, 0, 2\pi\}]$
(*基本となるグラフのリストを作る例*)
$\mathrm{Table}[\mathrm{Plot}[\mathrm{Sin}[n\,x], \{x, 0, 2\pi\}], \{n, 1, 2, 1\}]$

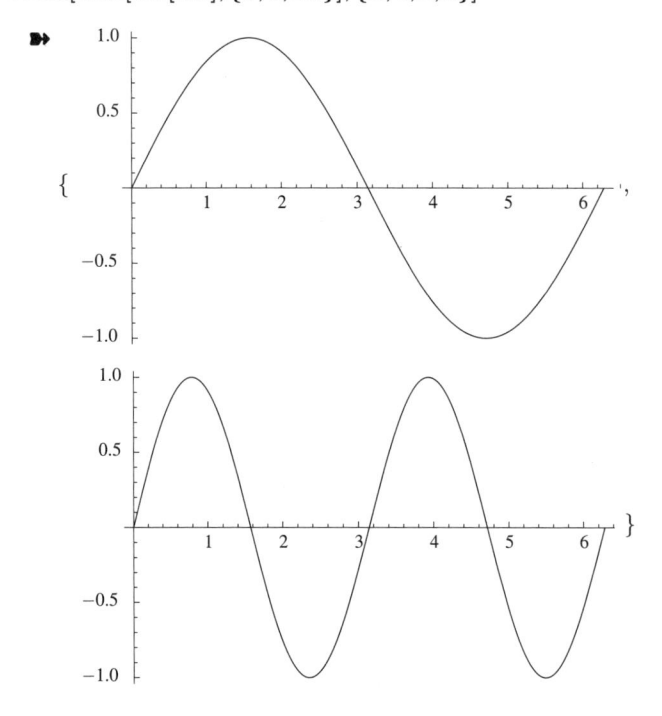

この命令の Table を Manipulate に置き換えると，一度にリストとしてグラフが描かれるのではなく，マウスで選択された整数に対してのみ動的にグラフが描画されるようになる．スライダーを動かしたときに変化がわかりやすいように，この例では角周波数を1倍から10倍まで1倍刻みで動かしている．

Manipulate[Plot[Sin[n x], {x, 0, 2π}], {n, 1, 10, 1}]

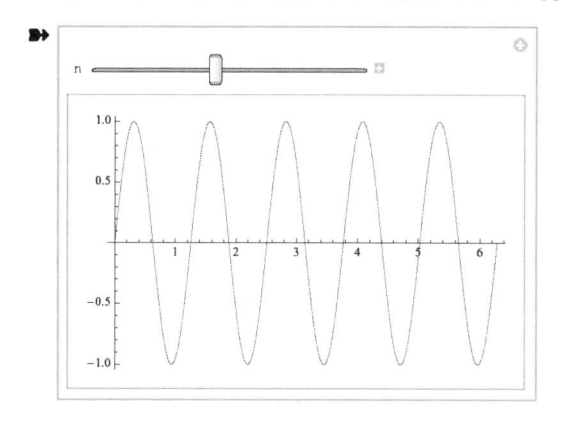

3.1.3　もっと綺麗に見せるには

　Manipulateで動的に変化させる命令は，*Mathematica* の普通の命令なので，これまでに学んだようなさまざまなオプションや組込み関数を使うことができる．例えば，複数の情報を2次元格子状の表形式に並べて表示するGrid，スライダーの右側に現在選択されている値を表示する「Appearance → "Labeled"」などを使うことで，素因数分解の結果がわかりやすくなる．

　　Manipulate[Grid[{{n, " = ", Evaluate[Times@@(Superscript@@@
　　　FactorInteger[n])]}}], {n, 1, 100, 1, Appearance → "Labeled"}]

　同様に，グラフを描かせる命令にも，これまでに学んだようなさまざまなオプションを使うことができる．例えば，グラフにラベルをつけるPlotLabel，軸の目盛りを設定するTicksなどを使うことで，より慣用的なグラフになる．なお，PlotLabelの右辺で使われているHoldFormは必ずしも必要でないが，おまじないとしてつけておくことを推奨する[2]．

　　Manipulate[Plot[Sin[n x], {x, 0, 2π}, PlotLabel →
　　　Sin[n HoldForm[x]], Ticks → {Range[0, 2π, π/4], Automatic}],
　　　{n, 1, 10, 1, Appearance → "Labeled"}]

---

[2] 詳細は，ドキュメントセンターの項目「HoldForm」を参照．

練習問題

三角関数のグラフを1つ描きなさい．引き続いて，そのグラフの初期位相（例えば，$\sin(x+\omega)$ の ω）を少し変化させたグラフを描きなさい．2つの命令の異なる部分が，TableやManipulateで新たに導入する変数で変化させるところとなる．このヒントに基づいて，初期位相を動的に変化させることのできるアプリケーションをManipulateで作りなさい．

3.2 スライダーを使いこなそう

Manipulateの基本となるスライダーについて，変数の値を連続的に変化させるか離散的に変化させるかなど，アプリケーションの作成で必要となる詳細な使い方を説明する．これにより，スライダーを効果的に活用したアプリケーションを作成できるようになる．

3.2.1 スライダーで変化させる値の種類

Manipulateでスライダーを動かしたときに変化する変数やその範囲を指定する書式は，組込み関数Tableのそれによく似ている．しかし，完全に同じではないため戸惑うかもしれない．特に一番大きな違いである，刻み幅を省略したときの解釈については，十分に理解しておく必要があるだろう．

次の2つの例は，同じ範囲指定（整数で1から10と指定）を行っているが，離散的に変化するTableと異なり，Manipulateでは連続的に値が変化している．範囲指定の第4引数を省略すると，Tableでは整数の刻み幅1が省略されていると解釈されるが，Manipulateでは連続的に変化させたいと解釈される[3]．

```
(*離散的に変化する*)
Table[x, {x, 1, 10}]
```
➡ $\{1, 2, 3, 4, 5, 6, 7, 8, 9, 10\}$

```
(*連続的に変化する*)
Manipulate[x, {x, 1, 10}]
```

---

[3] 範囲指定の詳細については，ドキュメントセンターの項目「一般的な表記と慣例」内の「反復変数」を参照．

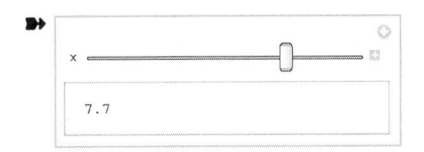

したがって，連続的に変化させたくない場合は，明示的に第4引数で刻み幅を指定する必要がある．例えば，次の例では多項式の次数を動的に変化させているため，変数nが整数となるように，刻み幅を1と指定している．こうしないと，次数が小数となってしまい，意図した結果にならない．

$\mathrm{Manipulate}[\mathrm{Factor}[x\hat{\,}n-1],\{n,1,10,1\}]$

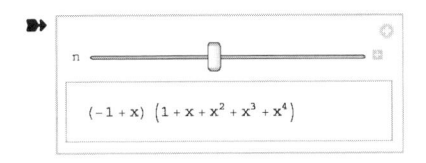

3.2.2 スライダーで変化させる変数の初期値

Manipulateで作られるアプリケーションにおいて，スライダーなどで動的に変化させる変数の初期値（アプリケーションが作られたときに設定される値）は，スライダーの左端の値（通常，最小の値）になる．しかし，時と場合によっては，初期値として右端の値や中央の値などを設定したいこともある．例えば，周期関数の初期位相を動的に変化させる場合，初期位相の初期値は0にしたいだろう．このような場合，変数の範囲指定の第1引数を，単なる変数（以下の例のω）から，初期値とペアにしたリスト（以下の例の$\{\omega,0\}$）にするとよい．

(*初期値を設定しない例*)
$\mathrm{Manipulate}[\mathrm{Plot}[\mathrm{Sin}[x+\omega],\{x,0,2\pi\}],\{\omega,-\pi,\pi\}]$
(*初期値を設定した例*)
$\mathrm{Manipulate}[\mathrm{Plot}[\mathrm{Sin}[x+\omega],\{x,0,2\pi\}],\{\{\omega,0\},-\pi,\pi\}]$

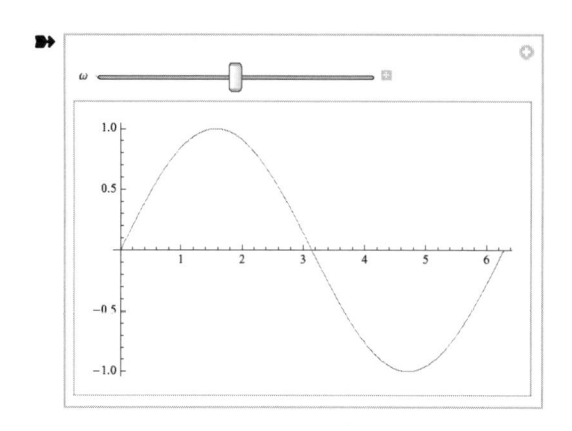

3.2.3　複数のスライダーを活用しよう

　Manipulateでは，複数のスライダーを使って，複数の変数の値を動的に変化させることもできる．例えば，周期関数のグラフにおいて，初期位相と角周波数の両方を動的に変化させたい場合，次のように，カンマ区切りで変数指定を増やしていくだけで，いくらでも変数（すなわち，スライダー）を増やすことが可能である．

Manipulate[
　　Plot[Sin[$n\,x + \omega$], {$x, 0, 2\pi$}], (*グラフ描画*)
　　{{$\omega, 0$}, $-\pi, \pi$}, (*初期位相の範囲指定*)
　　{$n, 1, 10, 1$} (*角周波数の範囲指定*)
]

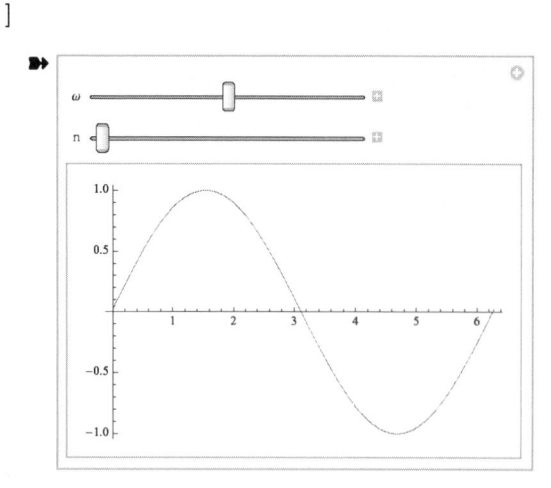

練習問題

次の命令は，グラフの線の太さをスライダーを使って動的に変化させるアプリケーションを生成する（Thicknessにはグラフ全幅を1とした場合の相対的な太さを数値で指定する）．この命令をもとにして，周期関数の初期位相と角周波数もスライダーで変化させることができる，スライダーを3つ持つアプリケーションを作りなさい．

> Manipulate[Plot[Sin[x], {x, 0, 2π}, PlotStyle → Thickness[t]],
> {t, 0.001, 0.1}]

3.3　ポップアップメニューを使おう

スライダーでは，複数の選択肢の中から1つを選ぶという操作は難しい．これを可能にするセッターバーとポップアップメニューについて説明する．これにより，選択肢から1つを選んで変数の値を動的に変化させることが可能なアプリケーションを作成できるようになる．

3.3.1　セッターバー（選択肢が少ないとき）

スライダーでは，離散的ないし連続的に数値を変化させることができるが，基本的に整数や小数の範囲で変化させることしかできない．複数の選択肢から1つを選ばせるためには，スライダーではなく，セッターバーやポップアップメニューという新たな仕組みを利用する必要がある．

スライダーでも可能な例ではあるが，1から4までの整数の中から1つを選択させることを考えてみよう．スライダーを利用する場合，下記の前者の例のように変数範囲を指定した．セッターバーを使うには，後者の例のように選択肢をリストとして指定する．

> (*スライダーの場合*)
> {f, 1, 4, 1}
> (*セッターバーの場合*)
> {f, {1, 2, 3, 4}}

これは，次のように組込み関数Rangeを適用した結果を指定していると考えるとわかりやすい．1から4まで1刻みで，という範囲指定ではなく，リストで明示的に選択候補を指定していることになる．

> Range[1, 4, 1]　▶ {1, 2, 3, 4}

セッターバーを利用した具体的な例として，三角関数の種類を選択するとそのグラフが描かれるというアプリケーションを挙げる．リストで指定した候補がボタンとして表示され，マウスでクリックした三角関数が描かれる．

Manipulate[Plot[$f[x]$, $\{x, 0, 2\pi\}$], $\{f, \{\text{Sin}, \text{Cos}, \text{Tan}\}\}$]

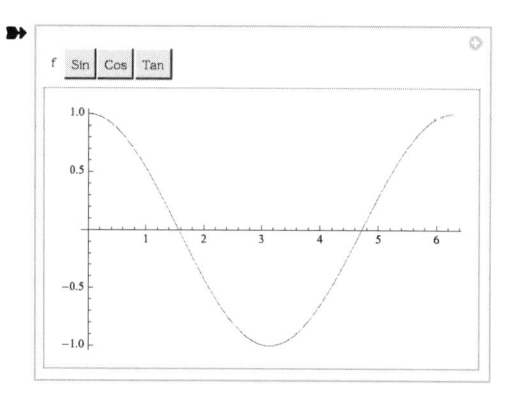

3.3.2 ポップアップメニュー（選択肢が多いとき）

セッターバーとポップアップメニューは相補間する仕組みとなっており，選択可能な候補の数が多くなってくると，*Mathematica* が自動的に判断し，セッターバーに代わりポップアップメニューが使われる．次の例では，目盛りの間隔をポップアップメニューから選択可能にしている．

Manipulate[Plot[$\text{Sin}[x]$, $\{x, 0, 2\pi\}$, Ticks $\to$ $\{\text{Range}[0, 2\pi, dx]$,
Automatic$\}$], $\{dx, \{\pi/4, 1, \pi/3, \pi/2, 2, \pi\}\}$]

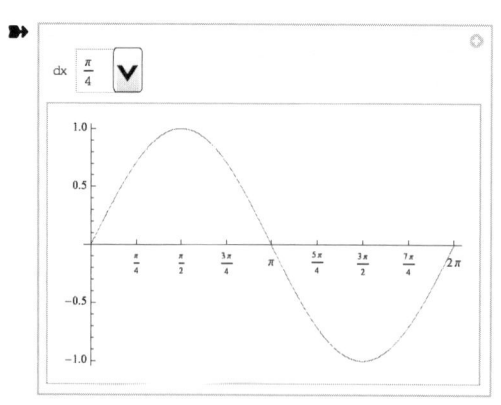

なお，Manipulateにおけるスライダーやセッターバー，ポップアップメニューなどの，動的に変数の値を変化させるためのインターフェイスのことを，コントローラと呼んでいる．明示的にコントローラを指定するためのControlTypeオプションも用意されており，必要に応じて指定することが可能となっている．

3.3.3 もっと綺麗に見せるには

描画すべき三角関数を動的に選択可能にできたが，選択候補の説明が単に「f」では使いやすいアプリケーションとは言えない．実は，変数名に代わり「関数の選択」などのわかりやすい説明をつけるための仕組みが，Manipulateには用意されている．変数範囲の指定の方法を次のように修正することで，コントローラの左側に表示されるメッセージを変えられる．

(*非常にシンプルな場合*)
$\{x, -5, 5, 1\}$
(*初期値を設定した場合*)
$\{\{x, 0\}, -5, 5, 1\}$
(*変数名でなく「座標」と表示する場合*)
$\{\{x, 0, \text{"座標"}\}, -5, 5, 1\}$

また，複数の中から選択させる場合も，味気ない「Sin」でなく「正弦」と表示させる方法もある．これを実現するには，次のように変換規則で選択候補を指定する．

(*非常にシンプルな場合*)
$\{f, \{\text{Sin}, \text{Cos}, \text{Tan}\}\}$
(*代わりに関数名称を表示する場合*)
$\{f, \{\text{Sin} \to \text{"正弦"}, \text{Cos} \to \text{"余弦"}, \text{Tan} \to \text{"正接"}\}\}$

これらの仕組みを利用しつつ，Exclusionsオプションで正接の際に出現する特異点を除去した例が以下である（オプションのPlotLabelとExclusionsは取り除いても本質的には問題ない）．

Manipulate[
  Plot[$f[x], \{x, 0, 2\pi\}$,
  PlotLabel $\to f$[HoldForm[x]],
  Exclusions $\to$ If[$f === \text{Tan}, \{\pi/2, 3\pi/2\}, \{\}$],
  Ticks $\to \{\text{Range}[0, 2\pi, dx], \text{Automatic}\}$],
  $\{\{f, \text{Cos}, \text{"関数の選択"}\}, \{\text{Sin} \to \text{"正弦"}, \text{Cos} \to \text{"余弦"}, \text{Tan} \to \text{"正接"}\}\}$,

$\{\{dx, \pi/4, \text{"目盛りの幅"}\}, \{\pi/4, 1, \pi/3, \pi/2, 2, \pi\}\}$
]

📝 組込み関数 If によるフロー制御については，4.8 節を参照．

練習問題

グラフの線の太さを「細い」「普通」「太い」という選択肢から選べるアプリケーションを作りなさい．

3.4 ロケータで平面図形を描こう

ロケータと呼ばれるコントローラを使うことで，スライダーやポップアップメニューのように間接的にグラフを変化させるのではなく，マウスで直接的にグラフの部品を移動させることが可能になる．この節では，ロケータの使い方について説明することで，平面図形をマウスで自由自在に変形させることが可能なアプリケーションを作成できるようにする．

3.4.1 ロケータの基本

組込み関数 Graphics で生成された 2 次元平面上の点を，マウスで自由自在に動かすことのできるコントローラがロケータである．スライダーでは 1 つの数値のみが動的に変化していたが，ロケータは 2 次元平面上を動くため，座標（2 つの数値からなるリスト）が動的に変化することになる．なお，2 次元平面上でロケータは十字に丸印を重ねた記号で表示される．

スライダー：変数には，数値 1 つ（例えば，1 や 1.23 など）が入っている．
ロケータ：　変数には，数値 2 つ（例えば，{1,2} や {3,4} など）が入っている．

📝 ロケータを 3 次元空間上で動かせる機能は備わっていない．

また，*Mathematica* はグラフィックスの描画範囲を描画すべき対象物に合わせて変化させるため，ロケータを動かしているのに，自動的に描画範囲が変更され，あたかも動いていないように見えることがある．そのため，実際の利用時には，下記の例にあるように Graphics の PlotRange オプションを指定する必要がある．以下の例では，加えて座標軸も表示している（Axes オプション）．

ロケータの書式は {{ 変数名, 座標の初期値 }, Locator} であり，Graphics と組み合わせて，次のように使うのが基本となる．座標の初期値を指定することは必須で

はないが，初期値が設定されていないと，Mathematica が平面図形をどこに描いてよいかわからず，エラーとなってしまうため，なるべく初期値を設定したほうがよい．実際，以下の例では，ロケータで動的に変化する座標に組込み関数 Point を使って点を描いているため，座標の初期値が設定されていないと点をどこに描いてよいかわからず，エラーが表示されてしまう．

> Manipulate[
>   Graphics[Point[a], PlotRange → 5, Axes → True],
>   {{a, {1, 1}}, Locator}(*ロケータの基本的な使用例*)
>]

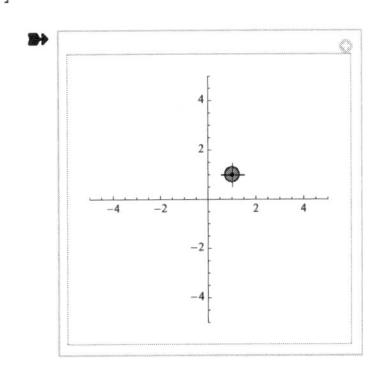

ロケータで動的に変化する座標は2つの値を持つリストであり，さまざまなオブジェクトを表現するのに利用できる．例えば，原点からロケータまでの線分を描きたい場合は，組込み関数 Line を使って，原点とロケータの座標（すなわち，動的に変化する変数）を指定するだけである．この場合，ロケータの座標が {1,1} であれば，Line[{{0,0},{1,1}}] となり，原点と座標 {1,1} を結ぶ線分が描かれる．

> Manipulate[
>   Graphics[Line[{{0, 0}, a}], PlotRange → 5, Axes → True],
>   {{a, {1, 1}}, Locator}
>]

動的に変化する変数は，座標として直接的に平面図形の座標指定に使えるだけでなく，多くの Mathematica の関数とともに使うことができる．以下の例では，組込み関数 Norm により原点からの距離を求めることで，原点を中心としてロケータを通る円を動的に描いている．

Manipulate[
　　Graphics[Circle[{0, 0}, Norm[a]], PlotRange → 5, Axes → True],
　　{{a, {1, 1}}, Locator}
]

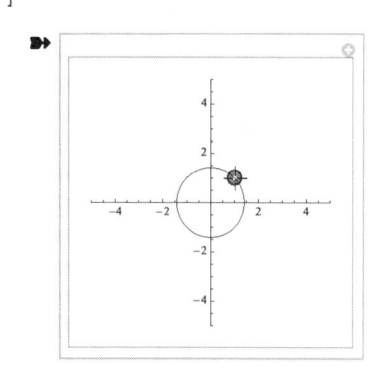

3.4.2　複数のロケータで平面図形を描こう

　ロケータもスライダーなどの他のコントローラと同じく，複数個を使うことができる．これにより，頂点を自由に動かすことのできる多角形や，中心と円周上の点を自由に動かせる円なども実現可能である．以下は，三角形の3頂点を自由自在に動かせる例と，円の中心と円周上の点を自由自在に動かせる例である．

Manipulate[
　　Graphics[Polygon[{a, b, c}], PlotRange → 5, Axes → True],
　　{{a, {2, 2}}, Locator}, {{b, {-2, -2}}, Locator}, {{c, {2, -2}},
　　Locator}
]

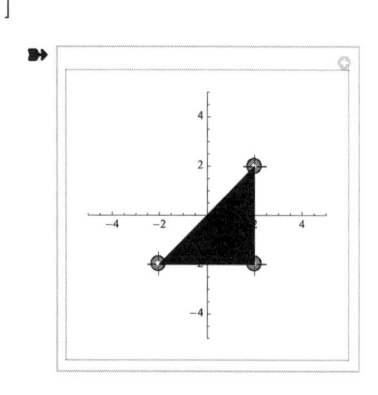

```
Manipulate[
  Graphics[Circle[a, Norm[b − a]], PlotRange → 5, Axes → True],
  {{a, {1, 1}}, Locator}, {{b, {−1, −1}}, Locator}
]
```

練習問題

平面上のグラフィックスオブジェクトを表す組込み関数 Rectangle，Polygon，Arrow，Disk，Circle，Line などを使って，さまざまな形でロケータを使ったアプリケーションを作りなさい．

3.5 ロケータをもっと詳しく学ぼう

ロケータは非常に便利だが，平面図形のアプリケーションを作る上で，その見た目や操作性について細かい設定が必要となる．ここでは，よく使われると考えられる設定について説明する．これにより，ロケータを使った平面図形の簡単だが効果的なアプリケーションを作れるようにする．

3.5.1 ロケータの見た目を改善する

標準のロケータは比較的大きな記号で表示され，本来であれば主であるべき平面図形の見た目を損なう可能性がある．これを改善するには，Appearance オプションを活用する必要がある．このオプションには，標準の記号の代わりにロケータとして表示したいグラフィックスオブジェクトを指定する．例えば，赤い点を表示したい場合は，以下の例にあるように，Graphics[{Red, Point[{0, 0}]}] を指定する．

```
Manipulate[
  Graphics[Circle[{0, 0}, Norm[a]], PlotRange → 5, Axes → True],
  {{a, {1, 1}}, Locator, Appearance → Graphics[{Red,
  Point[{0, 0}]}]}]
]
```

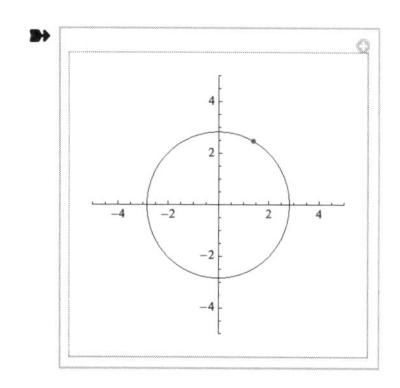

グラフィックスオブジェクトのほかに，任意のテキストを表示することもできる．テキストを表示させる場合，次の例にあるように，描画色を簡単に変更できるよう組込み関数 Style とともに指定するのがよい．また，代わりに表示させるグラフィックスオブジェクトの大きさを変更したい場合は，PointSize で指定するか，Graphics の ImageSize オプションを利用する．

```
Manipulate[
  Graphics[Circle[a, Norm[b − a]], PlotRange → 5, Axes → True],
  {{a, {1, 1}}, Locator, Appearance → Style["中心", Blue]},
  {{b, {−1, −1}}, Locator,
  Appearance → Graphics[{Red, PointSize[0.02], Point[{0, 0}]}]}]
```

3.5.2 スライダーとロケータを組み合わせる

コントローラは必要に応じて異なるものを組み合わせて利用できる．例えば，円の中心をロケータで自由に動かせるようにしながら，円の半径をスライダーで動的に変化させることもできる．

```
Manipulate[
  Graphics[Circle[a, r], PlotRange → 5, Axes → True],
  {{a, {1, 1}}, Locator},
  {{r, 1, "半径"}, 1, 5, Appearance → "Labeled"}
]
```

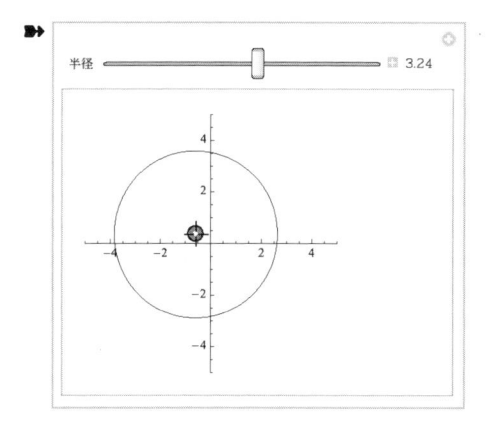

また，色を選択できるコントローラ（ColorSlider）もある．次の例では，マウスで動的に色を選択できる変数cを，グラフィックスオブジェクトの色指定と，ロケータの記号の代わりに表示するテキストの色指定に利用している[4]．

Manipulate[
　Graphics[{c, Circle[a, r]}, PlotRange → 5, Axes → True],
　{{a, {1, 1}}, Locator, Appearance → Style["中心", c]},
　{{r, 1, "半径"}, 1, 5, Appearance → "Labeled"},
　{{c, Black, "描画色"}, ColorSlider}
]

3.5.3　もっと綺麗に見せるには

平面図形のアプリケーションを作る場合，見た目は非常に重要である．そのためには，描画すべき平面図形の色や線の太さなどを詳細に指定する必要がある．次の例では，FaceFormにより三角形の面を半透明のオレンジ色で描画し，EdgeFormで三角形の辺を太いオレンジ色で描画するとともに，座標軸が目立たないように，AxesStyleに灰色（Gray）を指定している．加えて，ロケータの見た目は任意のグラフィックスオブジェクトにできるため，目立つよう赤い二重円に変更している．

Manipulate[Graphics[{FaceForm[{Opacity[0.5], Orange}],
　EdgeForm[{Orange, Thick}], Polygon[{a, {−3, −1}, {3, 1}}]}],
　PlotRange → 5, Axes → True, AxesStyle → Gray], {{a, {2, 2}},

---

[4]　名前つき色指定の詳細については，ドキュメントセンターの項目「色」を参照．

Locator, Appearance → Graphics[{Red, PointSize[0.65],
Point[{0, 0}], Red, Circle[{0, 0}, 1]}, ImageSize → 10]}]

練習問題

　下記の命令は，円とその中心，そして中心座標を描くものである．実際に描かれる円は，中心座標が $(1,1)$ で半径が2であり，中心の点とテキストが重ならないように，テキストの表示位置を中心座標からわずかにずらしてある．これをベースにして，円の中心をロケータで自由自在に変更できるアプリケーションを作成しなさい．

　　Graphics[{
　　　　Circle[{1, 1}, 2], 　(*中心(1,1)で半径2の円*)
　　　　Point[{1, 1}], 　(*(1,1)に点を描く*)
　　　　Text[{1, 1}, {1, 0.75}] 　(*(1, 0.75)に「{1, 1}」を描く*)
　　}, PlotRange → 5, Axes → True, AxesStyle → Gray]

3.6　プログラムを整理する

　Manipulate は，動的に変化する部分と，マウスなどで操作する変数を指定する部分から構成されている．これまでの例では，動的に変化する部分に命令を1つだけ指定していたが，複数の命令による手続きを記述することも可能である．これによって，より高度で複雑なアプリケーションが比較的簡単に作れるようになる．

3.6.1　ロケータで離散データを表そう

　組込み関数 Fit を使うことで，最小二乗法による多項式近似を得ることができる．次の例では，2点 $(-1, -1)$ と $(1, 1)$ を通る3次曲線を最小二乗法で求めている．結果には微小な小数も含まれているため，組込み関数 Chop を利用して微小な係数を取り除いたほうがよいこともある．

　　Fit[{{-1, -1}, {1, 1}}, {1, x, x^2, x^3}, x]
　　　▶ $0. + 0.5x - 2.50502 \times 10^{-17} x^2 + 0.5x^3$

　なお，得られた多項式のグラフ描画を行うときには，評価順序の問題から，次のように明示的に評価を優先させる命令 Evaluate をつけなければいけないことに注意する．

Plot[Evaluate[Fit[{{−1, −1}, {1, 1}}, {1, x, x^2, x^3}, x]], {x, −5, 5}]

ロケータを使うと，最小二乗法に引き渡す座標データをマウスで自由自在に動かすことができる．これまでの例では，ロケータの個数は限られていたが，LocatorAutoCreateオプションを利用することで，ロケータの個数も動的に変化させることができ，座標データの個数も変化させられる．

ロケータの個数を動的に変化させるためには，オプションを付け加えるとともに，ロケータに割り当てられる変数の初期値を，単なる座標（2つの値のリスト）ではなく，座標のリストにしておく必要がある．次の例では，複数個のロケータに対応する変数pointsの初期値として，座標 $(−1, −1)$ と $(1, 1)$ という2点からなるリストを設定している．

Manipulate[
　Plot[Evaluate[Fit[points, {1, x, x^2, x^3}, x]], {x, −5, 5},
　PlotRange → 5], {{points, {{−1, −1}, {1, 1}}}},
　Locator, LocatorAutoCreate → True}
]

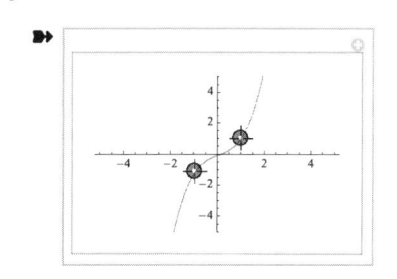

ロケータは，[ALT]＋クリック（ALTキーを押しながら左クリック）で増やしたり減らしたりすることができる[5]．

3.6.2　アプリケーションの作りを構造化する

凝ったアプリケーションを作ろうとすると，徐々にManipulateの第1引数に指定する命令が複雑になっていく．そのような場合，セミコロンを使った複合文として記述する（あるいは，組込み関数CompoundExpressionを利用する）ことで，何をさせているのかを明瞭にできる．

---

[5]. このキー操作はプラットフォームによって異なることがある．ドキュメントセンターの項目「LocatorAutoCreate」を参照．

次の例は，先ほどの例と同じアプリケーションを生成する命令であるが，最小二乗法で多項式近似を求める部分を事前に評価するように修正してある．このようにセミコロンで命令を区切って記述することにより，アプリケーションの中身が理解しやすくなる．また，マウスで動的に変化させる変数以外にも変数を導入すると，重複する計算を避けられる場合があり，アプリケーションの効率化が図れる．

```
Manipulate[
    f = Fit[points, {1, x, x^2, x^3}, x];
    Plot[f, {x, -5, 5}, PlotRange → 5], {{points, {{-1, -1}, {1, 1}}},
    Locator, LocatorAutoCreate → True}
]
```

下記の例は，座標データから多項式近似を求めるアプリケーションとして体裁を整えたものである．変更点としては，近似すべき多項式の次数をスライダーで設定できるようになっていることと，最小二乗法で求めた多項式がグラフに表示されるようになっていることが挙げられる．

```
Manipulate[
    terms = Table[x^i, {i, 0, n}];
    f = Chop[Fit[points, terms, x]];
    Plot[f, {x, -5, 5}, PlotRange → 5, PlotLabel → NumberForm[f, 2]],
    {{n, 1, "次数"}, 1, 5, 1, Appearance → "Labeled"},
    {{points, {{-1, -1}, {1, 1}}}, Locator, LocatorAutoCreate →
    True}
]
```

3.6.3　変数の衝突を避ける

前項で新たに導入した変数は，マウスで直接的に値を変更できる変数と異なり，副作用を持っている．異なるセル，異なるManipulateの中であっても，同じ変数名を持つ変数は同じものとして扱われるため，一方のManipulate内で生じた変化の影響を他のManipulateも受けてしまう．これを簡単に避けるためには，TrackedSymbolsオプションに，マウスで直接的に変化させる変数のみを指定する．これにより，副作用がある程度抑えられる[6]．

---

[6] 根本的な解決については，3.10節を参照．

```
Manipulate[
  f = Fit[points, {1, x, x^2, x^3}, x];
  Plot[f, {x, -5, 5}, PlotRange → 5],
  {{points, {{-1, -1}, {1, 1}}}, Locator, LocatorAutoCreate →
   True}, TrackedSymbols → {points}
]
```

練習問題

LocatorAutoCreateを用いて，ロケータの個数が可変で，すべてのロケータを頂点に持つ多角形を描くアプリケーションを作りなさい．すなわち，最初は線分だったものが，ロケータを増やすと三角形，四角形と変化していくアプリケーションを作りなさい．

3.7　変数の動ける範囲を制限する

ロケータやスライダーなどのコントローラでは，マウスで自由自在に値を変更できるため，アプリケーションによっては変更可能な範囲を制限したいことがある．前節の方法を活用することで，一定の制約を変数の値に設けることが可能であり，これにより，変数の動ける範囲を制限するアプリケーションが作れるようになる．

3.7.1　簡単な制限方法

残念ながら，動的に変化させられる変数の動ける範囲を直接的に制限することはできない．したがって，ここで紹介する方法では，間接的に変数の範囲を制限する．つまり，マウス操作によって想定外の値になったものを，強制的に意図した範囲に変更する．

間接的な制限は，前節で学んだ方法と同じく，Manipulateの第1引数の冒頭に，変数の値を上書きする命令を記述することで行う．下記の例では，グラフィックスを生成する命令の前に，ロケータによって移動可能な座標を1/4の倍数に制限する命令を記述している．組込み関数Roundは，第2引数の倍数になるように数値を丸める命令である．このアプリケーションでは，この制限を取り入れることで，ロケータを頂点とする三角形の重心が複雑怪奇な数値とならずに済む．

Manipulate[
　　$\{a, b, c\} = \text{Round}[\{a, b, c\}, 1/4]$;
　　$\text{Graphics}[\{\text{Text}[(a+b+c)/3, (a+b+c)/3],$
　　$\text{Line}[\{a, b, c, a\}]\}, \text{PlotRange} \to 5, \text{Axes} \to \text{True}]$,
　　$\{\{a, \{0, 2\}\}, \text{Locator}\}$,
　　$\{\{b, \{2, -1\}\}, \text{Locator}\}$,
　　$\{\{c, \{-2, -1\}\}, \text{Locator}\}$
]

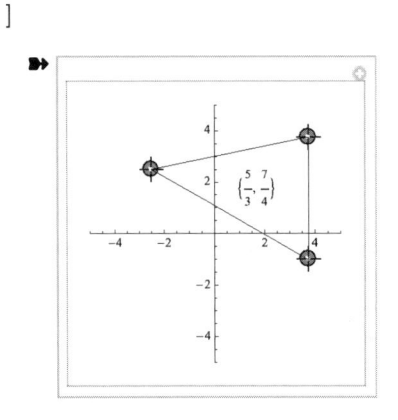

同様の制限はスライダーなどでも実現できるが，ロケータとは異なり，変数の範囲を最初から指定できるので，使う機会は少ない．しかしながら，複数の変数が互いに依存している場合（例えば，和が一定のときなど）は，基本的に同じ方法で間接的に制限を行える．下記の例は，$x + y = 0$ を満たしながら，それぞれの変数をスライダーで自由に変更可能にしているアプリケーションである[7]．

Manipulate[
　　$\text{If}[x \neq \text{x0}, \text{x0} = x; \text{y0} = y = -\text{x0}]$;
　　$\text{If}[y \neq \text{y0}, \text{y0} = y; \text{x0} = x = -\text{y0}]$;
　　$\text{Graphics}[\text{Point}[\{x, y\}], \text{PlotRange} \to 5, \text{Axes} \to \text{True}]$,
　　$\{\{x, \text{x0}\}, -5, 5, \text{Appearance} \to \text{"Labeled"}\}$,
　　$\{\{y, \text{y0}\}, -5, 5, \text{Appearance} \to \text{"Labeled"}\}$,
　　$\text{Initialization} :\to (\text{x0} = 0; \text{y0} = 0)$
]

---

[7] Initializationについては3.9節を，Ifについては4.8節を参照．

3.7.2 ロケータの動ける範囲を視覚的に制限する方法

ロケータの動かせる範囲を円周上に制限したいというように，視覚的な制限も加えたい場合は，単に変数の値を強制的に変更するだけでは実現できない．これは，ロケータの移動・表示，ロケータの位置の変数への反映，強制的に変更された変数の値のロケータへの反映を完全に同期させるのが難しいからである．そのため，これを実現するには，強制的な変更に加え，ロケータの隠蔽と，視覚的に制限されているように見える図形の表示を行う必要がある．これについて，ロケータを利用して点を円周上で動かせるアプリケーションを取り上げて説明する．

下記の例では，変数の座標が円周上に留まるように，組込み関数Normalizeを利用して，円の中心である原点からの距離を正規化（円の半径である1に変換）している．

```
Manipulate[
    a = Normalize[a];
    Graphics[Circle[{0, 0}, 1], PlotRange → 1.5],
    {{a, {0, 1}}, Locator}
]
```

これだけでも，ロケータのドラッグを終えれば，ロケータは円周上に強制的に移動させられるが，ドラッグ中は円とは無関係に動かせてしまう．これを避けるため，ロケータ自体はAppearanceオプションにNoneを指定することで隠蔽し，代わりにPointなどのグラフィックスオブジェクトを表示する．Pointなどに渡される変数は，すでに強制的に円周上の座標に変換されているものなので，ロケータのドラッグ中も常に円周上に表示される．

```
Manipulate[
    a = Normalize[a];
    Graphics[{PointSize[0.05], Point[a], Circle[{0, 0}, 1]},
    PlotRange → 1.5],
    {{a, {0, 1}}, Locator, Appearance → None}
]
```

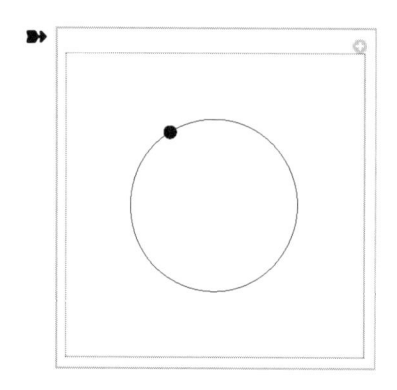

工夫をすることで，矩形の辺上のみを動かすことも可能である．

Manipulate[
　If $\left[\text{Max}[\text{Abs}[a]] \neq 1, a = \text{Clip}\left[\text{Normalize}[a] * \sqrt{2}, \{-1, 1\}\right]\right]$;
　Graphics[{FaceForm[ ], EdgeForm[Black],
　Rectangle[{−1, −1}, {1, 1}],
　Red, PointSize[0.05], Point[a]}, PlotRange → 2],
　{{a, {0, 1}}, Locator, Appearance → None}
]

練習問題

半径が1の円と半径が2の円を描き，それぞれの円周上を点が動くアプリケーションを作りなさい．

3.8　Mathematica Player

Mathematicaのノートブックを閲覧したり，Manipulateで作られたアプリケーションを実行したりする機能を持った「Mathematica Player」について説明する．Player用にノートブックを変換する方法も併せて紹介し，Mathematicaのインストールされていないパソコンでアプリケーションを動かせるようにする．

3.8.1 Mathematica Player

Mathematica Player は Wolfram Research Inc. のウェブサイト[8]から無料でダウンロードできるソフトウェアである．

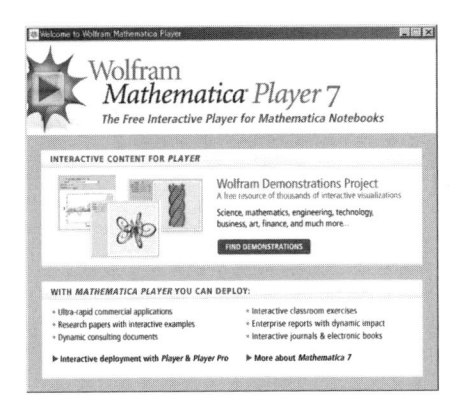

ノートブックの編集を行うことはできないが，閲覧・印刷のほか，Manipulate で生成されて Player 用に変換されたアプリケーションを実際に動かすこと（マウス操作で自由自在にロケータを動かすことなど）ができる．これにより，Mathematica で作成された教材や資料を，Mathematica のない環境でも無料で利用することが可能となる．

なお，Mathematica を持っている人は，Mathematica を使えばよいので，Player をインストールする必要はない．

3.8.2 Wolfram デモンストレーションプロジェクト

Mathematica Player で利用できる多種多様なアプリケーションを集約・公開するウェブサイトが，Wolfram デモンストレーションプロジェクトである[9]．Mathematica で作られた Player 用のコンテンツが世界中のユーザーにより日々追加されている．本書執筆時点で，5,500 個以上のアプリケーションが各分野ごとに利用可能となっている．なお，Player 用のコンテンツは当然だが Mathematica でも利用可能である．

---

[8]. http://www.wolfram.co.jp/products/player/
[9]. http://demonstrations.wolfram.com/

3.8.3 Player用のファイルに変換する

Mathematica Playerでインタラクティブに操作可能なアプリケーションを動かすには，事前にPlayer用のファイルに変換しておく必要がある．*Mathematica*用のノートブックの拡張子は「.nb」であるが，Player用のノートブックの拡張子は「.nbp」である．この変換は，Wolfram Research Inc.のウェブサイト[10]で行うことができるが，変換するノートブック内で利用できる命令には次のような制限がある．

- Manipulateで生成されたアプリケーションであること
- 数値以外のキーボード入力を認める命令や，データの自由な入出力が可能な命令などを使っていないこと

---

[10] http://www.wolfram.com/solutions/interactivedeployment/publish/

変換を行うには，次の手順で保存したノートブックを用意し，変換サービスを提供しているウェブサイトの指示に従う．

(1) Manipulateでアプリケーションを生成する．なお，3.9節で詳細を述べるが，アプリケーションが依存する変数や関数の定義は，すべてManipulateの内部で完結している必要がある．
(2) 生成したアプリケーション以外の余計なセルを削除するか，当該アプリケーションのセルを代表とするグルーピングセルにまとめる．
(3) ノートブックのウィンドウサイズをアプリケーションのサイズに合わせて縮小・拡大する．
(4) ノートブックをファイルに保存する．

練習問題

次のシンプルなアプリケーションを，Player用に変換し，実際にMathematica Playerで動くことを確認しなさい．

Manipulate[Plot[Sin[$x + \omega$], $\{x, 0, 2\pi\}$], $\{\omega, 0, 2\pi\}$]

3.9　ユーザー定義変数や関数の使い方

教材や資料などのアプリケーションをManipulateで作成し，配布する場合，Player用に変換したノートブックを配ることになる．このとき，Manipulateの外で定義された変数や関数は利用できない．また，自らが使うためのものであっても，そのアプリケーションを動作させるのに必要な変数定義などは，しばらくすると忘れてしまうかもしれない．ここでは，Manipulateで作成されたアプリケーションに必要となる変数定義などをManipulate自体に含めることで，これらの問題が発生しないアプリケーションを作れるようにする．

3.9.1　ユーザー定義変数をManipulateで使う

*Mathematica*のノートブックでは，複数の処理をセル単位に分割して，もしくはセルの中でセミコロンを活用して，分割して行うことができる．そのため，あとで変更する可能性のある値や，単なる数値では何を表しているかわかりづらいものなどを，あえて変数を利用して指定することもある．例えば，円の中心座標を表す変数「円の中心」を導入することにより，プログラムは次の例のようにわかりやすくなる．

```
円の中心 = {1, −1};
Manipulate[
  Graphics[{Point[円の中心], Circle[円の中心, r]}, PlotRange → 5,
   Axes → True], {r, 0, 5}
]
```

ところが，このように Manipulate の外で定義された変数は，次回の *Mathematica* 起動時に再度定義し直す必要があり，せっかく生成したアプリケーションが動作しないことがある（変数を再定義すればきちんと動作する）．さらに，Mathematica Player 用のノートブックへ変換する際には，Manipulate 単独でアプリケーションが生成されている必要があり，上の例のように，Manipulate の外側で変数を定義することはできない．このまま変換サービスで「.nbp」ファイルに変換しても，期待したとおりの動作をしてくれない．

これを解決するオプションが Initialization である．Initialization により，Manipulate で生成されるアプリケーションの動作に先立ち，事前に必要な変数定義を自動的に評価できる．使い方は非常に簡単で，Manipulate の外で評価していた変数への代入文を，そのままオプションに指定すればよい．ただし，右矢印でなく，コロンと大なり記号で入力可能な記号「:→」を使い，丸括弧つきで指定しなければならない．

```
Manipulate[
  Graphics[{Point[円の中心], Circle[円の中心, r]}, PlotRange → 5,
   Axes → True], {r, 0, 5},
  Initialization :→ (円の中心 = {1, −1})
]
```

3.9.2 複数の変数を事前に定義しておく

Initialization オプションには，セミコロンで区切ることで，いくつでも変数定義を指定することができる．次の例では，「円の中心」と「規定の図形」の2つの変数を定義している．このように，*Mathematica* の任意の命令をいくつでも Initialization に指定することが可能である．

```
Manipulate[Graphics[{既定の図形, Circle[円の中心, r]}, PlotRange
   → 5, Axes → True], {r, 0, 5}, Initialization :→ (円の中心 = {1, −1};
   既定の図形 = {Point[円の中心], Dotted, Gray, Circle[円の中心, 1],
   Circle[円の中心, 2], Circle[円の中心, 3]})]
```

📝 Initialization ではなく SaveDefinitions を利用する方法もあるが，大きなデータを扱う場合以外は，プログラムの再利用を考えるとあまり推奨できない．SaveDefinitions の利用方法については，ドキュメントセンターを参照されたい．

3.9.3　ユーザー定義関数を Manipulate で使う

第4章で取り上げるユーザー定義関数も，Manipulate の中で定義することができる．これにより，Mathematica のほとんどの機能を利用したアプリケーションの生成が可能となる．

```
Manipulate[
    {a, b, c} = Round[{a, b, c}, 1/4];
    Graphics[{Text[重心[a, b, c], 重心[a, b, c]],
        Line[{a, b, c, a}]}, PlotRange → 5, Axes → True],
    {{a, {0, 2}}, Locator},
    {{b, {2, -1}}, Locator},
    {{c, {-2, -1}}, Locator},
    Initialization :→ (重心[p__] := Plus[p]/Length[{p}])
]
```

練習問題

次のシンプルなアプリケーションを Player 用に変換し，実際に Mathematica Player で動かしてみて，Manipulate の外で定義した変数が有効でないことを確認しなさい．

```
角周波数 = 1;
Manipulate[Plot[Sin[角周波数 x + ω], {x, 0, 2π}], {ω, 0, 2π}]
```

次に，この問題を本節の説明に沿って修正し，Player 用に変換しなさい．実際に Mathematica Player で動かして，Manipulate の内部で定義した変数が有効であることを確認しなさい．

3.10 コンテキストの有効な使い方

複数のアプリケーションを同時に動かす場合に生じる問題を，コンテキストを使って解決する方法を説明する．これにより，実際に Manipulate でアプリケーションを作成したり利用したりし始めたときによく出会う，変数や関数のスコープに起因する問題の解決方法を習得する．

3.10.1 TrackedSymbols の本当の使い方

3.6 節で，TrackedSymbols オプションを使った．このオプションの本来の意図は，どのタイミングでアプリケーションの再描画を行うべきかを，監視すべき変数を指定することにより指示するものである．例えば，再計算というボタンが押されるまで再描画を行いたくない場合，スライダーを動かしただけで再計算されては困る．このようなとき，再計算を指示するコントローラに対応する変数のみを TrackedSymbols に指定しておくことで，不要な再計算を避けることができる．

デフォルトの状態では，Manipulate の中に現れるすべての変数が監視対象となるため，アプリケーションの本体（Manipulate の第1引数）で変数の上書きを行っていると，それによる値の変化を検知して，再度本体の評価が行われてしまう．例えば，下記の2つの命令で生成されるアプリケーションを比べると，前者と後者でシステムにかかる負荷が異なる．

Manipulate[
　$b = \text{Normalize}[a]; b[[2]] = \text{Abs}[b[[2]]]$;
　$\text{Graphics}[\{\text{Circle}[\{0,0\}, 1, \{0, \text{Pi}\}], \text{Disk}[b, 0.02]\}]$,
　$\{\{a, \{1, 0\}\}, \text{Locator}\}, \text{Initialization} :\to (b = \{1, 0\})]$

Manipulate[
　$b = \text{Normalize}[a]; b[[2]] = \text{Abs}[b[[2]]]$;
　$\text{Graphics}[\{\text{Circle}[\{0,0\}, 1, \{0, \text{Pi}\}], \text{Disk}[b, 0.02]\}]$,
　$\{\{a, \{1, 0\}\}, \text{Locator}\}, \text{TrackedSymbols} \to \{a\}$,
　$\text{Initialization} :\to (b = \{1, 0\})]$

TrackedSymbols を活用していない例では，変数 b の値が変化したことが検知され，意味のない評価が繰り返される（セルブラケットが反転している状態は，*Mathematica* が表示を更新するための計算をしていることを表す）．マウスで動的に直接変化させられる変数 a のみを TrackedSymbols に指定することで，これらの意味のない再評価は行われず，効率の良いアプリケーションとなる．

3.10.2 TrackedSymbolsでは解決できない例

TrackedSymbolsは監視すべき変数を設定する機能であり，3.6節では結果として変数の衝突を避けることができたが，一般に変数の衝突を避ける機能を持っているわけではない．したがって，次のような2つの例を実行すると，2つ目のアプリケーションを生成した時点で，1つ目のアプリケーションの点サイズも巨大化する．これを避けるためには，変数名にすべて異なるものを利用するか，コンテキストを活用するしかない．

Manipulate[
 $b = $ Normalize$[a]; b[[2]] = $ Abs$[b[[2]]];$
 Graphics[{Circle[{0,0}, 1, {0, Pi}], Disk[b, 点サイズ]}],
 {{a, {1,0}}, Locator}, TrackedSymbols $\to$ {a},
 Initialization :$\to$ ($b = $ {1,0}; 点サイズ $= 0.02$)]

Manipulate[
 $b = $ Normalize$[a]; b[[2]] = $ Abs$[b[[2]]];$
 Graphics[{Circle[{0,0}, 1, {0, Pi}], Disk[b, 点サイズ]}],
 {{a, {1,0}}, Locator}, TrackedSymbols $\to$ {a},
 Initialization :$\to$ ($b = $ {1,0}; 点サイズ $= 0.2$)]

3.10.3 コンテキストにより変数の衝突を避ける

変数名や関数名の衝突を避ける最も直接的な方法は，次の例にあるように，すべての変数と関数にコンテキストを明示的に指定することである．この方法の欠点は，次の例を見てもわかるように，非常にプログラムが見づらくなること，そしてうっかりコンテキストを指定し忘れやすいことである．

Manipulate[
 jmug0310`b $= $ Normalize$[a];$
 jmug0310`b$[[2]] = $ Abs[jmug0310`b$[[2]]];$
 Graphics[{Circle[{0,0}, 1, {0, Pi}],
    Disk[jmug0310`b, jmug0310`点サイズ]}],
 {{a, {1,0}}, Locator}, TrackedSymbols $\to$ {a},
 Initialization :$\to$ (jmug0310`b $= $ {1,0}; jmug0310`点サイズ $= 0.02$)]

より簡便な方法は，次の手順でCellContextというオプションを活用することであ

る．Manipulateが生成するアプリケーションでは，すべての変数や関数がコンテキスト$CellContextで動作するため，当該セルに対して，一意なCellContextを設定しておくと，他のセルで実行されているアプリケーションと競合することがなくなる．

(1) コンテキストを気にせずにアプリケーションを生成する．
(2) アプリケーションのセルブラケットを選択し，オプションインスペクタを開く．
(3) アプリケーションごとに一意になるようなコンテキスト名をCellContextオプションに設定する．
(4) ノートブックを開き直す．これにより，アプリケーション外の影響を受けなくなる．

練習問題

この節で紹介した例を実際に動かし，どのような問題が生じるかを確認しなさい．その上で，紹介した2つの解決策の両方を試し，それぞれのメリットとデメリットを理解しなさい．

第4章 関数を作る

時間をかけて一生懸命新しい関数を作り上げたのに，すでに同じ機能を持つ組込み関数があった．しかも，それは自分が作ったものよりも断然速く，融通も利かせてくれる．「関数を作る」なんていう，なんとも甘美な言葉の誘惑に負けてきちんと調べなかった自分が恨めしい．——関数の先には，越すに越されぬ大井川が待っていた．

イギリス科学博物館の展示より

イギリスの科学博物館にある，実際に動くバベッジの階差エンジン．バベッジの設計図をもとに当時の機械をそのまま再現したもので，これこそが計算をする機械（コンピュータ）の祖先である．そういえば，*Mathematica* の生みの親である Stephen Wolfram もイギリス人，計算理論のアラン・チューリングもイギリス人．イギリスは計算好き？

4.1 即時的な定義

Mathematica において変数と関数に違いがないことと，シンボルに値を割り当てるときに評価が行われる順序について説明する．これにより基本的な操作である「即時的な定義」を再確認し，次節で説明する「遅延的な定義」との違いを理解できるようにする．

4.1.1 変数と関数は基本的に同じである

*Mathematica*では，変数と関数に大きな違いはなく，どちらもシンボルとして扱われる．例えば，GoldenRatioは常に黄金比を返す定数 (変数) であり，RandomIntegerは乱数を返す関数であるが，その使い方を調べるのに，関数だからといって [ ] をつけて問い合わせることはない．

　　?GoldenRatio

> GoldenRatio　黄金比 $\phi = \frac{1}{2}(\sqrt{5}+1)$ で，この数値は $\simeq 1.61803$ となる．　≫

　　?RandomInteger

> RandomInteger[$\{i_{\min}, i_{\max}\}$]　$\{i_{\min},\cdots,i_{\max}\}$ の範囲の擬似乱数の整数を与える．
> RandomInteger[$i_{\max}$]　$\{0,\cdots,i_{\max}\}$ の範囲の擬似乱数の整数を与える．
> RandomInteger[]　擬似乱数的に 0 または 1 を与える．
> RandomInteger[$range, n$]　n 個の擬似乱数の整数のリストを与える．
> RandomInteger[$range, \{n_1, n_2, \cdots\}$]　擬似乱数の整数の $n_1 \times n_2 \times \cdots$ 配列を与える．
> RandomInteger[$dist,\cdots$]　記号的離散分布 $dist$ からサンプルを取る．　≫

変数であるか関数であるかは，見た目と使い方で決められることであり，常に 0 を返すような関数を作る場合も，変数を定義するのと同じように，等号「=」を使って次のように定義することができる．

　　zero[ ] = 0

✎　変数や関数などのシンボル名は，組込みのものと衝突しないように，小文字から始めるとよい．

実際に自ら定義した関数 zero を使ってみると，確かに計算結果として 0 が得られる．

　　zero[ ]　➨ 0

さらに，変数としてのシンボル zero にも，同じ値を定義する．

　　zero = 0　➨ 0

この状態でシンボル zero に関する情報を確認してみると，関数としての zero と，変数としての zero の両方が，同じシンボル zero に結びつけられていることがわかる．すなわち，変数と関数に違いはなく，単に見た目（変数のようにシンボル名だけなのか，関数のように角括弧つきなのか）が違うだけである．

　　?zero

Global`zero
zero = 0
zero[ ] = 0

4.1.2　右辺値は評価されてから代入される（即時的な定義）

　シンボルへの値の割り当て（定義）がどのような手順で行われるのかを，よく利用される例を取り上げて説明する．次の命令は，ランダムに 0 か 1 になる 10 個の要素からなるリストを作り出す．したがって，評価するたびに結果は変わる（偶然連続して同じ結果になることも確率的にはありうるが）．

　　Table[RandomInteger[ ], {10}]
　　　➡ {0, 0, 0, 1, 1, 0, 1, 1, 0, 1}

　よく使われる関数であるが，名前が少し長いので，短い別名を定義することを考える．例えば非常にシンプルに，アルファベット 1 文字のみからなるシンボル r を次のように定義する．

　　r[ ] = RandomInteger[ ]
　　　➡ 1

　一見すると，これで同じ機能を持つ関数の別名が定義されたように思えるが，残念ながら違う．例えば，10 個の要素からなるリストを作ってみると，ランダムに選ばれず，どの要素も同じ値になってしまう．

　　Table[r[ ], {10}]
　　　➡ {1, 1, 1, 1, 1, 1, 1, 1, 1, 1}

　なぜすべての要素が同じになるのか，その理由を調べるために，シンボル r の情報を調べてみる．すると，RandomInteger なる組込み関数として定義したはずが，常

に同じ値を返す関数として定義されていることがわかる．そのため，10個の要素からなるリストを作ると，10個の要素すべてが同じものになってしまう．

　　?r

> Global`r
>
> $r[\ ] = 1$

このような結果になる理由は，*Mathematica* が実行する評価手順を紐解くことでわかる．

(1) ユーザーが $r[\ ] = \mathrm{RandomInteger}[\ ]$ を評価する．
(2) まず，右辺の RandomInteger[ ] が評価される（評価された結果を整数の1としよう）．
(3) 右辺が評価された結果，$r[\ ] = 1$ が実際の定義となる．

したがって，右辺が定義を行った時点で即時的に評価されるため，右辺が常に一定の結果になってしまう．このような，等号「=」を使った変数や関数の定義のことを「即時的な定義」と呼ぶ．

練習問題

RandomInteger, RandomReal, RandomChoice, RandomSample などの，ランダムに何かを生成する関数を用いて，即時的な定義が行われていることを確認しなさい．

4.2　遅延的な定義

> *Mathematica* において，変数や関数を効果的に利用するには，即時的な定義に加えて，遅延的な定義を理解する必要がある．ここでは，遅延的な定義の基本を説明することにより，結果が常に同じとは限らない関数を自ら定義して使えるようにする．

4.2.1　右辺値は評価されずに代入される（遅延的な定義）

シンボルを変数として利用する場合，即時的な定義を使うことに何も問題はないが，関数として利用する場合にはそうではない．実際，前節のように実行するたび

4.2 遅延的な定義

に値が変化する場合では，右辺を先に評価して，結果を左辺のシンボルに割り当てる（定義する）のは問題である．

したがって，結果が変化する場合，即時的な定義（定義を行ったときに，右辺の式が直ちに評価される仕組み）ではなく，「遅延的な定義」と呼ばれる，シンボルが呼び出されるまで（実際にその変数や関数が利用されるまで）右辺の式の評価をしない仕組みを使う必要がある．

遅延的な定義を行うには，コロンと等号を組み合わせた記号「:=」を利用する．Mathematicaにおいて，コロンは「遅延的」という意味を持ち，シンボルへの割り当て（定義）以外に，変換規則で遅延的な効果を出したいときにも利用される．

即時的な定義	「=」を使う	右辺を評価してから代入
遅延的な定義	「:=」を使う	右辺をそのままの形で代入

例えば，結果が変化する関数に別名をつけたい場合，次のようにコロンと等号を組み合わせて定義する．即時的な定義との違いは，コロンがあるかないかだけである．

$r[\,]:=\mathrm{RandomInteger}[\,]$

実際に10個の要素からなるリストを作ってみると，評価するたびに値が変化していることがわかる．遅延的な定義により，きちんと関数に別名をつけることができている．

$\mathrm{Table}[r[\,],\{10\}]$ ➡ $\{0,1,0,0,1,1,1,0,0,0\}$

また，シンボル r の情報を調べてみると，右辺の式が評価されずに，そのままの形で定義されていることがわかる．即時的な定義を行ったときには，右辺の式が評価されて単なる整数になっていたが，シンボルが呼び出されていない状態では評価されずにいる．これが「遅延的」という言葉の意味である．

$?r$

```
Global`r
r[ ] := RandomInteger[ ]
```

4.2.2 変数と関数は基本的に同じである

変数と関数は見た目が異なるだけであり，即時的な定義も遅延的な定義も両方に行うことができる．例えば，RandomInteger に別名をつけるだけならば，変数のように見える「r」の形で呼び出せるように定義することもできる．

 r := RandomInteger[ ]
 Table[r, {10}]
  ➡ {1, 0, 0, 0, 0, 0, 1, 1, 1, 0}

したがって，右辺の結果が常に一定でないものを遅延的な定義として変数に割り当てると，値が毎回変化する変数を作ることになる．例えば，次のように，評価するたびにランダムに「晴れ」，「雨」，「くもり」から1つの天気が選ばれるような変数を定義することができる．

 明日の適当天気予報 := RandomChoice[{"晴れ", "雨", "くもり"}]
 明日の適当天気予報
  ➡ 晴れ

練習問題

RandomInteger, RandomReal, RandomChoice, RandomSample などのランダムに何かを生成する関数を用いて，遅延的な定義で関数に別名をつけ，実際にそれを使って遅延的な定義となっていることを確認しなさい．

4.3 引数に応じて結果を変える

遅延的な定義を活用して，新しい関数を定義することができる．しかし，実用的な関数を定義するためには，引数（関数に受け渡す情報）に対応させる必要がある．ここでは，*Mathematica* で関数を作るときの引数の取り扱いについて説明する．これにより，実用性の高い関数を作ることが可能となる．

4.3.1 関数に情報を受け渡す（引数）

多くの関数は，引数と呼ばれる付加的な情報を受け取り，引数に指定された情報に応じた結果を返してくる．例えば，指定された数の符号を反転する組込み関数 Minus の場合，符号を反転させたい数を引数として指定する．次のように，2を引数に指定

すると，2の符号を反転させた−2が得られる．

 Minus[2] ▶ − 2

具体的に，引数が1であれば真を，そうでなければ偽を返す関数を作ってみる．定義の仕方は簡単で，引数までを含めて左辺を指定すればよい．以下では，引数が1ならば真を表すTrueを，引数が0ならば偽を表すFalseを返すように定義した．

 onep[1] = True;
 onep[0] = False;

次のように，引数が1のときはTrueが結果として得られる．

 onep[1] ▶ True

しかしながら，定義を行った引数以外を指定すると，評価されずに，入力した式がそのまま結果となってしまう．

 onep[2] ▶ onep[2]

4.3.2 さまざまな引数に対応する（パターンオブジェクト）

Mathematica は評価を行う際，シンボルonepに関する情報を調べ，引数までを含めた見た目で，それに対応する定義が行われているかどうかを確認する．しかし，引数として指定される可能性のあるすべての値に対して，個々に関数の挙動を定義することは現実的ではないため，さまざまな引数の値に対応するパターンオブジェクトと呼ばれる仕組みが用意されている．

最もよく使われるパターンオブジェクトは，アンダースコア「_」である．これは，どのような *Mathematica* の式ともマッチする（同じだと判断される）．したがって，引数が1のとき真で，それ以外のとき偽を返す関数を定義するには，アンダースコアを次のように利用する．

 onep[1] = True;
 onep[_] = False;

 ✎ 関数などの定義をやり直す場合は，Clearで定義を消去してから行う．

この定義により，引数が1のときは真が，引数がそれ以外のときは偽が評価結果として得られるようになる．

 onep[1] ▶ True
 onep[2] ▶ False

シンボルonepの情報を確認すると，次のようになっている．onep[1]の場合，最初の定義に見た目がマッチするので，そのときの右辺値であるTrueが返される．onep[2]の場合，最初の定義にはマッチしないが，次の定義で何にでもマッチするアンダースコアにマッチするので，そのときの右辺値であるFalseが返される．

?onep

Global`onep
onep[1] = True
onep[_] = False

練習問題

引数が0であるかどうかを判定する関数zeropを，アンダースコアを利用して定義し，その関数が実際に動作することを確認しなさい．例えば，次のような結果になることが望ましい．

zerop[-1] ▶ False
zerop[0]   ▶ True
zerop[1]   ▶ False

4.4 引数を計算に利用する

遅延的な定義とアンダースコアを活用することで，状況に応じて挙動が変化する関数を定義することができる．しかし，実用的な関数を定義するためには，関数の内部で行われる計算に引数を利用する必要がある．ここでは，*Mathematica*で関数を作るときの引数の利用方法について説明する．これにより，実用性の高い関数を作ることが可能となる．

4.4.1 パターンオブジェクトに参照名をつける

パターンオブジェクト（ここではアンダースコア）の左側には，参照名をつけることができる．参照名をつけることで，右辺側で再利用することが可能となる．例えば，引数に1を加えた結果を返す関数plus1を定義するには，どのような式にもマッチするアンダースコアを引数部分に記入し，加えてその左側に参照名として任意の

名前をつける．そうすることで，右辺側で参照名（以下の場合はn）が利用可能となる．

$$\mathrm{plus1}[n\_] := n+1$$

✍ 参照名にアンダースコアは含まれない．右辺側で参照するときにアンダースコアをつけないように注意する．

実際に，上の命令に適当な式を引数として指定すると，それに1を加えた結果が得られる．アンダースコアは，*Mathematica* の任意の式にマッチするので，引数として指定するものは数値でなくてもよい．

$\mathrm{plus1}[2]$ ➡ 3

$\mathrm{plus1}[x]$ ➡ $1+x$

4.4.2　即時的な定義における参照名の副作用

参照名でパターンオブジェクトにマッチした値を，関数の内部で利用するときは，意図的な理由がある場合を除き，必ず遅延的な定義を使わなければならない．誤って，即時的な定義を利用すると，思いもよらない副作用により，意図しない結果となることがある．

例えば，以下の例で変数aが未定義の場合，即時的な定義を利用しても結果は同じになる．

$\mathrm{myfunc}[a\_] = a+1$
➡ $1+a$

$\mathrm{myfunc}[3]$
➡ 4

一方，変数aが定義されている場合，即時的な定義を行ってしまうと，定義した時点の変数aの値で右辺の変数aが置き換わってしまうため，常に同じ値を返す関数として定義されてしまう．

$a = 1$
➡ 1

$\mathrm{myfunc2}[a\_] = a+1$
➡ 2

?myfunc2

> Global`myfunc2
> myfunc2[a_] = 2

即時的な定義でなく，きちんと遅延的な定義を使っておけば，右辺の変数 a は評価されずにそのまま残るので，パターンオブジェクトにマッチした値が正しく使われることになる．

 myfunc3[a_] := a + 1
 myfunc3[3]
  ▶ 4

練習問題

複数個の引数を持つ関数も同じように定義することができる．例えば，2つの引数を受け取り，その和を計算する関数は，次のように定義できる．同じように，差（減算），積（乗算），商（除算）をそれぞれ計算する関数を作りなさい．

 和[a_, b_] := a + b
 和[3, 4]
  ▶ 7

4.5 即時的な定義と遅延的な定義の組み合わせ

即時的な定義と遅延的な定義はそれぞれ特徴があり，その性質を理解してうまく組み合わせることで，新しく定義する関数の効率を高めることができる．ここでは，両方の定義を組み合わせるとよい例を紹介することで，効率的な関数を定義できるようにする．

4.5.1 例外として遅延的な定義を使う

結果が判明しているものには即時的な定義を使い，引数に指定されたものに応じて出力を変化させる場合には遅延的な定義を使う例を挙げる．このように，即時的な定義と遅延的な定義は柔軟に組み合わせることができる．

 ask["性別"] = "女です．";
 ask["名前"] = "麻世 万智佳です．";

ask[q_] := q <> "については，わかりません．";

✎ 「<>」は，文字列をつなぎ合わせる組込み関数 StringJoin に対応する省略形である．

即時的な定義の引数にマッチした場合は，その定義に基づいて結果が返される．

　　ask["名前"]　　➡ 麻世 万智佳です．

即時的な定義にマッチしない場合は，遅延的な定義で利用したパターンオブジェクトにマッチするので，入力した文字列を引用する形で結果が返ってくる．

　　ask["年齢"]　　➡ 年齢については，わかりません．

この関数では，引数に指定される q が文字列であることを暗黙に仮定しているため，文字列以外を引数に指定するとエラーとなってしまう．これを避けるためには，次節で説明している頭部の種類による制限を，本来は利用しなければならない．

　　ask2["性別"] = "女です．";
　　ask2["名前"] = "麻世 万智佳です．";
　　ask2[q_String] := q <> "については，わかりません．"

4.5.2　遅延的な定義の中で即時的な定義を使う

同じように，初項の定まっている数列などを定義する場合，初項を即時的に定義し，漸化式の部分を遅延的に定義する．例えば，フィボナッチ数列を定義するには，次のように即時的な定義と遅延的な定義を組み合わせる．

　　myfibo[0] = 0;
　　myfibo[1] = 1;
　　myfibo[n_] := myfibo[n − 1] + myfibo[n − 2]

✎ 実際にフィボナッチ数列を計算する場合は，組込み関数が存在するのでそれを使う．

実際に第10項を計算してみると，きちんと55が得られる．

　　myfibo[10]　　➡ 55

しかし，フィボナッチ数列は再帰的に計算を行うため，何度も同じ項の計算をしなければいけない．このような場合，次の myfibo2 のように即時的な定義と遅延的

な定義を融合するとよい．つまり，遅延的な定義の中で，すでに計算を終えた項を順次定義していくことで，無駄な再計算を行わずに済ませられる．これが1.13節の練習問題の答えである．

myfibo2[0] = 0;
myfibo2[1] = 1;
myfibo2[$n\_$] := (myfibo2[n] = myfibo2[$n-1$] + myfibo2[$n-2$])

実際にどの程度効率的であるかを，第25項の計算で確認してみよう．組込み関数Timingは，計算に要した時間と計算結果をリストとして出力するものであり，それぞれの第1要素を比べることで，myfibo2がmyfiboに比べて遥かに効率的であることがわかる．

{Timing[myfibo[25]], Timing[myfibo2[25]]}
➡ {{0.512032, 75025}, {0., 75025}}

この関数では，引数に指定されるnが正の整数であることを暗黙に仮定しているため，負の整数などを指定するとエラーとなってしまう．本来は，これらのエラーを避けるために，次節で説明している，引数に対する条件の設定を行わなければならない．

myfibo2[0] = 0;
myfibo2[1] = 1;
myfibo2[$n\_$Integer] := (myfibo2[n] = myfibo2[$n-1$]
  +myfibo2[$n-2$])/; $n \geq 2$

練習問題

次のように定義される数列を計算する関数を作りなさい．

$$\begin{cases} T_0 = T_1 = 0 \\ T_2 = 1 \\ T_{n+3} = T_n + T_{n+1} + T_{n+2} \ (n \geq 0) \end{cases}$$

4.6 パターンマッチの活用

関数を定義するとき，引数の種類や引数が満たす条件に応じて，その定義の内容を変えたい場合がある．ここでは，その基本的な方法を説明し，さまざまな状況に応じた関数定義を行えるようにする．

4.6.1 引数の種類に応じた定義

数値やシンボルは，それぞれ異なる頭部を持っている．頭部を組込み関数 Head で確認すると，整数に対して Integer, 近似数に対して Real, 文字列に対して String が得られる．

> **Head/@{123, 123.456, "123"}**
> ➡ {Integer, Real, String}

✎ 「/@」は，リストに対して同じ操作をする組込み関数 Map の省略形である．

パターンオブジェクトの左側には参照名を記入したが，右側に頭部を指定すると，頭部が一致する引数が指定された場合にのみ有効な定義を行える．次の例では，頭部に応じて，指定された引数の種類を出力する関数を定義している．

> **type[_Integer] = "整数です."；**
> **type[_Real] = "近似数です."；**
> **type[_String] = "文字列です."；**
> **type[_] = "わかりません."；**

実際に適当な引数を指定すると，頭部に応じた結果を得ることができる．

> **type[456]** ➡ 整数です．
> **type[Pi]** ➡ わかりません．

4.6.2 引数の条件に応じた定義

さらに整数の中で場合分けを行いたいときは，疑問符「?」と条件判定を行う関数を組み合わせるとよい．パターンオブジェクトの右側に疑問符「?」と条件判定を行う関数を指定すると，その関数で評価したときに True となる引数の場合にだけ定義が有効になる．奇数であるかどうかを判定する組込み関数 OddQ と，偶数であるかどうかを判定する組込み関数 EvenQ を利用したのが，次の例である．

type2[n_?OddQ] := "奇数です.";
type2[n_?EvenQ] := "偶数です.";

偶数を引数に指定すると，EvenQがTrueを返すので，後者の定義が有効となり「偶数です.」が結果として得られる．

type2[34]　▶ 偶数です．

場合分けを行いたい条件にちょうど合致する判定関数がないときは，スラッシュとセミコロンを合わせた記号「/;」による制約条件を付加することで，特定の条件下でのみ有効なものを定義できる．制約条件には，次の例にあるように，パターンオブジェクトを参照名で利用することができる．

myfib[0] = 0; myfib[1] = 1;
myfib[n_Integer /; n ≥ 0] := myfib[n − 1] + myfib[n − 2]
myfib[_] = "正の整数を指定してください.";

実際に使ってみると，正の整数の場合はフィボナッチ数列の再帰定義が有効となり，それ以外のときにはエラーが表示される．

myfib[10]　▶ 55

myfib[−10]　▶ 正の整数を指定してください．

🖉 *Mathematica* の組込み関数は，エラーが発生すると入力された式を未評価のまま出力するが，この処理については本書で取り上げないので，必要に応じてドキュメントセンターで「Message」などを参照されたい．

練習問題

nの階乗を求める関数kaijyoと，aのb乗を求める関数mypowerをそれぞれ再帰的に定義しなさい．このとき，nやbが正の整数でない場合を，「/;」による制約条件をつけることで特別扱いにしなさい．関数は例えば次のように動作することが望ましい．

kaijyo[10]　▶ 3628800

kaijyo[−10]　▶ 正の整数を指定してください．

mypower[2, 3]　▶ 8

mypower[2, −3]　▶ $\frac{1}{8}$

4.7 さまざまなパターンオブジェクト

凝った関数を定義しようとすると，引数の個数を可変にしたり，引数が指定されなかった場合にも正常に動作するようにするなど，さまざまな点に配慮した実装を行う必要がある．ここでは，そのような仕組みをサポートするパターンオブジェクトを紹介することで，目的に応じた関数をなるべく短くシンプルに実現できるようにする．

4.7.1 複数の引数にマッチするパターンオブジェクト

定義しようとする関数の目的によっては，引数の個数が変化することがある．前節までに紹介したパターンオブジェクトは，どのような *Mathematica* の式にもマッチするが，ただ1つの式にのみマッチする．そのため，引数の個数が可変の関数には対応することができない．

例えば，当然ではあるが，次のように定義した関数 myplus に3つの引数を指定しても，*Mathematica* は見た目でマッチする定義を見つけられず，入力された式をそのまま返してくる．

  myplus$[a\_, b\_] := a + b$

実際に，定義した関数を使ってみる．

  myplus$[1, 2, 3]$ ➡ myplus$[1, 2, 3]$

このような場合，BlankNullSequence と呼ばれる，アンダースコアを3つ並べた記号「___」で表されるパターンオブジェクトを利用する．このパターンオブジェクトは，0個以上の任意の *Mathematica* の式の列を表すため，引数が可変であることを表現するのに使える．

例えば，引数の総和を再帰的に計算していく関数を定義する場合，引数の個数は可変にしなければならない．次の関数定義では，3つ目以降の引数をすべて参照名 c のパターンオブジェクトにマッチさせることで，引数を可変としている．

  myplus$[a_, b_, c___] := $ **myplus**$[a + b, c]$

実際に，定義した関数を使ってみる．

  myplus$[1, 2, 3]$ ➡ 6

実際には，引数が与えられなかった場合にも対応できるよう，次のように定義するのが望ましい．

myplus2[ ] = 0;
myplus2[a_] := a
myplus2[a_, b_, c___] := myplus2[a + b, c]

実際に，定義した関数を使ってみる．

myplus2[1, 2, 3, 4]　▶ 10

4.7.2　引数が省略されたときのデフォルト値を設定する

次のように定義される指数関数を取り上げてみよう．

myexp[n_] := 10^n

実際に，定義した関数を使ってみる．

myexp[3]　▶ 1000

指数の底を変えられるように，引数が2つの場合は，底と指数が与えられたと解釈する拡張を行う．つまり，引数が1つのときは，底を10とする指数関数，引数が2つのときは，第1引数を底，第2引数を指数とする指数関数を定義する．

myexp[b_, n_] := b^n

実際に，定義した関数を使ってみる．

myexp[2, 3]　▶ 8

ここで定義を確認してみると，最初の定義は次の定義において，bを10としただけであり，本質的には同じ定義であることがわかる．このような場合，引数の省略時に適用されるデフォルト値を設定するとよい．これは，コロン「:」をパターンオブジェクトの右側につけることで可能となる．

?myexp

Global`myexp
myexp[n_] := 10^n
myexp[b_, n_] := b^n

今取り上げている指数関数では，第1引数である底bを省略したときに，デフォルト値として10が参照名の変数に代入されると都合が良い．このような場合，当該パターンオブジェクトの右側にコロン「:」を挟んでデフォルト値にしたい10を指定する．

$$\mathbf{myexp2}[b\_ :10, n\_] := b\hat{}\, n$$

定義した関数を実際に使ってみる．底が省略されると代わりに10が使われ，きちんと指定すると指定された底が使われる．

$\mathbf{myexp2}[3]$ ▶ 1000

$\mathbf{myexp2}[2, 3]$ ▶ 8

コロンによるデフォルト値を活用すると，先ほど取り上げた関数myplus2の定義を次のように書き直すこともできる．デフォルト値をうまく使うと，定義を短くシンプルに保つことができる．

$\mathbf{myplus2}[a\_ :0] := a$
$\mathbf{myplus2}[a\_, b\_, c\_\_\_] := \mathbf{myplus2}[a+b, c]$

練習問題

引数が可変で，与えられた引数のすべての積を計算する関数sekiを定義しなさい．その際，本節で学んだパターンオブジェクトを活用して，引数の中に0が含まれていたら再帰計算をせずに0を返し，それ以外は再帰的に計算するように定義しなさい．

4.8　フロー制御——IfとWhile

*Mathematica*では，手続き型ではなく関数型としてプログラムを記述したほうが高速に動作することが多いが，基本的なフロー制御はそのどちらも重要な役割を果たす．ここでは，基本的なフロー制御として，条件分岐を行うIf，ループ処理を行うWhileを紹介する．これらにより，多くのアルゴリズムをそのままの形で実装することが可能となる．

4.8.1　条件分岐

指定した条件を満たす場合にのみ特定の式を評価したいときは，組込み関数Ifを利用する．この関数の使い方には次の3通りがあり，状況に応じて使い分けるとよい．

- If[条件, 条件が正しい場合に評価する式]
- If[条件, 正しい場合の式, 正しくない場合の式]
- If[条件, 正しい場合の式, 正しくない場合の式, どちらとも言えない場合の式]

ここで，条件は次のような関係演算子と論理演算子を組み合わせたもので，True（正しい）か False（正しくない）を返す必要がある．True でも False でもない場合，どちらとも言えないと判断される．

$x == y$： x と y は数学的に等しい
$x != y$： x と y は数学的に等しくない（$\neq$ も同じ意味）
$x > y$： x は y よりも大きい
$x >= y$： x は y よりも大きいか等しい（$\geq$ も同じ意味）
$x === y$： x と y は表現（見た目）が等しい
$x =!= y$： x と y は表現（見た目）が等しくない

📎 ドキュメントセンターのチュートリアル「関係演算子と論理演算子」を参照．

なお，ほとんどの場合，さまざまなパターンオブジェクトを活用して関数をうまく定義すれば，If を使わなくても実現できる．ぜひ If を利用しないプログラムにも挑戦してほしい．

次の例は，*Mathematica* 6 から導入された組込み関数 RandomInteger を，導入以前のバージョンでも下位互換性を保ち使えるようにする．*Mathematica* 6 以後は組込み関数で提供されているため，条件分岐で定義しないようにしている．

```
If[$VersionNumber < 6,
    RandomInteger[range_] := Random[Integer, range]
]
```

4.8.2 条件を満たす間だけ繰り返す

指定した条件が満たされている（正しい）間，同じ式を評価し続けるには，組込み関数 While を利用する．この関数の使い方には次の 2 通りがあり，状況に応じて使い分けるとよい．

- While[条件]
- While[条件, 条件が正しい場合に評価し続ける式]

次の例では，1000 よりも大きい素数の中で最小のものを探している．

```
i = 0;
While[(p = Prime[++i]) ≤ 1000];
{i, p}
```
➡ {169, 1009}

✎ これら以外のフロー制御については，ドキュメントセンターを参照．

練習問題

次の関数mygcdは，多重定義によるユークリッドの互除法で，整数aとbの最大公約数（両方を割り切る最大の整数）を求めている．多重定義を使わず，代わりにIf文を使って，同じ機能を持つ関数を作りなさい．ただし，組込み関数ModとIf，および四則演算と関係演算子だけしか使ってはならない．

mygcd[$a\_$, 0] := a
mygcd[$a\_$, $b\_$] := mygcd[b, Mod[a, b]]

4.9　局所変数（静的スコープ）

プログラミングのスタイルやアルゴリズムによっては，複数の変数を導入して手続きを記述する必要がある．ここでは，手続きを記述することで関数を定義する方法や，関数内部で利用される変数を局所化する方法（静的スコープ）を説明する．これにより，副作用のない関数を作れるようにする．

4.9.1　手続き型の関数定義

前節で紹介した例の中に，1000より大きい最小の素数を探すプログラムがあった．そのプログラムを参考に，指定された数よりも大きい最小の素数を求める関数を定義したものが，次の例である．このように，関数の中で複数の手続きを実行させたい場合，命令をセミコロンで区切るとともに，一連の命令全体を丸括弧で括る．

smallestPrimeOverThis[$n\_$] := (i = 0; While[(p = Prime[++i])
    ≤ n]; p)

実際に，この関数を使って200より大きい最小の素数を求めてみる．

smallestPrimeOverThis[200]　➡ 211

セミコロンで区切る代わりに，組込み関数 CompoundExpression を利用してもよい（内部表現ではどちらも同じものを意味する）．

$\mathbf{smallestPrimeOverThis}[n\_] := \mathbf{CompoundExpression}[i = 0,$
  $\mathbf{While}[(p = \mathbf{Prime}[++i]) \leq n], p]$

4.9.2 Moduleによる変数の局所化

前項のように単純に手続きを並べただけでは，一時的に利用した変数の副作用が発生する．例えば以下の例では，事前に定義しておいた変数 i の値 10 が，関数 smallestPrimeOverThis を利用した後で，副作用により 47 になってしまっている．

(∗何か重要な値を記憶させていたと仮定する∗)
$i = 10;$
(∗副作用のある関数の呼び出し∗)
$\mathbf{smallestPrimeOverThis}[200]$
　▶ 211
(∗記憶させておいた値が上書きされてしまった∗)
i
　▶ 47

手続き中の変数操作による副作用を避けるため，利用する変数の局所化が必要になる．*Mathematica* では，変数の局所化を行うために，静的スコープを提供する Module と，動的スコープを提供する Block が用意されている．ここでは，静的スコープを提供する Module について取り上げる．

Module は，局所化したい変数のリストを第 1 引数に指定し，実際の手続きを（必要があればセミコロンで区切って）第 2 引数に指定する．第 1 引数の変数リスト中では，各変数に初期値を等号で割り当てることも可能である．ここで指定された変数は，この Module の内部でのみ有効な変数となり，同じシンボル名を持つ変数や関数が外部に存在しても，それとはまったく別のものとして扱われる．

　　Module[局所化する変数のリスト, 手続きの本体]

Module を評価した結果は，手続きの本体の最後で評価した式の結果となるが，明示的に組込み関数 Return を利用して指定することもできる．実際に，関数 smallestPrimeOverThis にあった副作用を，変数の局所化によりなくしたものが，次の例である．

```
smallestPrimeOverThis2[n_] :=
  Module[{i = 0, p},
    While[(p = Prime[++i]) ≤ n];
    Return[p]
  ]
```

✒ 引数は，パターンオブジェクトの参照名で「参照」しているだけなので，通常の変数とは異なり，値を変更することはできない．必要があれば，上書き用の局所変数を用意しなければならない．

練習問題

次の関数は，リストを引数に受け取り，その標準偏差を計算する．この関数は副作用を持つので，Moduleを使って同じ機能を持つ関数に書き直しなさい．

```
mystddev[nlis_List] :=
  (mean = Mean[nlis]; vari = Total[(nlis − mean)^2]
    /Length[nlis]; Sqrt[vari])
mystddev[{1.21, 3.4, 2, 4.66, 1.5, 5.61, 7.22}]
```
➡ 2.10331

✒ 標準偏差を計算する組込み関数は存在するので，実際に計算するときは組込み関数を利用する．

4.10 オプション

Mathematica の組込み関数には，オプションが複数用意されていることが多い．ここでは自ら定義する関数でオプションを設定する方法を説明する．これにより，*Mathematica* らしいユーザー定義関数が実現できるようになる．

4.10.1 Mathematica 6 からのオプション管理

オプションを持つ関数を定義するには，Options，OptionsPattern，OptionValueを組み合わせて利用する．以下に，それぞれの役割を示す．

Options： シンボルの持つオプションの種類を明示的に設定し，また，各オプションのデフォルト値も設定する組込み関数である．実際に利用するときは，関数本体の定義の直前に記述するとよい．

OptionsPattern： 引数の中でオプションに対応する部分を表現するパターンオブジェクトである．この組込み関数を引数の最後に指定しておくと，組込み関数 OptionValue により，個々のオプションの値を簡単に取り出すことができる．

OptionValue： 指定されたオプションの有効な値を取り出す組込み関数である．このとき，Options によるデフォルト値と，パターンオブジェクト OptionsPattern にマッチしたユーザー指定の値が考慮された適切な値が得られる．

前節で定義した関数 smallestPrimeOverThis に 2 つのオプションを設定する．デバッグメッセージを表示するかを指定する Debug と，何番目の素数から探し始めるかを指定する StartIndex である．それぞれのデフォルト値を，False と 1 になるように設定する．

Options[smallestPrimeOverThis] =
  {Debug → False, StartIndex → 1};

以下が関数の本体と利用例である．定義における引数部の最後に組込み関数 OptionsPattern を記述している．これにより，関数本体で組込み関数 OptionValue を使って手軽に各オプションの値を取り出せる．

smallestPrimeOverThis[$n\_$, OptionsPattern[]] :=
  Module[$\{i, p, \text{debugq}\}$,
    debugq = OptionValue[Debug];
    i = OptionValue[StartIndex];
    If[debugq, Print["i : ", i]];
    While[$(p = \text{Prime}[i{+}{+}]) \leq n$,
      If[debugq, Print["(i, p) : ", $\{i - 1, p\}$]]
    ];
    Return[p]
  ]

🖉 簡単のため省略しているが，オプションに指定された値が適切であるか確認しないとバグの素になるので，注意が必要である．

smallestPrimeOverThis[10, Debug → True]

➡ i :1
   (i, p) : {1, 2}

$(i, p) : \{2, 3\}$

$(i, p) : \{3, 5\}$

$(i, p) : \{4, 7\}$

11

smallestPrimeOverThis[100, Debug → True, StartIndex → 22]

➧ i : 22

$(i, p) : \{22, 79\}$

$(i, p) : \{23, 83\}$

$(i, p) : \{24, 89\}$

$(i, p) : \{25, 97\}$

101

4.10.2　Mathematica 5.2 までのオプション管理

OptionsPattern と OptionValue は，*Mathematica* 6 から導入されたため，それ以前のバージョンでは利用することができない．そのため，本体定義の前に Options でオプションのデフォルト値を設定することは同じであるが，引数部分のパターンオブジェクトの指定と，関数本体でのオプションの値の取り出し方が異なる．

オプションに対応するパターンオブジェクトには，アンダースコア3つ（___）を使う．また，参照名をつけるとともに，頭部を Rule に制限する．これにより，オプションが実際には指定されない場合から，複数個のオプションが指定される状況までをカバーでき，また，参照名により指定されたオプションの値にアクセスすることが可能になる．

関数本体では，一時代入 (/.) によりオプションの適切な値を取り出す．まず，引数として指定されたオプションを優先するために，その参照名によりオプション名を置き換える．そして，引数にオプションが指定されなかった場合に備え，Options によるデフォルト値でオプション名を置き換える．これらの操作により，オプションの適切な値を取り出すことができる．

Options[smallestPrimeOverThis] =
　{Debug → False, StartIndex → 1};
smallestPrimeOverThis[$n\_$, opts___Rule] :=
　Module[$\{i, p, debugq\}$,
　　debugq = Debug/.{opts}/.Options[smallestPrimeOverThis];
　　i = StartIndex/.{opts}/.Options[smallestPrimeOverThis];

　　　　If[debugq, Print["i : ", i]];
　　　　While[$(p = \text{Prime}[i{+}{+}]) \leq n$,
　　　　　　If[debugq, Print["(i, p) : ", $\{i-1, p\}$]]
　　　　];
　　　　Return[p]
　　]

なお，遅延的な変換規則をオプションに利用する場合は，パターンオブジェクトの頭部による制限を，次のように書き直さなければならない．

　　　　opts___?(Head[#] === Rule || Head[#] === RuleDelayed&)

練習問題

　前節の練習問題で作成した標準偏差を求める関数に，デバッグメッセージを表示するオプションを設定しなさい．このとき，デバッグを有効にしたときには，適切なデバッグメッセージが出力されるように，関数本体も書き直しなさい．

第 II 部

応用編

第5章 Mathematicaを活用する
——統計，経営，環境問題への応用

Mathematica は魔法のランプのごとし．

「*Mathematica* よ，この問題を解いておくれ」

「馬鹿者！ たかが釣銭の計算に誰が虚数解や超越方程式を出せと言った」

Mathematica は実に多彩なことができる．その多彩性ゆえに，どこから手をつけてよいのか，何ができるのかまったくわからない．

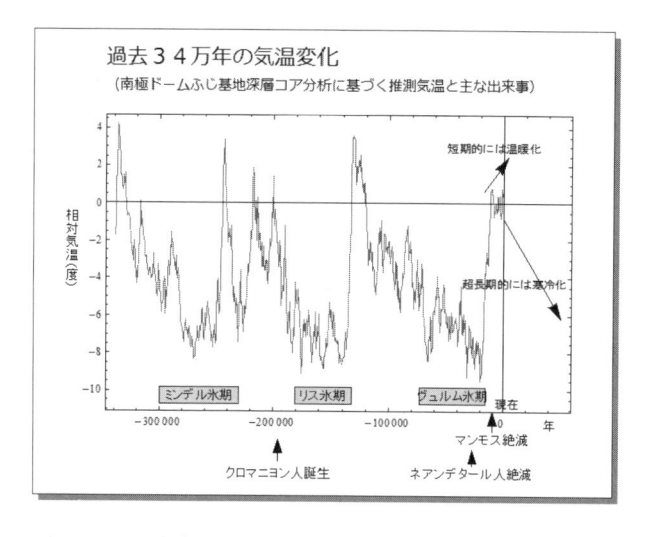

本章では，ネットから実際のデータを得て，そこから統計的性質を引き出したり，グラフィックスにしたりするというような応用を行う．上の図のように，グラフ化することで大きな傾向が一目瞭然となる．そこにデータ解析が加わると，より正確にいろいろな状況を把握することができる．

✍ それぞれの節の事例を実行するときは，まず次の関数で計算領域を初期化しなければならない．

```
ClearAll["Global`*"];
```

5.1 〔統計〕記述統計から多変量解析まで

記述統計を求める組込み関数の使い方を理解する．簡単な統計量の求め方から，単変量解析・多変量解析での関数の使い方や付属の統計パッケージの使い方を，事例を通じて理解する．統計手法や統計値の意味そのものは解説しない．

5.1.1 記述統計

記述統計とは，位置，分散，形などの分布の特性を示す方法を言う．材料として，乱数関数を用い3から8の間の7個のデータを有効数字2桁で用意する．

$\text{data} = \text{RandomReal}[\{3,8\}, 7, \text{WorkingPrecision} \to 2]$

➧ $\{3.2, 5.6, 4.9, 3.1, 7.4, 8.0, 6.0\}$

平均値，中央値，刈り込み平均値

代表値の例として，平均値（対称な分布を対象），中央値（偏った分布を対象），刈り込み平均値（外れ値のある分布を対象）を示す．

$\left\{\text{Mean}[\text{data}], \text{Median}[\text{data}], \text{TrimmedMean}\left[\text{data}, \left\{\frac{1}{7}, 0\right\}\right]\right\}$

➧ $\{5.4, 5.6, 5.8\}$

標本標準偏差

標本標準偏差は不偏分散の平方根であり，不偏分散は偏差平方和をデータ数 $n-1$ で除したものである．

$s = \text{StandardDeviation}[\text{data}]$

➧ 1.9

母標準偏差

母標準偏差は母分散の平方根であり，母分散は平方和をデータ数 n で除したものである．*Mathematica* では，中心モーメントで表現する．

r 次中心モーメント $\dfrac{1}{n}\sum_i (x_i - \bar{x})^r$

母標準偏差は，2次中心モーメントから求める．

$\text{Sqrt}[\text{CentralMoment}[\text{data}, 2]]$

➧ 1.8

5.1.2 単変量解析

単変量解析とは,データを平均値など1つの指標で示して比較検討する方法である.

2群の平均値の差の検定

以下で定義するdata1, data2という2群のデータの平均値に差があるかを検定する.母分散は等しいと仮定する.まず仮説検定パッケージを読み込む.

    ≪ HypothesisTesting`

    data1 = {34, 37, 44, 31, 41, 42, 38, 45, 42, 38};

    data2 = {39, 40, 34, 45, 44, 38, 42, 39, 47, 41};

    MeanDifferenceTest[data1, data2, 0, EqualVariances → True,
      TwoSided → True]

      ▶ TwoSidedPValue → 0.369127

有意水準0.05より大きいため,差がないとの帰無仮説が棄却されない.つまり,差があるとは言えない.

母比率の検定

新規開発した大型液晶画面の過去1ヶ月の製造不良率が0.9%だったとする.コストダウンの一環として,別の基盤材料を試したところ,100枚のうち3枚の不良(3%の不良率)になった.この製造工程の母不良率は,材料の変更によって悪化(不良品の増加)しないと言えるか?

二項分布の上側確率は,3以上の二項分布確率和 = 1 − (2までの確率和)であることを利用し,

    $p = 1 - $ CDF[BinomialDistribution[100, 0.009], 3 − 1]

      ▶ 0.0620356

となる.有意水準0.05より大きく,悪化しないとの帰無仮説が棄却されない.つまり,(このサンプル数からは)材料の変更で母不良率が増加するとは言えない.

分割表の検定(カイ二乗検定)

ある首相の就任直後と辞任直前に,首相を支持する人と支持しない人の数を調べてみた.時期により支持に差があると言えるか?

	就任直後	辞任直前	計
支持	10	2	12
不支持	9	10	19
計	19	12	21

カイ二乗統計量と自由度,p値を求める式を定義する.

Needs["HypothesisTesting`"];

chiSquareContingencyTable[$x\_$] := Module$\Big[\{l, m, t, \text{chi}, \text{df}\}$,

  $\{l, m\}$ = Dimensions[x];
  t = N[Outer[Times, Total[Transpose[x]], Total[x]]
    /Total[Flatten[x]]];
  chi = $\sum_{i=1}^{l} \sum_{j=1}^{m} \frac{(x_{[[i,j]]} - t_{[[i,j]]})^2}{t_{[[i,j]]}}$;
  df = $(l-1)*(m-1)$;
  $\{\text{chi}, \text{df}, \text{ChiSquarePValue}[\text{chi}, \text{df}]\}\Big]$

chiSquareContingencyTable[$\{\{10, 2\}, \{9, 10\}\}$]

▶ $\{4.00977, 1, \text{OneSidedPValue} \to 0.0452373\}$

p値が5%未満であり,5%の有意水準で時期により差があると言える.

✍ カイ二乗検定は次の仮説を設定するため,両側検定となる.
- 帰無仮説は差がない── $H_0 : P_{i_1} = P_{i_2}$ (i=1, 2)
- 対立仮説は差がある── $H_1 : P_{i_1} \neq P_{i_2}$ (α=0.05)
- 棄却域は, R : $\chi_0^2 \geq \chi^2(\phi, 0.05)$ $\phi = (2-1)(2-1) = 1$

検定統計量としてカイ二乗分布の上側(右側)を使うことから,OneSidedPValueを求めている.これは単に使用する分布の領域が片側であることを示すもので,仮説検定で用いる表現「両側とは帰無仮説に対する対立仮説を両側(差がある)に設定すること」,「片側とは帰無仮説に対する対立仮説を片側(大きいあるいは小さい)に設定すること」と混同しないように注意する.また,この出力表示から短絡的に片側検定だと誤解してはいけない.

✍ Hypothesisパッケージは,正規分布などの主な分布に対する検定統計量や信頼区間を提供する.しかし,実データに対応する統計量(例えばカイ二乗値)

を求めるためには，ユーザー自身で具体的な式を定義する必要がある．もし統計分析のみを目的とするのであれば，統計専用ソフトウェアを使ったほうが手軽である．ちなみに著者は，統計ソフトの結果の検算や計算方法の検証にMathematicaを用いている．

分割表の検定（フィッシャーの正確確率検定）

カイ二乗分布に基づく近似法は，各セルの期待値が5未満の場合は使うべきではない．期待値が5未満の場合を含め，現在では超幾何分布に基づくフィッシャーの正確確率（フィッシャーの精密検定と呼ぶこともある）を用いることが多い．

$\text{twowayTableFishersTest}[\text{data}\_] :=$
　$\text{Module}[\{e, f, g, h, m, \text{m1}, \text{m2}, \text{one}, \text{two}, s\},$
　$\{e, f\} = \text{Total}[\text{data}];$
　$\{g, h\} = \text{Total}[\text{data}, \{2\}];$
　$m = \text{Table}[\{\{x, g-x\}, \{y=(e-x), h-y\}\}, \{x, 0, g\}];$
　$\text{fishersExactTest}[\{\{a\_, b\_\}, \{c\_, d\_\}\}] :=$
　　$\text{Block}[\{g = a+c, h = b+d, e = a+b, f = c+d, n = e+f\},$
　　$(e!*f!*g!*h!)/(n!*a!*b!*c!*d!)//\text{N}];$
　$\text{m1}[\{\{a\_, b\_\}, \{c\_, d\_\}\}] :=$
　　$\text{Block}[\{\}, \{a\,d - b\,c, \text{fishersExactTest}[\{\{a, b\}, \{c, d\}\}]\}];$
　$\text{m2} = \text{Map}[\text{m1}, m];$
　$s = \text{m1}[\text{data}][[1]];$
　$\text{one} = \text{Rule}["\text{OneSidedPValue}", \text{Total}[\text{If}[s > 0, \text{Select}[\text{m2}, \#[[1]]$
　　$\geq s\&], \text{Select}[\text{m2}, \#[[1]] \leq s\&]]][[2]]];$
　$\text{two} = \text{Rule}["\text{TwoSidedPValue}",$
　　$\text{Total}[\text{Select}[\text{Map}[\text{fishersExactTest}, m], \#$
　　$\leq \text{fishersExactTest}[\text{data}]\&]]];$
　$\{\text{one}, \text{two}\}$
$]$

首相の支持率の例で使用したデータを検定してみる．

$\text{twowayTableFishersTest}[\{\{10, 2\}, \{9, 10\}\}]$
　➡ $\{\text{OneSidedPValue} \to 0.0499879, \text{TwoSidedPValue} \to 0.0651757\}$

両側検定の p 値は 5% 以上となり，（このサンプル数では）時期により差があるとは言えない．カイ二乗検定は近似値であるため，できるだけフィッシャーの正確確率を用いるべきである．特別な理由がない限り TwoSidedPValue を採用する．なお，M. L. Abell ほか著 *Statistics with Mathematica*（Academic Press, 1999）に，高速なコードと統計に関わる詳細な解説がある．

5.1.3 多変量解析

多変量解析とは，データについて複数の変数（変量）や変数相互の関係を求めたり，より少数の変数に集約したりする方法のことである．

クラスター分析

以下の例では，株価に関するクラスター分析を行い，株価変動が互いに近い会社を探す．まず，階層的クラスタリングパッケージを呼び出す.

  Needs["HierarchicalClustering`"]

2008年のS&P 100社の株価をダウンロードする．

  data = FinancialData[#, "Price", {{2008, 1, 1}, {2008, 9, 20}},
    "Value"]&/@FinancialData["SP100", "Members"];

会社の名前もダウンロードする．

  label = FinancialData[#, "Name"]&/@FinancialData["SP100",
    "Members"];

会社の入れ替え等で連続性が途切れたデータを除く．これは随時変化する.

  Tally[Map[Length, data]]
   ➡ {{182, 99}, {131, 1}}

99社は182個のデータがあるのに，1社のみ131個と不足している．この位置をもとに取り除く．

  Position[Map[Length, data], 131]
   ➡ {{74}}
  data2 = Drop[data, {74}];
  label2 = Drop[label, {74}];

相関行列を求める．

    corr = Correlation[Transpose[data2]];

株価が同じような動きをする会社を近い距離で表すため，(1 − 相関係数) を距離と設定する．

    $d = 1 -$ corr;

これでデンドログラム (樹形図) を描く．スペースの関係で，TruncatedDendrogram オプションを用いて上位 20 社のみを表示させる．

   DendrogramPlot[d, TruncateDendrogram → 20, LeafLabels
     → label2, Orientation → Left]

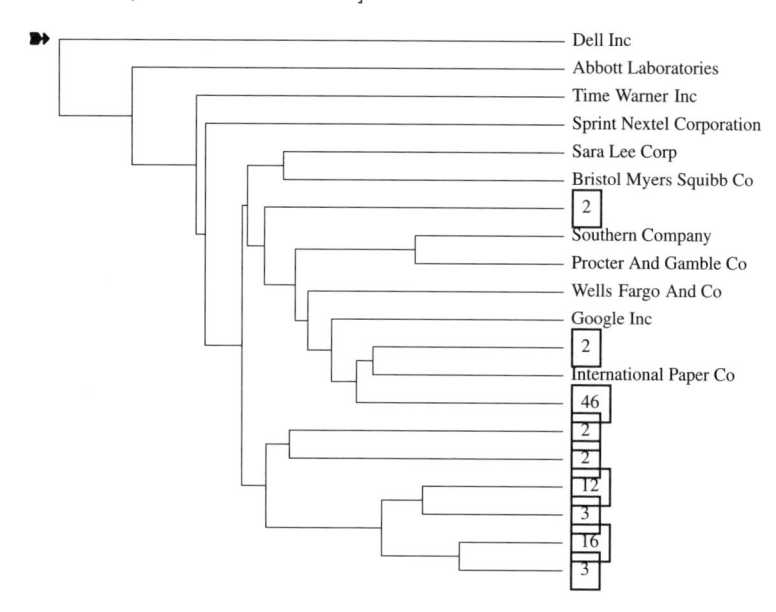

Dell 社が際立って異質である．中央に Google 社がある．四角で囲まれた数字は，そこに含まれる会社の数を示す．Sara Lee 社と Bristol Myers Squibb 社が同じグループに括られている．また，Southern 社と Procter And Gamble 社も同じグループとなっている．

以下に，Dell 社の株価と S&P 100 平均を示す．S&P 100 が下がっているときに，Dell 社の株価は上がり続けていたが．2008 年 9 月 16 日のリーマン・ショック[1]は避け

---

[1] 米証券大手リーマン・ブラザーズの経営破綻をきっかけとする金融市場の大混乱．

られなかった．

DateListPlot[FinancialData["DEll", "Jan.1, 2008"], Joined → True, Filling → Bottom]

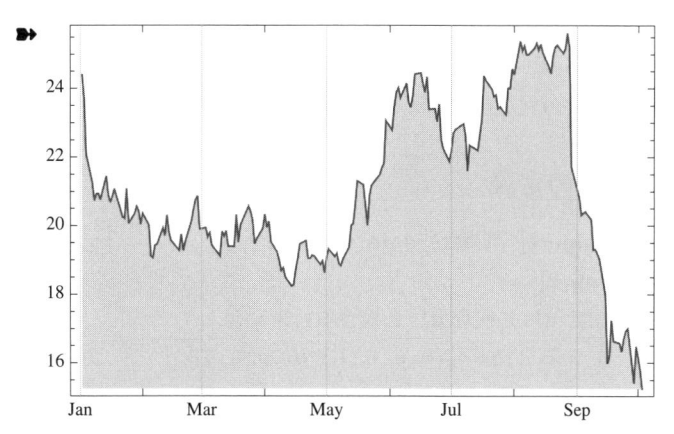

DateListPlot[FinancialData["SP100", "Jan.1, 2008"], Joined → True, Filling → Bottom]

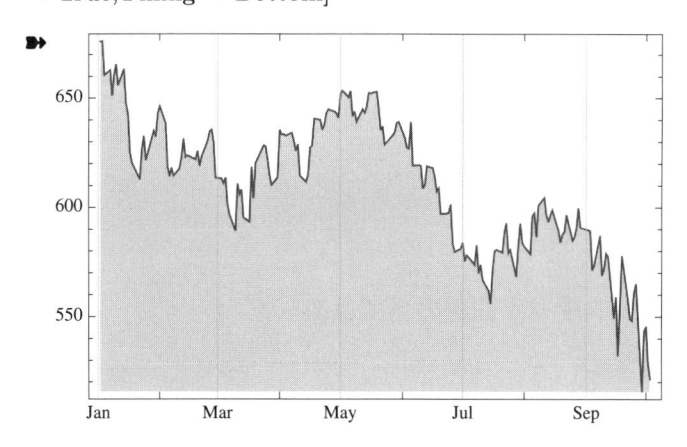

練習問題

上位20社のみでなく，S&P 100の全社をデンドログラムに表示して，株価の動きが類似する会社とその逆の会社を調べなさい．2008年全体を対象期間としてデンドログラムを求め，先の結果と比較しなさい．

5.2 〔統計〕がんの判定式

非線形回帰分析パッケージの使い方と,オプションの使い方を理解し,予測式や残差などの結果を取り出せるようにする.

この節では,ある臓器の検査値と最終的ながんの判定結果を表すデータが与えられたと仮定し,がんの判定式を作成する[2].

5.2.1 データの定義

 temp = Import["/Users/data.xls"];
 Short[temp, 2]
  ➡ {{{検査項目1, 検査項目2, 検査項目3, 結果},
   {1., 0., 0., 0.}, $\langle\langle 90 \rangle\rangle$, {0., 0., 0., 1.}, {0., 0., 0., 1.}}}

見出し行を切り捨てたdataを作成する.Excelワークシートの1枚目に含まれるすべてのデータを取り出し,見出しの1行を切り捨てる.

 data = Drop[temp[[1, All]], 1];

がんの判定結果を取り出す.すべての行の4列目を取り出す.

 observed = data[[All, 4]];

データの件数をLength関数で求める.

 Length[data] ➡ 93

5.2.2 ロジステック曲線の当てはめ

非線形回帰曲線パッケージを呼び出し,データとロジステック曲線の式を与える.式の係数をb0, b1, b2, b3,変数(検査結果A〜C)をx1, x2, x3で与える.

 Needs["NonlinearRegression`"]
 NonlinearRegress[data, 1/(1 + Exp[−(b0 + b1 ∗ x1 + b2 ∗ x2
  +b3 ∗ x3)]), {b0, b1, b2, b3}, {x1, x2, x3}]

---

[2]. データ提供:熊本大学医学部 和田孝浩氏.

➡ $\{$BestFitParameters $\to \{$b0 $\to$ 1.46801, b1 $\to$ -3.18069,

b2 $\to$ -0.671831, b3 $\to$ $-0.367197\}$,

ParameterCITable $\to$

	Estimate	AsymptoticSE	CI
b0	1.46801	0.531027	$\{0.412869, 2.52315\}$
b1	-3.18069	0.655834	$\{-4.48381, -1.87756\}$,
b2	-0.671831	0.629822	$\{-1.92327, 0.579613\}$
b3	-0.367197	0.744831	$\{-1.84716, 1.11277\}$

EstimatedVariance $\to$ 0.108647,

ANOVATable $\to$

	DF	SumOfSq	MeanSq
Model	4	15.3305	3.83261
Error	89	9.66954	0.108647 ,
UncorrectedTotal	93	25.	
CorrectedTotal	92	18.2796	

AsymptoticCorrelationMatrix $\to$

$$\begin{pmatrix} 1. & -0.210222 & -0.741171 & -0.122934 \\ -0.210222 & 1. & -0.115089 & -0.127685 \\ -0.741171 & -0.115089 & 1. & -0.125095 \\ -0.122934 & -0.127685 & -0.125095 & 1. \end{pmatrix},$$

FitCurvatureTable $\to$

	Curvature
MaxIntrinsic	0.721833
MaxParameter $-$ Effects	0.903009
95.％ConfidenceRegion	0.635759

$\}$

BestFitParameters として回帰係数が求まる．ほかにも回帰係数の信頼区間や分散分析表などが求まる．なお，ParameterCITable を見ると，b2 と b3 の CI に 0 が含まれ，有意な係数とは見なされない．したがって，正式な分析としては，b2 と b3 を除外して計算を繰り返す必要がある．しかし，ここでは例としてこのまま進める．

5.2.3 推測式

がん判定を行うための推測式（以下，判定式と呼ぶ）を次で求める．

nlregress = NonlinearRegress[data, $1/(1 + \mathrm{Exp}[-(\mathrm{b0} + \mathrm{b1} * \mathrm{x1}$
$+ \mathrm{b2} * \mathrm{x2} + \mathrm{b3} * \mathrm{x3})])$, $\{\mathrm{b0}, \mathrm{b1}, \mathrm{b2}, \mathrm{b3}\}, \{\mathrm{x1}, \mathrm{x2}, \mathrm{x3}\}$,
RegressionReport $\to \{$BestFit, PredictedResponse,
FitResiduals$\}]$;

$f = \text{BestFit}/.\text{nlregress}$

▶ $\dfrac{1}{1 + e^{-1.46801+3.18069\text{x}1+0.671831\text{x}2+0.367197\text{x}3}}$

検査項目 A, B, C を各々 x1, x2, x3 に代入し，四捨五入した結果が 1 であればがんであり，0 であればがんでないと判定する．判定式で得られた判定値をグラフにすると，ロジステック曲線の形が見てとれる．

predicted = PredictedResponse/.nlregress;
ListPlot[Sort[predicted], Filling → Axis]

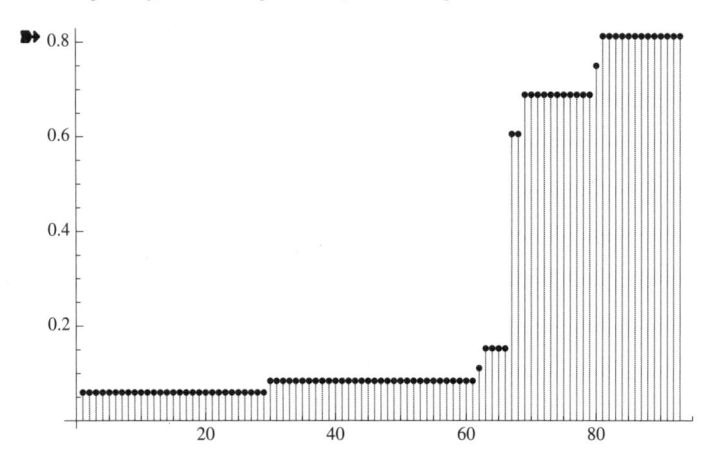

▶ [グラフ]

5.2.4 感度と特異度

推測の確からしさを表す指標として，感度と特異度を求める．まず，残差の頻度と診断結果の頻度を Tally 関数で求める．

residuals = Tally[Round[FitResiduals/.nlregress]]
▶ $\{\{0, 81\}, \{-1, 7\}, \{1, 5\}\}$

$\{-1, 7\}$ は，観測値 − 計算値の結果が -1 となるデータが 7 件あったという意味である．つまり，がんでないにも関わらず，計算上がんと判定したものが 7 件あったことになる．

Tally[observed]
▶ $\{\{0., 68\}, \{1., 25\}\}$

以上の数字を組み合わせると，がん判定の感度と特異度を評価する2×2分割表が作成できる．

	がん	
判定値	1（あり）	0（なし）
1（あり）	$20 = 25 - 5$	7（残差 $= -1$）
0（なし）	5（残差 $= 1$）	$61 = 68 - 7$
合計	25	68

したがって，がんであることをがんであると判定する確率（感度，sensitivity）と，がんでないことをがんでないと判定する確率（特異度，specificity）が，次のように求まる．

$\text{sensitivity} = 20/25$.

▶ 0.8

$\text{specificity} = 61/68$.

▶ 0.897059

練習問題

ドキュメントセンターで「非線形回帰曲線パッケージ」を調べ，そこに掲載されている解説例を実行してみなさい．

5.3 〔経営〕投資経済性の評価

ユーザー関数の定義方法とその使い方を理解する．公式をそのまま関数として定義する方法を学ぶ．公式の説明は行わないので，各自で調べてほしい．

ここで使う記号を次のように定義する．金利は10%と仮定する．

- c：初期投資額
- r：期間当たりの回収額，利益額（追加投資，維持費の場合はマイナス金額で与える）
- i：利子率
- n：投資期間，回収期間

5.3.1 正味現価 (Net Present Value)

利子率を勘案した現在の正味価値を表す．

$$\text{netPresentValue}[c\_, r\_, i\_, n\_] := -c + \sum_{j=1}^{n} \frac{r}{(1+i)^j}$$

例 100万円の商品を仕入れたが，結局在庫となって1年後に100万円で売りさばくことになった．現在価値でどの位の損失になるか？

netPresentValue[100, 100, 0.1, 1]
➡ − 9.09091

であり，現在価値で91,000円の損失となる．

5.3.2 正味終価 (Net Final Value)

$$\text{netFinalValue}[c\_, r\_, i\_, n\_] := -c(1+i)^n + \sum_{j=1}^{n-1} r(1+i)^{n-j} + r$$

例 アジアから300万円で衣料品，アクセサリー，貴金属，骨董品を仕入れた．2年かけて販売し，毎年500万円の収入があった．最終的な投資収益はいくらか？

netFinalValue[300, 500, 0.1, 2]
➡ 687.

となり，687万円の収益である．

例 100万円の商品を仕入れたが，結局在庫となって1年後に100万円で売りさばいた．1年後の価値でどの位の損失になるか？

netFinalValue[100, 100, 0.1, 1]
➡ − 10.

1年後の価値で10万円の損失である．実際には，これに例えば次のような費用・損失が加わる．

- 保管費用 —— 10,000円
- 商品劣化損 —— 50,000円
- その資金を使って，他の商品を複数回にわたり複数個仕入れて販売できたであろう機会損失 —— 粗利300,000円 × 回転数10回 = 3,000,000円

合計は 3,160,000 円となり，つまり 300 万円以上の損失が発生する．このことから，不良在庫の発生をゼロにし，仕入・販売回転数を極力高めることが商売のコツであるとわかる．

5.3.3　正味年価 (Net Adjusted Annual Value)

$$\mathrm{netAdjustedAnnualValue}[c\_, r\_, i\_, n\_] := r - c\frac{i(1+i)^n}{(1+i)^n - 1}$$

例　ダムの建設計画がある．A 案は初期投資が少ない代わりに毎年の維持費が多めで，B 案は初期投資は多めだが維持費が少なめである．費用的にはどちらの案が有利か？

A 案： 初期投資 1000 億円，維持費 100 億円，寿命 40 年
B 案： 初期投資 1800 億円，維持費 50 億円，寿命 50 年

$\mathrm{planA} = \mathrm{netAdjustedAnnualValue}[1000, -100, 0.1, 40]$
➡ -202.259

$\mathrm{planB} = \mathrm{netAdjustedAnnualValue}[1800, -50, 0.1, 50]$
➡ -231.547

$\mathrm{planA} - \mathrm{planB}$
➡ 29.2871

となり，A 案のほうが年間約 29 億円有利である．

5.3.4　利回り (Rate of Return on Investment)

$$\mathrm{rateOfReturnOnInvestiment}[c\_, r\_, n\_] := \mathrm{ToRules}\left[\mathrm{Reduce}\left[\sum_{j=1}^{n}\frac{r}{(1+i)^j} == c \,\&\&\, i > 0, i, \mathrm{Reals}\right]//\mathrm{N}\right]$$

例　不動産デベロッパーによると，自前の土地に 15 億円でマンションを建設すれば，毎年 1 億円の入金が，30 年間見込めるという．これは，どの位の利回りに相当するか？

$\mathrm{rateOfReturnOnInvestiment}[15, 1, 30]$
➡ $\{i \to 0.0521664\}$

5.2%が見込まれるが，このデベロッパーは建設資材（コンクリート，鉄骨他），経費（人件費，運賃他）の高騰リスク，入居率の変動リスク，家賃の低下リスク，借入金利の変動リスク，デベロッパーの倒産リスク，その他のリスクについて触れていないので，この率はあくまでも捕らぬタヌキの皮算用である．鵜呑みにせず，専門家に相談すべきだろう．

5.3.5 回収期間（Pay-back Period）

payBackPeriod$[c\_, r\_, i\_, n\_ :100] :=$
  $\mathrm{Min}[\mathrm{Flatten}[\mathrm{Position}[\mathrm{Table}[\mathrm{netPresentValue}[c, r, i, k], \{k, 1, n\}],$
  $x\_?\mathrm{NonNegative}]]]$

例 市から1000万円の融資を受け，市と住民から使用済みの食料油を無料で回収し，それをバイオディーゼル燃料に変えて販売する．返済は毎年350万円を見込んでいる．この投資は何年で回収できるか（何年を超えると利益を生み出すか）？

payBackPeriod$[1000, 350, 0.1]$
  ▶ 4

であり，4年で回収できる．

ただし，現実には初期投資以外に追加投資が発生する．また，回収額や利子率も毎年変動する．予定どおりに行かないリスクも発生する．

練習問題

新聞やインターネット，ニュース等で投資の記事を探し，試算しなさい．

5.4 〔経営〕投資案の感度分析

条件つき事象を方程式で表現し，Solveを利用して解を得る方法を理解する．ここでは前節で定義した関数も利用する．

収支がとんとんになる売上高や販売数量，単価などのことを損益分岐点と呼ぶ．損益分岐点は次の公式で定義される．

$$\text{損益分岐点売上高}\, e = \frac{\text{固定費}}{1 - \dfrac{\text{変動費}}{\text{売上高}}}$$

固定費 f = 固定経費 fe + 初期投資額の年平均値 inv
変動費 v = 仕入単価 c × 販売数量 d
売上高 r = 販売単価 p × 販売数量 d

また，要因の感度は次の式で定義される．

$$\text{要因の感度 stv} = \frac{\text{期待値 ex}}{|\text{期待値 ex} - \text{損益分岐点 } e|}$$

期待値 = 経営計画上の目論見値（期待単価，期待販売数量，期待原価など）

5.4.1 計算式の定義

投資の感度分析に必要な関数を定義する．

$$\text{capitalRecoveryFactor}[i\_, n\_] := \frac{i(1+i)^n}{(1+i)^n - 1};$$

sensitivityAnalysis[deliver_, investment_, fixedExpense_, cost_,
 price_, interest_, n_] :=
 Module[{breakEven, d, fe, inv, c, p, v, d1, f1, i1, c1, p1, inv0, rev,
  rev1, pbp, rri, inv1, inv2},
  inv0 = netAdjustedAnnualValue[−investment, 0, interest, n];
  breakEven := d == (fe + inv)/(1 − ($c\,d$/($p\,d$)))/p;
   (∗損益分岐点の公式∗)
  d= .; inv = inv0; fe = fixedExpense; c = cost; p = price;
  d1 = Solve[breakEven, d]; (∗損益分岐点公式から販売量 d を解く∗)
  d = deliver; inv= .; fe = fixedExpense; c = cost; p = price;
  i1 = Solve[breakEven, inv];
   (∗損益分岐点公式から年平均投資額 inv を解く∗)
  inv1 = i1[[1, 1, 2]];
  inv2 = inv1/capitalRecoveryFactor[interest, n];
  d = deliver; inv = inv0; fe= .; c = cost; p = price;
  f1 = Solve[breakEven, fe]; (∗損益分岐点公式から固定経費 fe を解く∗)
  d = deliver; inv = inv0; fe = fixedExpense; c= .; p = price;
  c1 = Solve[breakEven, c]; (∗損益分岐点公式から仕入単価 c を解く∗)
  d = deliver; inv = inv0; fe = fixedExpense; c = cost; p= .;
  p1 = Solve[breakEven, p]; (∗損益分岐点公式から販売単価 p を解く∗)

```
rev1 = deliver(price − cost) − netAdjustedAnnualValue[
    −investment, 0, interest, n] − fixedExpense;
pbp = payBackPeriod[investment, rev1, interest];
rri = rateOfReturnOnInvestiment[investment, rev1, n][[1, 2]];
Grid[{{"要因", "損益分岐点", "感度"},
    {"単価（p）", p1[[1, 1, 2]], price/Abs[price − p1[[1, 1, 2]]]},
    {"量（d）", d1[[1, 1, 2]], deliver/Abs[deliver − d1[[1, 1, 2]]]},
    {"単位費用（v）", c1[[1, 1, 2]], cost/Abs[cost − c1[[1, 1, 2]]]},
    {"固定経費（fe）", f1[[1, 1, 2]],
    fixedExpense/Abs[fixedExpense − f1[[1, 1, 2]]]},
    {"投資額（inv）", inv2, investment/Abs[investment − inv2]},
    {"回収期間（n）", pbp, N[n/Abs[n − pbp]]},
    {"利回り（int）", rri, interest/Abs[interest − rri]}},
    Alignment → {Left, Baseline}, Frame → All, Background →
    {{None, White, White}, {{LightGray, LightBlue}}}]
]
```

5.4.2　PFI事業のリスク分析

　PFI（民間資金活用による共用施設・サービス提供）を利用して市民病院（病床数100）を建て替える計画がある．概算で年間4千万円の黒字（市の補助金減額に充てる）との見通しだが，何をどのように検討すればよいか？

- 入院単価：35,000円
- 入院患者：85人/日（31,025人/年），ただし病床利用率85%
- 入院患者1人当たりの経費：25,000円
- 病院運営固定経費，設備維持費：5億円/年
- 市の運営費補助金：3億円（以下の計算では上記固定経費と相殺）
- 借入額（投資額）：20億円
- 運営期間：30年（投資額の返済期間とする）
- 借入金利：5%

年間の概算収益は次の計算で約4千万円だという．

$$(35\,000 − 25\,000)31\,025 − 500\,000\,000 + 300\,000\,000 \\ − 2\,000\,000\,000/30.$$

➡ 4.35833×10^7

5.4 〔経営〕投資案の感度分析

✍ *Mathematica* は 3 桁の位取りにスペースを自動表示する.

経済性の確認

$\text{netAdjustedAnnualValue}[2\,000\,000\,000, (35\,000 - 25\,000)31\,025$
$- 500\,000\,000 + 300\,000\,000, 0.05, 30]$

➡ -1.98529×10^7

金利を考慮すると,当初から毎年 2 千万円の赤字計画となる.

感度分析

先に定義した感度分析関数に,次のパラメータを円単位で与える.ゼロの数を間違えないように注意する.

- sensitivityAnalysis[量, 投資額, 固定経費, 単位費用, 販売単価, 金利, 期間]

$\text{sensitivityAnalysis}[31\,025, 2\,000\,000\,000, 500\,000\,000 - 300\,000\,000,$
$25\,000, 35\,000, 0.05, 30]$

➡

要因	損益分岐点	感度
単価 (p)	35 639.9	54.6961
量 (d)	33 010.3	15.6275
単位費用 (v)	24 360.1	39.0687
固定経費 (fe)	1.80147×10^8	10.0741
投資額 (inv)	1.69481×10^9	6.55335
回収期間 (n)	∞	0.
利回り (int)	1[2]	0.05 Abs[0.05-1[2]]

✍ 利回りのように数値以外の出力はエラー(計算不能)のため採用しないこと.

結果

上表を書き直すと次のようになる.

要因	損益分岐点	感度
入院単価 (p)	35,640 円/人	54.7
延べ入院患者数 (d)	33,010 人(病床利用率 90%)	15.6
入院患者 1 人当たり経費 (v)	24,360 円/人	39.1
固定経費 (fe) = 固定経費 − 市補助金	1.80 億円	10.1
借入投資額 (inv)	16.95 億円	6.6
運営期間 (n)	∞ 年	−
投資利回り (ini)	−%	−

```
Needs["BarCharts`"]
BarChart[{54.7, 15.6, 39.1, 10.1, 6.6},
  ChartLabels → {"入院単価", "延べ入院患者数", "入院患者1人当たり経費",
    "固定経費", "借入投資額"}, BarOrigin → Left, PlotLabel → "感度"]
```

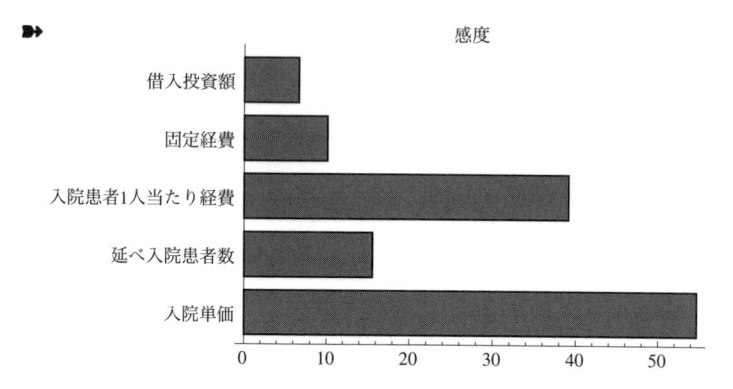

(1) 入院単価の感度が非常に高く，かつ計画自体が640円/人の赤字である．感度が高いとは，例えば，政府方針の医療費抑制（単価削減）が続く，手術が想定どおりの件数行われない，入院期間が長期化（医療制度上単価が逓減）する，といったリスクに大きく左右されることを意味する．これらの1つでも想定が崩れると，赤字が大きく拡大するということである．これらのリスクの想定と事前対策，リスク管理が非常に重要である．

(2) 入院患者1人当たりの経費の感度も非常に高い．当初から640円/人の赤字である．経費がさらに増えた場合は，赤字がさらに拡大する．経営計画自体に短期・長期の経費削減策が盛り込まれていなければ，市の財政に，想定補助金額を超える大きな負担がたちまち発生する．

(3) 延べ入院患者数の感度が高く，かつ，当初計画自体，延べ入院患者数は2千人の不足である．また，これを病床利用率に換算すると90%となり，医師・看護師・事務職員の配置など，よほど病棟運営を巧みに行わない限り，当初から実行が難しい計画と言える．

(4) 固定経費の感度も2桁と高い．市の補助金2億円を2千万円増額して2.2億円としないと，採算が合わない．

(5) 借入投資額の感度は，相対的に低いものの，1を超えており無視できない．収支均衡には，投資を17億円に下げる必要がある．

(6) 今後30年間を通して，基準金利，資金調達手数料，SPC会社スプレッドの見

(7) 運営期間の面では，躯体ニーズの変化，内部設備の更新・追加，立地上の変化などに伴う，当初想定していない諸費用の追加がどうしても生まれる．

全体の結論として，かなり詳細で勝算のある経営計画——すなわち，医療政策リスク回避対策，具体的で実現・実行可能な収入計画，長期・短期の経費削減計画，緻密な運営計画（鍵となる人材の手当てと配置を含む），金利リスクの回避・削減計画——などが一体化して実現しない限り，市の財政負担額が初年度から大きく狂うことは明らかである．

練習問題

市と住民から使用済みの食料油（廃食油）を無料で回収し，それをバイオディーゼル燃料（BDF）に変えて販売する計画がある．市から1000万円の融資を受け，土地・建物600万円，精製装置400万円を準備する．返済は毎年350万円を見込んでいる．販売価格110円/ℓ，回収・精製費60円/ℓ，固定費700万円/年，回収量3万ℓ/年，精製率90％，販売量2.7万ℓ/年，金利8％を見込む．この計画の感度分析を行いなさい．なお，化学反応の途中で粉石鹸とグリセリンを製造・抽出し，BDF販売額の約3倍の売上を見込む．

5.5　〔環境〕温暖化と生活圏

インターネット上にあるデータの取り込み方法とグラフ化の方法を理解する．また，測定で得られたとびとびのデータを近似連続関数に置き換えて利用する方法を理解する．

この節では，温暖化が生活圏に与える影響を調べる．温暖化により，生活圏は毎年1km南へ押し下げられている．

5.5.1　データの入手

日本の太平洋沖，東経145度の海水温度を，気象庁の北西太平洋月平均海面水温平年値（2月）のグラフから読み取った結果を次に示す．

data = {{43, 0}, {40.5, 5}, {35, 17}, {30, 21.2}, {25, 22.5}, {20, 25.7}};

✏️ http://www.data.kishou.go.jp/kaiyou/db/kaikyo/ocean/clim/norsst_mon.html

これだけではとびとびのグラフしか得られないので，Interpolate関数でこのデータを補間する近似関数 f を定義する．この関数は，与えられたデータを通る．

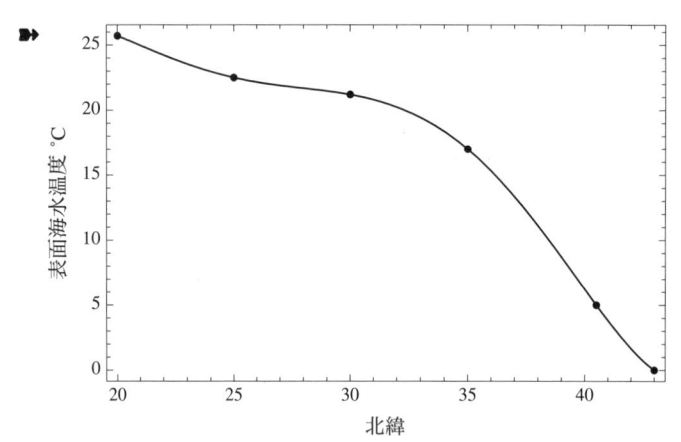

seaSurfaceTemperature145 = Interpolation[data,
    InterpolationOrder → 5];
gr1 = Show[ListPlot[data], Plot[seaSurfaceTemperature145
    [latitude], {latitude, 20, 43}], Frame → True,
    FrameLabel → {"北緯", "表面海水温度℃"}]

5.5.2 海水温度変化に対する緯度変化

緯度が1度変化した場合の海水温度変化を導関数で求める．

Plot[seaSurfaceTemperature145'[latitude], {latitude, 20, 43},
    Frame → True,
    FrameLabel → {"北緯", "表面海水温度変化℃"}]

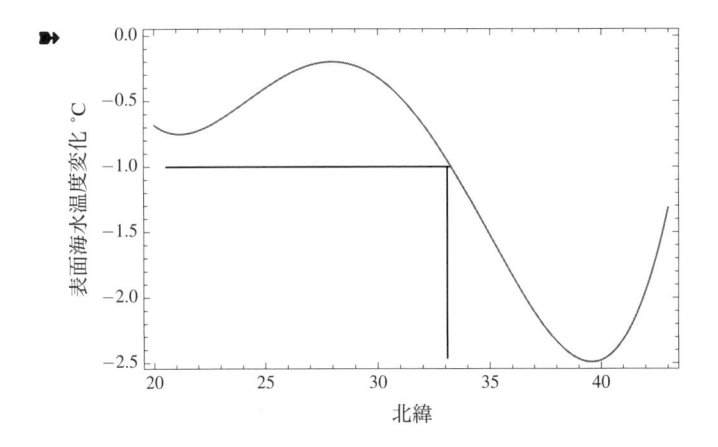

5.5 〔環境〕温暖化と生活圏

例えば，北緯33度における，1度の緯度変化に対する海水温度変化は約1°Cである．また，海水温度変化1°C当たりの緯度変化は導関数の逆数で示される．

Plot[1/seaSurfaceTemperature145′[latitude], {latitude, 20, 43},
　Frame → True,
　FrameLabel → {"北緯", "表面海水温度変化1°C当たりの緯度変化"}]

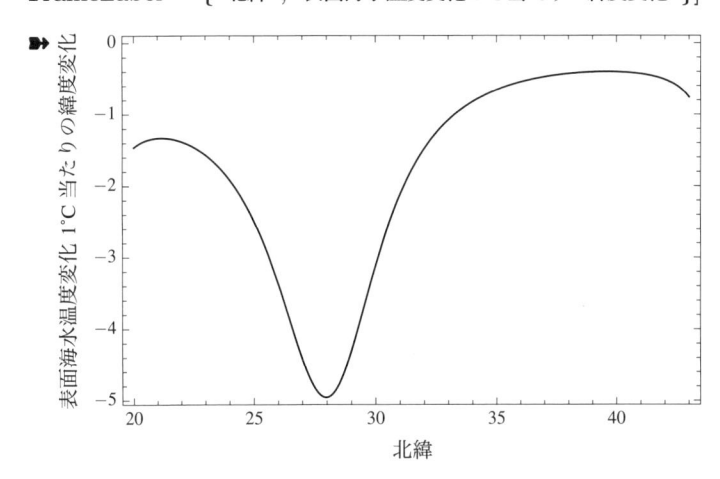

海水温度が1°C上がることは，位置する北緯により，角度で0.4〜5度南に移動することと同等と言える．話を簡単にするため，ここでは北緯33度の値である，海水温度1°Cに対して緯度1度の変化とする．

5.5.3　海水温度変化 1°C に相当する地表距離

地球を完全な球体と仮定し，赤道半径 6,378km から円周を求め，それを 360 度で除すと，緯度 1 度当たりの距離 111km が求まる．

deltaDistance = 2 Pi 6378 Kilometer/360//N
➭ 111.317 Kilometer

これから，海水温度変化 1°C に対応する距離は 111km となる．

5.5.4　過去 100 年の海水温度変化

次のサイトから，過去 100 年間の関東の南の海面水温データをダウンロードする．

✍ http://www.data.kishou.go.jp/kaiyou/db/kobe/kobe_warm/kobe_warm_areaM.html#title

data = Import["C : \\Documents and Settings\\areaM_SST.txt", "Data"];

Short[data, 4]
➭ {{1900, NoData, NoData, NoData, NoData, NoData},
　{1901, NoData, NoData, NoData, NoData, NoData},
　{1902, NoData, NoData, NoData, −2., NoData}, $\langle\langle 103 \rangle\rangle$,
　{2006, 0.4, 0.4, 0.1, 0.6, 0.3}, {2007, 0.5, 1.1, 0.3, 0., 0.4}}

平年差を棒グラフ，5 年移動平均を折れ線グラフ，傾向を直線で示す．

kaion = data[[All, 1 ; ;2]]; (∗1〜2 列目を取り出す∗)
kaionMA = Take[kaion, {3, −3}]; (∗移動平均結果の入れ物を用意∗)
kaionMA[[All, 2]] = MovingAverage[kaion[[All, 2]], 5];
　(∗2 列目の 5 年移動平均を求める∗)
line = Fit[Select[kaion, Total[#] > 0&], {1, x}, x];
　(∗Total 関数を利用して欠測値を取り除き，直線を求める∗)
g0 = Plot[line, {x, 1900, 2007}, PlotStyle → {Thick, Red}];
g1 = ListPlot[kaion, Filling → {1 → {0, {Cyan, Pink}}},
　FillingStyle → Red, PlotStyle → None];
g2 = ListPlot[kaionMA, Joined → True, PlotStyle → {Thick, Blue}];
kaionGr = Show[g1, g2, g0, Frame → True, PlotRange → All,

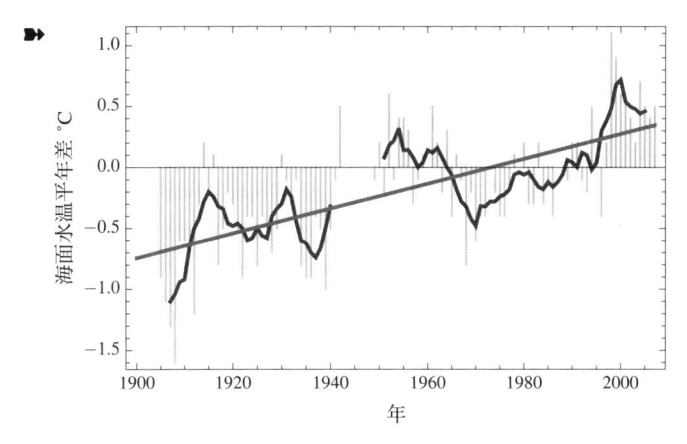

AxesOrigin → {1900, Automatic},
FrameLabel → {"年","海面水温平年差°C"}]

過去100年間で，日本周辺海域の平均海面水温（年平均）は約1°C上昇している．地上気温も同様の傾向である．これまでの計算から，水温が1°C上昇したことは，緯度換算で1度，距離にして111km真南に移動したことに相当することがわかった．

つまり，1年間で気温が0.01°C上昇する傾向にあるとは，場所が1年間で約1km南に移動することに相当し，これまでと同じ気温（水温）の農地や漁場を確保するには毎年1km北に移動しなければならないことを意味する．

例えば，サンゴ虫が1年間に1km浮遊することは可能だろう．しかしサンゴ礁は，1年間で1km移動できるとも，1年間で成長（堆積）できるとも思えない．温暖化はサンゴ礁の消滅を示唆する．

1年間に0.01°Cの変化は，生活圏を自由に移動できる生物にとっては，たいした影響があるように見えないかもしれない．しかし，定着性の高い生命，例えば植物やサンゴにとっては致命的な影響になりうる．農作物も同じである．同じ田や畑でできていたものが，いつの間にか育たなくなる．対策として，毎年1kmずつ真北に田畑を移動する必要がある．しかし，土壌管理から見ても，土地の権利から見ても，簡単な話ではない．現実的な対応策は，高温系に品種改良を進めつつ，徐々に南方系の作物に軸足を移すことだろう．これは，単に栽培技術の話にとどまらず，我々の食文化の変更を意味する．

また，緩やかな変化だけではない．例えば水分は0°Cを境に液体・固体の劇的な変化を起こす．仮に0.01°Cの変化であっても，0°Cを超えれば氷は水に変化する．水分が凍結することで活動を停止していた害虫やバクテリアなどが，解氷と同時に活

動を開始する．これは，たとえ0.01°Cのかすかな温度変化であっても，外敵から身を守る自然の防波堤が突然消え，害虫やバクテリアが大発生することを意味する．

氷河地帯においては，毎年北に向け，氷が1kmずつ消失していくことになる．内陸部に目を向ければ，水分の蒸発がある．毎年1kmずつ北に向けて砂漠化が進む．

地理学的に見れば，移動できる生命にとって毎年着実に住み慣れた生活圏が少なくなる．なぜならば，地球は球体であり，北極まで行き着くと広さはなく，点になってしまうからである．宇宙船地球号を考えると，食糧生産を含めた快適な生活空間が毎年1kmずつ船首と船尾に追いやられ，最後は両極でパンクすることが示唆される．

練習問題

次のサイトに，過去100年間にわたる，日本の年平均地上気温の平年差のデータがある．この節と同様の分析を行いなさい．

http://www.data.kishou.go.jp/climate/cpdinfo/temp/list/an_jpn.html

また，NCDC（米国海洋大気庁気候データセンター）に各種の測定データがあるので，過去の変動をグラフ化してみなさい．

5.6　〔環境〕過去34万年の気温変化

外部データを取り込んで利用する方法を理解する．Import 関数は http と ftp からの取り込みを可能とするが，接続するインターネット環境の制限（職場や学校の保安対策上）機能しないこともある．そのため，ここではウェブ経由でダウンロードしたデータの使用例を示す．

5.6.1　関数の定義

離散フーリエ変換から周期を求める式を定義する．ここで与えるデータの形式は，$\{\{$基準年, 値$\}, \{$次年, 値$\}, \ldots\}$ とする．

$\text{period}[\text{data\_}] := \text{Module}[\{n = \text{Length}[\text{data}], \text{ft}, \text{org}, dx\},$
$\quad \text{org} = \text{If}[\text{data}[[1,1]] == 0, \text{org} = 1, \text{org} = 0]; (*原点がゼロか否か*)$
$\quad dx = \text{Abs}[\text{data}[[2,1]] - \text{data}[[1,1]]]; (*サンプリング間隔*)$
$\quad \text{ft} = \text{Abs}[\text{Fourier}[\text{data}[[\text{All}, 2]], \text{FourierParameters} \to \{-1, 1\}]];$
$\quad \text{Take}[\text{Transpose}[\{\text{N}[(n - \text{org})dx/\text{Range}[n]],$

RotateLeft[ft, 1] (*リスト位置1周波数ゼロの項を最後尾に移す*)
}], Ceiling[$n/3$]]
]

得られたリストの値（強度）を基準に，上位5件と上位10件を取り出す関数を各々定義する．結果は {周期, 強度} のペアを示す．

top5[data_] := Take[Sort[data, #1[[2]] > #2[[2]]&], 5]
top10[data_] := Take[Sort[data, #1[[2]] > #2[[2]]&], 10]

5.6.2 ミランコビッチサイクル

地球は地軸の傾きや太陽を回る軌道の変動により，日射量（太陽から受け取る暖かさ）に長期的な変動があることが，1920〜1930年代に，当時としては驚くべき高精度で計算された．この変動現象は，ミランコビッチサイクルと呼ばれている．

データのダウンロード

Berger (1991) が計算した日射量をもとに，周期を調べてみる．次のサイトからデータをダウンロードし，パソコンの適当な場所に保存する．

✏ ftp://ftp.ncdc.noaa.gov/pub/data/paleo/insolation/orbit91[3]

データの読み込み

Import関数でデータを読み込む．

data = Import["C : \\Documents and Settings\\Berger1991\\
    orbit91", "Table"];

データの中身をShort関数で見ると，最初の3行にヘッダがある．これをDrop関数で取り除く．

Short[data, 5]

➡ {{INSOLATION}, {ECC, OMEGA, OBL, PREC, 65NJul, 65SJan,
    15NJul, 15SJan}, {}, ⟨⟨4999⟩⟩,
    {−4999, 0.026892, 93.92, 22.525, 0.02683, 409.12, 450.63, 433.54, 477.53},

---

[3.] Berger, A., 1992. Orbital Variations and Insolation Database. IGBP PAGES/World Data Center for Paleoclimatology. Data Contribution Series # 92-007. NOAA/NGDC Paleoclimatology Program, Boulder CO, USA.

$\{-5000, 0.026851, 79.43, 22.525, 0.02639, 412.29, 447.34, 436.89, 474.03\}\}$

data = Drop[data, 3];

日平均日射量の周期を求める

北緯 65 度における 7 月中旬の日平均日射量（W/m^2）が 6 列目にある．1 列目の年代（単位：千年）とともに取り出す．ここでは例として，過去百万年分を取り出してグラフ化する．

n65Jul = Take[Part[data, All, {1, 6}], 1001];
ListPlot[n65Jul, Frame → True, Joined → True]

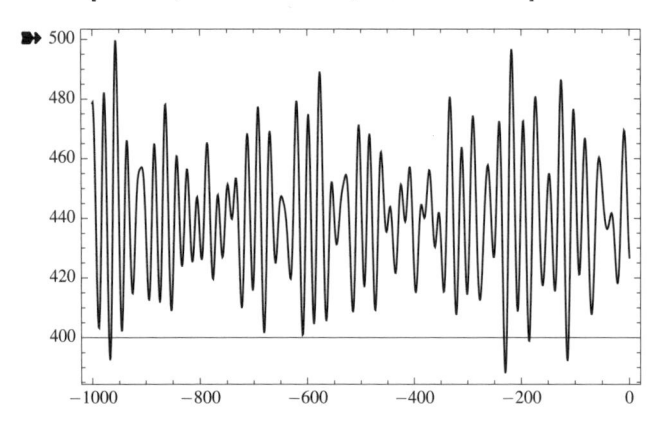

先に定義した period 関数を用い，周期を求める．

p = period[n65Jul];
ListLogLinearPlot[p, Filling → Bottom, PlotRange → All]

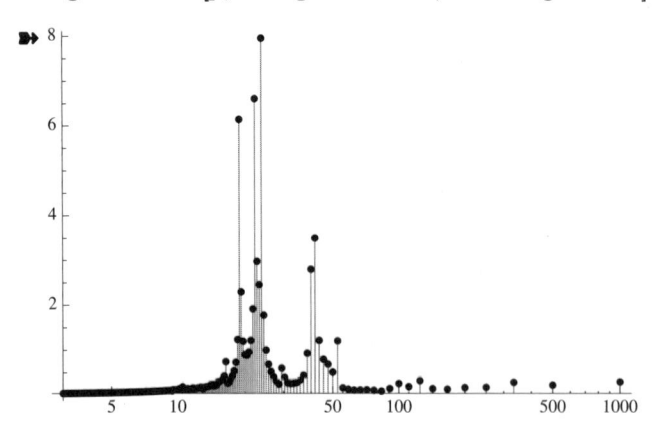

グラフの横軸の単位は千年であり，おおよそ2万年のあたりに強いピークがあり，4万年あたりに次のピークがある．{周期, 強度}をtop10関数で詳しく見てみる．

top10[p]

➡ {{23.6967, 8.32024}, {22.4215, 5.96356}, {18.9394, 4.19165}, {19.084, 3.6879}, {19.0114, 3.4365}, {40.9836, 3.15455}, {22.3214, 2.9396}, {19.1571, 2.0405}, {23.1481, 1.91137}, {39.6825, 1.87744}}

この結果から，19，22，23，24，39，41千年の周期が見てとれる．

5.6.3 Dome Fuji Deep Ice Core Projectから得られる周期

日本の観測隊による南極氷床コアに基づく過去34万年の超長期気温変化を，同様に分析する．データは以下に公開されている．データの単位は年である．

✍ http://www.ncdc.noaa.gov/paleo/icecore/antarctica/domefuji/domefuji.html[4]

データを読み込む．

dataFuji = Import["C : \\Documents and Settings\\Dome Fuji Ice Core Temperature 340 kyr.xls"][[1]];

dFuji = Drop[dataFuji, 1];

ListPlot[dFuji, Frame → True, Joined → True]

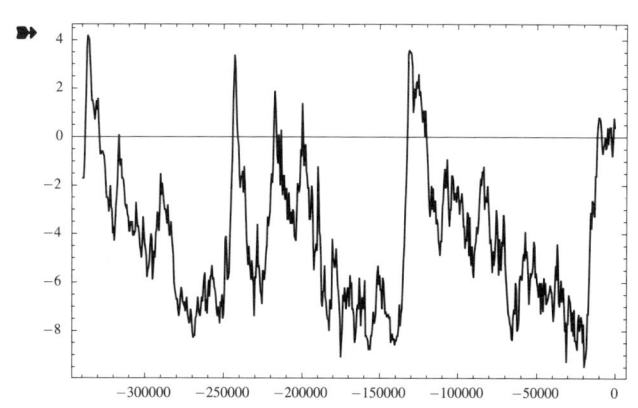

[4]. Kawamura, K., et al., 2007. Dome Fuji Ice Core Preliminary Temperature Reconstruction, 0-340 kyr. IGBP PAGES/World Data Center for Paleoclimatology. Data Contribution Series # 2007-074. NOAA/NCDC Paleoclimatology Program, Boulder CO, USA.

気温変化の周期を求める．

dFuji2 = period[dFuji];
ListLogLinearPlot[dFuji2, Filling → Bottom, PlotRange → All]

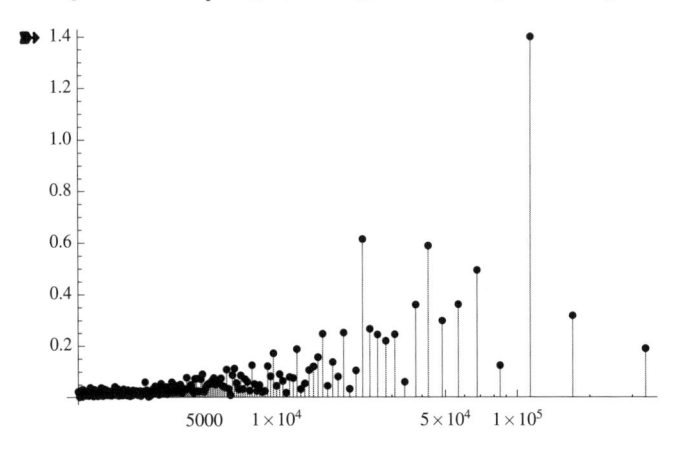

top5[dFuji2]
▶ {{113167., 1.40038}, {22633.3, 0.614534}, {42437.5, 0.589205},
{67900., 0.49488}, {56583.3, 0.362482}}

この結果から，23，42，57，68，113千年の周期が見てとれる．これと先のミランコビッチサイクルを比べると，約2万年と4万年の周期が概ね一致していることがわかる．しかし，気温に表れた約6万年，7万年，11万年の周期は説明がつかない．

最近の研究では，氷床力学モデルにより，約10万年の周期が説明されつつある．

練習問題

ftp://ftp.ncdc.noaa.gov/pub/data/paleo/insolation/orbit91 には，地球の気候変動に関係すると言われる種々の要因が含まれている．それらの周期を分析しなさい．またSPECMAPプロジェクトでは，海底ボーリングにより超長期の気温変化が測定されている．そこから，気温に直結する指標とされる酸素同位体比異常 $\delta 18O$（Stacked O-18）を分析しなさい．

参照文献

(1) 森村英典ほか：『統計・OR活用事典』, 東京書籍, 1984, pp.86-87, 266-269, 328-329.
(2) 国立天文台：『理科年表 環境編』第2版, 丸善, 2006, pp.4-5, 14, 28, 42-44.
(3) Berger, A., 1992. Orbital Variations and Insolation Database. IGBP PAGES/World Data Center for Paleoclimatology. Data Contribution Series # 92-007. NOAA/NGDC Paleoclimatology Program, Boulder CO, USA.
(4) Kawamura, K., et al., 2007. Dome Fuji Ice Core Preliminary Temperature Reconstruction, 0-340 kyr. IGBP PAGES/World Data Center for Paleoclimatology. Data Contribution Series # 2007-074. NOAA/NCDC Paleoclimatology Program, Boulder CO, USA.

第6章 解いてみよう！
── 高校生のためのグレブナー基底入門

2004年10月16日，東京早稲田大学高等学院で，ブルーノ・ブッフバーガー先生による「方程式の解法からグレブナー基底へ」という特別授業があった．これは，先生が「グレブナー基底の考え方は高校生にもわかる」と言われたことを受けて，JMUGメンバーと早稲田大学高等学院の武沢護先生とで開いたものである．

ブッフバーガーアルゴリズムをその創始者自身が説明するという「ようこそ先生」の世界版として，ほかに得られない授業だった．この章は，そのとき資料に使われたノートブックをもとに，ブルーノ先生が本書のために書き直したものである．他の章とは違う趣だが，授業の雰囲気を味わっていただければと思う．

6.1　授業の目的

今日私たちは，さまざまな難易度の「方程式」を考え，その解き方を学んでいきます．最初は非常に簡単な方程式からスタートしますが，次第に難しいものへと進んでいきます．そして，最も難しい例題を解くときに（「グレブナー基底法」と呼ばれ

る）ある方法を導入しますが，これはどんなに複雑な代数方程式（「多項式」で定義される方程式）でも解くことができるという優れものです．

方程式に含まれる未知数に値を代入したとき，その等式が成り立てば，その値のことを「方程式の解」と言います．未知数が複数個ある場合には，解は未知数の値の組ということになります．方程式を解くということは，その方程式の解のすべてを求めるということです．

念のために，多項式という言葉の意味を再確認しておきましょう．多項式とは数値と変数に対して加法と乗法を繰り返すことで得られる式のことです．多変数の場合も同様です．

単独の方程式であれ，連立方程式であれ，（多項式で定義される）方程式を解くということは数学における最も基本的な問題であり，自然科学（物理学，化学，生物学等）や工学（暗号理論，ロボティックス，人工知能，医療機器等）においてもさまざまに応用されています．つまり，方程式の解法がわかれば，世の中の多くの問題を理解し対処することができるのです．この授業の締めくくりに紹介する連立代数方程式の一例は，情報データの圧縮に近年用いられている「ウェーブレット」の技法に現れるものです．

6.2 方程式を解こう

6.2.1 単独の「1元1次方程式」

問題 次の方程式を満たす x を求めなさい．

$$x + 3 = 0$$

解 $x = -3$

検算 $-3 + 3 = 0$

どのようにして解を見出しましたか？ それが唯一の解であることは，どうすればわかりますか？

任意の x に対して

$$x + 3 = 0$$

と置くと，この式は次の式と同値です[1]．

$x + 3 - 3 = 0 - 3$
　⇅
$x = -3$

同値変形を連ねる推論によって，-3が上述の方程式の未知数xに対する解であり，また-3が可能な唯一の解であることがわかります（$x = -3$が唯一の解であることがどうしてわかるかを論じなさい）．

6.2.2　単独の「1元1次方程式」（未知数が式中に複数回現れるケース）

問題　次の方程式を満たすxを求めなさい．

$x + 3 = 3x - 6$

解　$x = 9/2$

検算

$(9/2) + 3 = 3(9/2) - 6$ ？

左辺の値を計算すると

$(9/2) + 3 = 15/2$

となり，右辺の値を計算すると

$3(9/2) - 6 = 15/2$

となる．等式の両辺の値が一致するので，$9/2$は元の方程式の解になります（実際，この値が唯一の解です）．

Mathematicaによる計算

$(9/2) + 3$　▶　$\dfrac{15}{2}$

$3(9/2) - 6$　▶　$\dfrac{15}{2}$

---

[1] 【訳注】以下，この授業では命題の間の「必要かつ十分」な結びつきを示す接続詞 "if and only if" が何度も登場します．本書ではこれを「⇅」と表現します．

Mathematicaにおける「(変数に何かを) 代入する」という関数「/.」は，以下のように用います．

$$\{x+3, 3x-6\}/.\{x \to 9/2\} \quad \blacktriangleright \quad \left\{\frac{15}{2}, \frac{15}{2}\right\}$$

✍ 上の行は次のように読みます：「2つの式 $x+3$ と $3x-6$ において，x に $9/2$ を代入すると，双方とも $15/2$ となる」

解ではない数値の例：

$$\{x+3, 3x-6\}/.\{x \to 9\} \quad \blacktriangleright \quad \{12, 21\}$$

$$\{x+3, 3x-6\}/.\{x \to 0\} \quad \blacktriangleright \quad \{3, -6\}$$

どのようにして解を見出しましたか？ それが唯一の解であることは，どうすればわかりますか？

任意の x に対して，以下が成り立ちます．

$$x + 3 = 3x - 6$$
$$\updownarrow$$
$$x + 3 - 3x = 3x - 6 - 3x$$
$$\updownarrow$$
$$-2x + 3 = -6$$
$$\updownarrow$$
$$-2x + 3 - 3 = -6 - 3$$
$$\updownarrow$$
$$-2x = -9$$
$$\updownarrow$$
$$(-2x)/(-2) = (-9)/(-2)$$
$$\updownarrow$$
$$x = 9/2$$

このようにして同値変形の連鎖をたどることにより，9/2 が与えられた方程式の解であり，かつそれが唯一の解であることがわかります．

6.2.3 単独の「2元1次方程式」

問題 次の方程式を満たす x, y を求めなさい．

$$x + 2y - 3 = 0$$

この方程式には無限に多くの解（方程式を満たすx, yの値の組）があります．

解 $x = -2y + 3$

このことは何を意味するのでしょうか？ yの値は任意に定めることができます．そして，任意に選んだyの値に対してxの値を$x = -2y + 3$によって定めれば，x, yは元の方程式の解になります．

検算 任意のyに対して

$(-2y + 3) + 2y - 3 = 0$

と置き，Mathematicaを用いて式の左辺を簡単にすると

$\text{Simplify}[(-2y + 3) + 2y - 3]$ ▶ 0

となります．あるいは次のようにして「代入」を行うことができます．

$x + 2y - 3 /. \{x \to -2y + 3\}$ ▶ 0

🖉 上の関数は次のように読みます：「式$x + 2y - 3$におけるxに式$-2y + 3$を代入する」

解を与えない代入の例：

$x + 2y - 3 /. \{x \to -2y + 3/2\}$ ▶ $-\dfrac{3}{2}$

上で求めたx, yが唯一の解であることは，どのようにすればわかりますか？ どのようにして解を見出しますか？ どうすればこれが唯一の解であることがわかりますか？

任意のx, yに対して，以下が成り立ちます．

$x + 2y - 3 = 0$
　↑↓
$x + 2y - 3 + 3 = 3$
　↑↓
$x + 2y = 3$
　↑↓
$x + 2y - 2y = 3 - 2y$
　↑↓
$x = 3 - 2y$

上のように同値変形を連ねていくことにより，任意の y の値とこの y から定まる $x = 3 - 2y$ を対にしたもの (x, y) が元の方程式の解であり，解はこの形のものに限られることがわかります．

6.2.4 連立「2元1次方程式」

問題 次の方程式を満たす x, y を求めなさい．

$x + 2y - 3 = 0$ and $2x - y + 1 = 0$

解 $x = 1/5$ and $y = 7/5$

検算

$1/5 + 2(7/5) - 3 = 0$?
$2(1/5) - (7/5) + 1 = 0$?

Mathematica による計算

$1/5 + 2(7/5) - 3$ ▶ 0
$2(1/5) - (7/5) + 1$ ▶ 0

代入関数「/.」を用いることにより，上の計算は次のようにまとめられます．

$\{x + 2y - 3,$
$2x - y + 1\}/.\{x \to 1/5, y \to 7/5\}$
  ▶ $\{0, 0\}$

✍ 上の行は次のように読みます：「x に $1/5$，y に $7/5$ を代入すれば，多項式は両方とも 0 になる」

解を与えない計算例：

$\{x + 2y - 3,$
$2x - y + 1\}/.\{x \to 1/5, y \to 6/5\}$
  ▶ $\left\{-\dfrac{2}{5}, \dfrac{1}{5}\right\}$

どのようにして解を見出しましたか？ どうすればそれが唯一の解であることがわかりますか？

任意の x と y に対して，以下が成り立ちます．

$x + 2y - 3 = 0$ and $2x - y + 1 = 0$
↑↓
$x + 2y - 3 = 0$ and $x - \dfrac{y}{2} + \dfrac{1}{2} = 0$
↑↓
$x + 2y - 3 - \left(x - \dfrac{y}{2} + \dfrac{1}{2}\right) = 0$ and $x - \dfrac{y}{2} + \dfrac{1}{2} = 0$
↑↓
$\dfrac{5y}{2} - \dfrac{7}{2} = 0$ and $x - \dfrac{y}{2} + \dfrac{1}{2} = 0$
↑↓
$y - \dfrac{7}{5} = 0$ and $x - \dfrac{y}{2} + \dfrac{1}{2} = 0$
↑↓
$y - \dfrac{7}{5} = 0$ and $x - \dfrac{y}{2} + \dfrac{1}{2} + (1/2)\left(y - \dfrac{7}{5}\right) = 0$
↑↓
$y - \dfrac{7}{5} = 0$ and $x - 1/5 = 0$
↑↓
$y = \dfrac{7}{5}$ and $x = 1/5$

上のように同値変形を連ねていくことにより，$x = 1/5$，$y = 7/5$ が元の方程式の解であり，解はこの形のものに限られることがわかります．

6.2.5 単独の「1元高次方程式」

問題 次の方程式を満たす x を求めなさい．

$x^2 + 2x - 1 = 0$

解 $x = -1 - \sqrt{2}$ or $x = -1 + \sqrt{2}$

検算 *Mathematica* による簡易化：

$x^2 + 2x - 1 /. \left\{x \to -1 - \sqrt{2}\right\} // \text{Simplify}$ ➡ 0

$x^2 + 2x - 1 /. \left\{x \to -1 + \sqrt{2}\right\} // \text{Simplify}$ ➡ 0

✍ Simplify 関数は計算結果をなるべく簡単にしてくれます．

解でない値を代入した場合の計算例：

$$x^2 + 2x - 1 /. \left\{ x \to -(1/2) + \sqrt{2} \right\} //\text{Simplify} \quad \blacktriangleright\!\!\blacktriangleright \frac{1}{4} + \sqrt{2}$$

どのようにして解を見出しましたか？ どうすればそれが唯一の解であるということがわかりますか？

任意の x に対して，以下が成り立ちます．

$x^2 + 2x - 1 = 0$
　↑↓
$x^2 + 2x + 1 - 1 = 0 + 1$
　↑↓
$(x+1)^2 - 1 = 1$
　↑↓
$(x+1)^2 - 1 + 1 = 1 + 1$
　↑↓
$(x+1)^2 = 2$
　↑↓
$x + 1 = \sqrt{2}$ or $x + 1 = -\sqrt{2}$
　↑↓
$x = -1 + \sqrt{2}$ or $x = -1 + -\sqrt{2}$

同値変形を連ねていく上記の推論によって，$x = -1 + \sqrt{2}$ と $x = -1 - \sqrt{2}$ が元の方程式の解であり，解はこれらに限られることがわかります．

6.2.6　連立「1元高次方程式」

問題　次の（連立）方程式を満たす x を求めなさい．

$x^2 - 4x + 3 = 0$ and $x^3 - 5x^2 + 8x - 4 = 0$

解　$x = 1$

検算　*Mathematica* による簡易化：

$$x^2 - 4x + 3 /. \{x \to 1\} \quad \blacktriangleright\!\!\blacktriangleright 0$$

$$x^3 - 5x^2 + 8x - 4 /. \{x \to 1\} \quad \blacktriangleright\!\!\blacktriangleright 0$$

（連立方程式としての）解ではないことを示す計算例：

$x^3 - 5x^2 + 8x - 4 /. \{x \to 2\}$ ➡ 0

$x^2 - 4x + 3 /. \{x \to 2\}$ ➡ -1

どのようにして解を見出しましたか？どうすれば解がそれに限られることがわかりますか？

任意の x に対して，以下が成り立ちます．

$x^2 - 4x + 3 = 0$ and $x^3 - 5x^2 + 8x - 4 = 0$
↑↓
$x^2 - 4x + 3 = 0$ and $x^3 - 5x^2 + 8x - 4 - x(x^2 - 4x + 3) = 0$
↑↓
$x^2 - 4x + 3 = 0$ and $-x^2 + 5x - 4 = 0$
↑↓
$x^2 - 4x + 3 = 0$ and $x^2 - 5x + 4 - (x^2 - 4x + 3) = 0$
↑↓
$x^2 - 4x + 3 = 0$ and $x - 1 = 0$
↑↓
$x^2 - 4x + 3 - x(x-1) = 0$ and $x - 1 = 0$
↑↓
$-3x + 3 = 0$ and $x - 1 = 0$
↑↓
$-3x + 3 + 3(x-1) = 0$ and $x - 1 = 0$
↑↓
$0 = 0$ and $x - 1 = 0$
↑↓
$x = 1$

このように同値変形を連ねていくことによって，$x = 1$ が元の方程式の解であり，解はこれに限られることがわかります．

6.2.7 連立「2元高次方程式」

問題 次の連立方程式を満たす x, y を求めなさい．

$x^2 - x + y = 0$ and $xy + x - y^2 = 0$

解くためのアイデアは？ 今まで首尾良く解を求めてきた戦略にそれらを適用してみましょう．

6.3　解法に用いてきた戦略

1つの方程式に対して：
── 1つの変数を左辺に移項すること

方程式に対して許される変形：

- 等式の両辺に同じものを加えること．すなわち，任意の $x, y, \ldots$ に対して

    $\text{left} = \text{right}$
    $\updownarrow$
    $\text{left} + \text{something} = \text{right} + \text{something}$

- 等式の両辺に対して同じ数を引いたり，掛けたり，割ったりすること．
- 代数演算の法則を用いて式を簡単にしたり，数値計算を行ったりすること．すなわち，任意の $x, y, \ldots$ に対して

    $\ldots S * (T + U) \ldots = \text{right}$
    $\updownarrow$
    $\ldots S * T + S * U \ldots = \text{right}$

複数の方程式に対して：
── 1つの等式の両辺を何倍かして（あるいは，いくつかの等式の両辺をそれぞれ何倍かして）他の等式に加えること

方程式に対して許される変形：

- ガウスの消去法．すなわち，任意の $x, y, \ldots$ に対して

    $\text{left1} = 0 \quad \text{and} \quad \text{left2} = 0$
    $\updownarrow$
    $\text{left1} = 0 \quad \text{and} \quad \text{left2} + \text{left1} * \text{something} = 0$

- S 多項式を作り出すこと．すなわち，任意の $x, y, \ldots$ に対して

    $\text{left1} = 0 \quad \text{and} \quad \text{left2} = 0$
    $\updownarrow$
    $\text{left1} = 0 \quad \text{and} \quad \text{left2} = 0$
    $\text{and} \quad \text{left1} * \text{something1} + \text{left2} * \text{something2} = 0$

✍ something1 および something2 はどのように選べばよいでしょうか？
——「S多項式」を作ることは，something1，something2 をうまく選ぶこと！　式に乗ずる something1 および something2 は，left1 と left2 における「最高ランク」の項が相殺されるように選びます！

例えば，倍率 something1 と something2 をうまく選ぶということを

$$\text{left1} = x^2 - x + y,$$
$$\text{left2} = xy + x - y^2$$

の場合について考えてみると，次のようなとり方が好都合であると言えます．

$$\text{something1} = y$$
$$\text{something2} = -x$$

このように選ぶと，次の式の最高ランクの項が打ち消し合うのです！

$$\text{left1} * \text{something1} + \text{left2} * \text{something2}$$
$$= y * (x^2 - x + y) + (-x)(xy + x - y^2)$$

すなわち，$y * x^2$ と $(-x) * xy$ が打ち消し合って 0 になります！

✍ 約束（厳密な形で証明ができます）
—— S多項式を作りながら首尾良く変形を繰り返せば，（任意次数の多変数の多項式からなる）任意の方程式系は必ず次の形に持っていくことができます．
すなわち，最初の方程式は1変数（のみ）の方程式で，それに続くいくつかは2変数の方程式，さらに3変数の方程式がその後に続くといった調子で変数が順に増えていき，そして，2変数の方程式が複数個ある場合には最初の1変数方程式の任意の解に対して第2変数に関する共通解が存在し，また，3変数の方程式が複数個ある場合にも，最初の1変数方程式の任意の解とそれに続く2変数の方程式の共通解に対して第3変数に関する共通解が存在し，… という具合にできるのです．
実際には，多くの場合，2番目以降の変数を含む方程式はそれぞれ高々1個で，しかも2番目以降の変数については1次式であるようにできます．

6.4 グレブナー基底アルゴリズムの実践

6.4.1 x を y よりも高位のランクとして変形を繰り返す

問題 次の方程式を満たす x, y を求めなさい．

$$x^2 - x + y = 0 \quad \text{and} \quad xy + x - y^2 = 0$$

自明な解 $x = 0 \quad \text{and} \quad y = 0$

他の解（自明でない解）は存在するでしょうか？　どのようにすればS多項式を作ることですべての解を見出すことができるのでしょうか？

✐ グレブナー基底の計算においては，多項式における項（x^2, xy, x, y 等）を，順序を固定して考えることが重要です．この例では，x を含む項は y のみを含む項よりも高位とし，x を含む項同士ではそれぞれに含まれる y の冪で比較します．

任意の x と y に対して，以下が成り立ちます．

$$x^2 - x + y = 0 \quad \text{and} \quad xy + x - y^2 = 0$$
$$\updownarrow \quad \text{（S多項式の構成）}$$
$$x^2 - x + y = 0 \quad \text{and} \quad xy + x - y^2 = 0$$
$$\text{and} \quad y(x^2 - x + y) - x(xy + x - y^2) = 0$$
$$\updownarrow$$
$$x^2 - x + y = 0 \quad \text{and} \quad xy + x - y^2 = 0$$

---

[2] B. Buchberger: An Algorithm for Finding the Basis Elements in the ResidueClass Modulo a Zero Dimensional Polynomial Ideal, PhD Thesis, Institute of Mathematics, University of Innsbruck, Austria, 1965.（この論文はドイツ語である．英訳は：Journal of Symbolic Computation, Special Issue on Logic, Mathematics, and Computer Science : Interactions. Volume 41, Number 3-4, 2006, pp.475-511.）
および，B. Buchberger: An Algorithmical Criterion for the Solvability of Algebraic Systems of Equations, Aequationes mathematicae 4/3, 1970, pp.374-383.（この論文はドイツ語である．英訳は：B. Buchberger, F. Winkler (eds.), Groebner Bases and Applications, Proceedings of the International Conference "33 Years of Gröbner Bases", 1998, RISC, Austria, London Mathematical Society Lecture Note Series, Vol. 251, Cambridge University Press, 1998, pp.535-545.）

and $\quad -x^2 + xy^2 - xy + y^2 = 0$
$\quad \updownarrow$
$x^2 - x + y = 0 \quad$ and $\quad xy + x - y^2 = 0$
and $\quad -x^2 + xy^2 - xy + y^2 + (x^2 - x + y) = 0$
$\quad \updownarrow$
$x^2 - x + y = 0 \quad$ and $\quad xy + x - y^2 = 0$
and $\quad xy^2 - xy - x + y^2 + y = 0$
$\quad \updownarrow$
$x^2 - x + y = 0 \quad$ and $\quad xy + x - y^2 = 0$
and $\quad xy^2 - xy - x + y^2 + y - y(xy + x - y^2) = 0$
$\quad \updownarrow$
$x^2 - x + y = 0 \quad$ and $\quad xy + x - y^2 = 0$
and $\quad -2xy - x + y^3 + y^2 + y = 0$
$\quad \updownarrow$
$x^2 - x + y = 0 \quad$ and $\quad xy + x - y^2 = 0$
and $\quad -2xy - x + y^3 + y^2 + y + 2(xy + x - y^2) = 0$
$\quad \updownarrow$
$x^2 - x + y = 0 \quad$ and $\quad xy + x - y^2 = 0$
and $\quad x + y^3 - y^2 + y = 0$
$\quad \updownarrow$
$x^2 - x + y = 0 \quad$ and $\quad x(y+1) - y^2 = 0$
and $\quad x + y^3 - y^2 + y = 0$
$\quad \updownarrow$
$x^2 - x + y = 0 \quad$ and $\quad x(y+1) - y^2 - (y+1)(x + y^3 - y^2 + y) = 0$
and $\quad x + y^3 - y^2 + y = 0$
$\quad \updownarrow$ (多項式の展開には *Mathematica* を使います[3])
$x^2 - x + y = 0 \quad$ and $\quad y^4 + y^2 + y = 0$
and $\quad x + y^3 - y^2 + y = 0$
$\quad \updownarrow$
$x(x-1) + y = 0 \quad$ and $\quad y^4 + y^2 + y = 0$
and $\quad x + y^3 - y^2 + y = 0$
$\quad \updownarrow$
$x(x-1) + y - (x-1)(x + y^3 - y^2 + y) = 0 \quad$ and $\quad y^4 + y^2 + y = 0$

---

[3] $x(y+1) - y^2 - (y+1)(x + y^3 - y^2 + y)$//Expand ▶▶ $-y - y^2 - y^4$

and $\quad x + y^3 - y^2 + y = 0$
$\quad\updownarrow\quad$ （多項式の展開には $Mathematica$ を！）
$-xy^3 + xy^2 - xy + y^3 - y^2 + 2y = 0 \quad$ and $\quad y^4 + y^2 + y = 0$
and $\quad x + y^3 - y^2 + y = 0$
$\quad\updownarrow\quad$
$x(-y^3 + y^2 - y) + y^3 - y^2 + 2y = 0 \quad$ and $\quad y^4 + y^2 + y = 0$
and $\quad x + y^3 - y^2 + y = 0$
$\quad\updownarrow\quad$
$x(-y^3 + y^2 - y) + y^3 - y^2 + 2y - (x + y^3 - y^2 + y)(-y^3 + y^2 - y)$
$= 0 \quad$ and $\quad y^4 + y^2 + y = 0 \quad$ and $\quad x + y^3 - y^2 + y = 0$
$\quad\updownarrow\quad$ （$Mathematica$ による多項式の展開）
$y^6 - 2y^5 + 3y^4 - y^3 + 2y = 0 \quad$ and $\quad y^4 + y^2 + y = 0$
and $\quad x + y^3 - y^2 + y = 0$
$\quad\updownarrow\quad$
$y^6 - 2y^5 + 3y^4 - y^3 + 2y - y^2(y^4 + y^2 + y) = 0$
and $\quad y^4 + y^2 + y = 0 \quad$ and $\quad x + y^3 - y^2 + y = 0$
$\quad\updownarrow\quad$ （$Mathematica$ による多項式の展開）
$-2y^5 + 2y^4 - 2y^3 + 2y = 0 \quad$ and $\quad y^4 + y^2 + y = 0$
and $\quad x + y^3 - y^2 + y = 0$
$\quad\updownarrow\quad$
$-2y^5 + 2y^4 - 2y^3 + 2y + 2y(y^4 + y^2 + y) = 0$
and $\quad y^4 + y^2 + y = 0 \quad$ and $\quad x + y^3 - y^2 + y = 0$
$\quad\updownarrow\quad$ （$Mathematica$ による多項式の展開）
$2y^4 + 2y^2 + 2y = 0 \quad$ and $\quad y^4 + y^2 + y = 0$
and $\quad x + y^3 - y^2 + y = 0$
$\quad\updownarrow\quad$
$2y^4 + 2y^2 + 2y - 2(y^4 + y^2 + y) = 0 \quad$ and $\quad y^4 + y^2 + y = 0$
and $\quad x + y^3 - y^2 + y = 0$
$\quad\updownarrow\quad$
$0 = 0 \quad$ and $\quad y^4 + y^2 + y = 0$
and $\quad x + y^3 - y^2 + y = 0$
$\quad\updownarrow\quad$
$y^4 + y^2 + y = 0 \quad$ and $\quad x + y^3 - y^2 + y = 0$

この最後の方程式系が「グレブナー基底」と呼ばれるものです．

すべての解 ここまで来ると，yの4次方程式

$$y^4 + y^2 + y = 0$$

の4つの解が得られ，そのそれぞれに対応するxが求まります．

$$x + y^3 - y^2 + y = 0$$

Mathematica のSolve関数を用いることにより

exactsolutiony = **Solve** $\left[y^4 + y^2 + y == 0\right]$

➡ $\left\{\{y \to 0\}, \left\{y \to -\left(\dfrac{2}{3\left(-9 + \sqrt{93}\right)}\right)^{1/3} + \dfrac{\left(\frac{1}{2}\left(-9 + \sqrt{93}\right)\right)^{1/3}}{3^{2/3}}\right\},\right.$

$\left\{y \to -\dfrac{\left(1 + \mathrm{i}\sqrt{3}\right)\left(\frac{1}{2}\left(-9 + \sqrt{93}\right)\right)^{1/3}}{2 \cdot 3^{2/3}} + \dfrac{1 - \mathrm{i}\sqrt{3}}{2^{2/3}\left(3\left(-9 + \sqrt{93}\right)\right)^{1/3}}\right\},$

$\left.\left\{y \to -\dfrac{\left(1 - \mathrm{i}\sqrt{3}\right)\left(\frac{1}{2}\left(-9 + \sqrt{93}\right)\right)^{1/3}}{2 \cdot 3^{2/3}} + \dfrac{1 + \mathrm{i}\sqrt{3}}{2^{2/3}\left(3\left(-9 + \sqrt{93}\right)\right)^{1/3}}\right\}\right\}$

となり，方程式が4つの解を持つことがわかります．

✐ 4次方程式までは解の公式がありますが，5次以上の方程式に対しては解の公式が存在しません．いわゆる「冪根による解法」がないのです．

厳密解が求まらない場合でも，NSolve関数で近似値を知ることができます．

numericalsolutiony = **NSolve** $\left[y^4 + y^2 + y == 0\right]$

➡ $\{\{y \to -0.682328\}, \{y \to 0.\}, \{y \to 0.341164 - 1.16154\,\mathrm{i}\},$
$\{y \to 0.341164 + 1.16154\,\mathrm{i}\}\}$

厳密解にせよ近似解にせよ，yに対応するxはグレブナー基底の2番目の多項式を用いて求めることができます．

$x + y - y^2 + y^3 /.\mathbf{exactsolutiony}$

➡ $\left\{x, -\left(\dfrac{2}{3\left(-9 + \sqrt{93}\right)}\right)^{1/3} + \dfrac{\left(\frac{1}{2}\left(-9 + \sqrt{93}\right)\right)^{1/3}}{3^{2/3}}\right.$

$\left. -\left(-\left(\dfrac{2}{3\left(-9 + \sqrt{93}\right)}\right)^{1/3} + \dfrac{\left(\frac{1}{2}\left(-9 + \sqrt{93}\right)\right)^{1/3}}{3^{2/3}}\right)^2\right.$

6.4 グレブナー基底アルゴリズムの実践 221

$$+ \left(-\left(\frac{2}{3\left(-9+\sqrt{93}\right)} \right)^{1/3} + \frac{\left(\frac{1}{2}\left(-9+\sqrt{93}\right)\right)^{1/3}}{3^{2/3}} \right)^3 + x,$$

$$-\frac{\left(1+\mathrm{i}\sqrt{3}\right)\left(\frac{1}{2}\left(-9+\sqrt{93}\right)\right)^{1/3}}{2\cdot 3^{2/3}} + \frac{1-\mathrm{i}\sqrt{3}}{2^{2/3}\left(3\left(-9+\sqrt{93}\right)\right)^{1/3}}$$

$$-\left(-\frac{\left(1+\mathrm{i}\sqrt{3}\right)\left(\frac{1}{2}\left(-9+\sqrt{93}\right)\right)^{1/3}}{2\cdot 3^{2/3}} + \frac{1-\mathrm{i}\sqrt{3}}{2^{2/3}\left(3\left(-9+\sqrt{93}\right)\right)^{1/3}} \right)^2$$

$$+\left(-\frac{\left(1+\mathrm{i}\sqrt{3}\right)\left(\frac{1}{2}\left(-9+\sqrt{93}\right)\right)^{1/3}}{2\cdot 3^{2/3}} + \frac{1-\mathrm{i}\sqrt{3}}{2^{2/3}\left(3\left(-9+\sqrt{93}\right)\right)^{1/3}} \right)^3 + x,$$

$$-\frac{\left(1-\mathrm{i}\sqrt{3}\right)\left(\frac{1}{2}\left(-9+\sqrt{93}\right)\right)^{1/3}}{2\cdot 3^{2/3}} + \frac{1+\mathrm{i}\sqrt{3}}{2^{2/3}\left(3\left(-9+\sqrt{93}\right)\right)^{1/3}}$$

$$-\left(-\frac{\left(1-\mathrm{i}\sqrt{3}\right)\left(\frac{1}{2}\left(-9+\sqrt{93}\right)\right)^{1/3}}{2\cdot 3^{2/3}} + \frac{1+\mathrm{i}\sqrt{3}}{2^{2/3}\left(3\left(-9+\sqrt{93}\right)\right)^{1/3}} \right)^2$$

$$+\left(-\frac{\left(1-\mathrm{i}\sqrt{3}\right)\left(\frac{1}{2}\left(-9+\sqrt{93}\right)\right)^{1/3}}{2\cdot 3^{2/3}} + \frac{1+\mathrm{i}\sqrt{3}}{2^{2/3}\left(3\left(-9+\sqrt{93}\right)\right)^{1/3}} \right)^3 + x \Big\}$$

$x + y - y^2 + y^3 /.$ **numericalsolutiony**

$\{-1.46557 + x, 0. + x, (0.232786 + 0.792552\,\mathrm{i}) + x,$
$(0.232786 - 0.792552\,\mathrm{i}) + x\}$

|検算| グレブナー基底を経由して求めた4つの解を元の2つの方程式に代入して，確かに解であることを確かめてみましょう．まず，自明な解 $x = 0$，$y = 0$ が元の方程式を満たしていることは明らかです．

自明でない解についての検算を *Mathematica* で実行するには，代入関数「/.」で元の2つの方程式（の左辺）に x, y の値を代入し，Simplify関数で結果を簡単にします．

$\{x^2 - x + y, x\,y + x - y^2\} /.$

$$\left\{ y \to -\left(\frac{2}{3\left(-9+\sqrt{93}\right)} \right)^{1/3} + \frac{\left(\frac{1}{2}\left(-9+\sqrt{93}\right)\right)^{1/3}}{3^{2/3}}, \right.$$

$$x \to -\left(-\left(\frac{2}{3\left(-9+\sqrt{93}\right)} \right)^{1/3} + \frac{\left(\frac{1}{2}\left(-9+\sqrt{93}\right)\right)^{1/3}}{3^{2/3}} - $$

$$\left(-\left(\frac{2}{3\left(-9+\sqrt{93}\right)}\right)^{1/3}+\frac{\left(\frac{1}{2}\left(-9+\sqrt{93}\right)\right)^{1/3}}{3^{2/3}}\right)^2+$$

$$\left(-\left(\frac{2}{3\left(-9+\sqrt{93}\right)}\right)^{1/3}+\right.$$

$$\left.\left.\frac{\left(\frac{1}{2}\left(-9+\sqrt{93}\right)\right)^{1/3}}{3^{2/3}}\right)^3\right)\right\}\ //\mathrm{Simplify}$$

▶ $\{0,0\}$

他の自明でない解についても同様に検算することができます．近似解についても同様に確かめることができます．

$\{x^2-x+y,\,xy+x-y^2\}/.\{y\to -0.6823278038280193\grave{}\,,$
$\quad x\to 1.4655712318767677\grave{}\}$

▶ $\{-4.44089\times 10^{-16},\,0.\}$

（元の方程式の左辺に近似解を）代入した結果は，0ではなく極めて小さな数となっています．代入した値は厳密解ではなくその近似値ですから，当然の結果と言えます．

6.4.2　yをxよりも高位のランクとする場合

これは練習問題としましょう．

6.5　今日私たちが学んだこと

6.5.1　変数の2通りの意味

$x,y,\ldots$ 等の変数が持つ2通りの意味を注意深く区別することが大切です．1つは方程式における「未知数」という意味であり，もう1つは任意の値を代入しうる「場所」を指し示す「不定元」としての意味です．

(1)「未知数」としての変数

私たちは問題を述べようとするときなどに，変数を「未知数」として使用します．例えば，今までにも学んできた次のような場面がこれに当たります．

次の方程式を満たす x, y を求めなさい．
$$x^2 - x + y = 0 \quad \text{and} \quad xy + x - y^2 = 0$$

この場合には，私たちは 2 つの等式をともに成り立たせるような x, y の特定の値を求めたいということであって，2 つの等式が x, y の任意の値に対して成立しているということではありません．

(2) 任意の値を代入する「場所」としての変数

ある範囲内の任意の値に対して意味をなす命題を書き表したいときには，変数を「不定元」（値を代入することができる「場所」を示す記号）として用います．例えば，すでに学んだ次のような場合がこれに当たります．

任意の x, y に対して，以下が成り立ちます．

$$x^2 - x + y = 0 \quad \text{and} \quad xy + x - y^2 = 0$$
$$\updownarrow$$
$$x^2 - x + y = 0 \quad \text{and} \quad xy + x - y^2 = 0$$
$$\text{and} \quad y(x^2 - x + y) - x(xy + x - y^2) = 0$$

この意味は，任意の x, y に対して，命題

$$x^2 - x + y = 0 \quad \text{and} \quad xy + x - y^2 = 0$$

が真であるための必要十分条件は，以下の命題が真であるということです．

$$x^2 - x + y = 0 \quad \text{and} \quad xy + x - y^2 = 0$$
$$\text{and} \quad y(x^2 - x + y) - x(xy + x - y^2) = 0$$

✍ なぜ任意の x, y に対して最初の命題から第 2 の命題が導かれるのか，また，なぜその逆が言えるのかを，注意深く分析してみてください．

6.5.2 方程式を解くための 2 つの戦略

単独の方程式に対して，1 つの変数を左辺に持ってきて，左辺をその変数だけにすること

これは次のようなステップを経て実現します．

(1) 等式の両辺に同一の代数的操作を施す．
(2) 算術演算の法則を適用して結果を簡単にする．

このことはいつもうまくいくとは限りません（5次以上の方程式は，一般には解を具体的に求めることができないのです）．解の公式によって解を求めることができない場合は，数値的な近似解を利用します．

> 複数の方程式に対して，ガウスの消去法やS多項式の生成の要領で方程式の「1次結合」を作って変数を「消去する」こと

「S多項式」を秩序立てて計算していくことで，これはいつもうまくいきます．

📝 ただし，いつもうまくいくということの証明は，簡単ではありません．その証明こそが，先述の論文において考案されたグレブナー基底の理論なのです．1965年以来，多くの研究者がこの方法を改良し，一般化し，そして応用しています．

簡単な例ではS多項式は不要かもしれませんが，一般にはS多項式が本質的な役割を果たすのです．

6.6 グレブナー基底の応用

6.6.1 数式処理ソフトによるグレブナー基底の計算

任意の多項式系を（変数の個数や次数，また多項式の個数が任意の場合について）グレブナー基底に変形する計算は（これができれば，それらの多項式で定義される連立方程式の解が求まります！），今や *Mathematica*，Maple，Deriveといったあらゆる数式処理システムで実行することができます．

Mathematica では，GroebnerBasisという関数を使い，引数に多項式を与えると，グレブナー基底が出力されます．例えば，上で計算した2変数 x, y の2つの多項式に対するグレブナー基底は，次のように入力することで求まります．

$\text{GroebnerBasis}\left[\{x^2 - x + y,\ xy + x - y^2\}, \{x, y\}\right]$
➡ $\{y + y^2 + y^4,\ x + y - y^2 + y^3\}$

6.6 グレブナー基底の応用

以下に,「3変数 x, y, z の3つの多項式」および「4変数 u, x, y, z の4つの多項式」に対するグレブナー基底の計算例をいくつか記します.

GroebnerBasis[
   $\{x^2 - x + z + 1,\ xy + x - z^2,\ z + x + y^2\}, \{x, y, z\}$]
▶ $\{3 + 10z + 12z^2 + 8z^3 + 4z^4 - 2z^5 - 4z^6 + z^8,$
   $-66 + 3y - 137z - 92z^2 - 59z^3 - 10z^4 + 58z^5 + 13z^6 - 17z^7,$
   $30 + 3x + 63z + 41z^2 + 30z^3 + 5z^4 - 28z^5 - 6z^6 + 8z^7\}$

GroebnerBasis[
   $\{x^2 - x + z + 1,\ xy + x - z^2,\ 2 + z + xz + y^3\}, \{x, y, z\}$]
▶ $\{1 + 6z + 18z^2 + 26z^3 + 24z^4 + 30z^5 + 23z^6 + 3z^8 + 5z^9 - 3z^{10} + z^{12},$
   $11214 + 2287y + 41813z + 105848z^2 + 100022z^3 + 87840z^4 + 156360z^5$
   $+ 16813z^6 - 21500z^7 + 51701z^8 - 16975z^9 - 6308z^{10} + 7388z^{11},$
   $-6194 + 2287x - 24564z - 46986z^2 - 44118z^3 - 52512z^4 - 60219z^5$
   $-3420z^6 + 1443z^7 - 17608z^8 + 7386z^9 + 1539z^{10} - 2822z^{11}\}$

GroebnerBasis[
   $\{x^2 - x + z^2 + 1,\ 2 + xy + xy^2 - z^2,\ 2 + z + xz + y^3\}, \{x, y, z\}$]
▶ $\{108 + 54z + 135z^2 + 387z^3 + 702z^4 + 240z^5 - 479z^6 - 471z^7 + 103z^8$
   $+ 270z^9 + 105z^{10} + 6z^{11} + 10z^{12} + 6z^{13} + z^{14},\ -103541516370$
   $+ 82543134033y - 48773637027z - 274362825018z^2 - 185193992550z^3$
   $-48220807641z^4 + 174694533294z^5 + 156988104639z^6 - 15275067457z^7$
   $-131106670293z^8 - 56183828097z^9 - 2588748315z^{10} - 4549901322z^{11}$
   $-2994297240z^{12} - 507246247z^{13},\ -2373013872 + 165086268066x$
   $-146911041333z - 184635927123z^2 + 103155983382z^3 + 327201130814z^4$
   $-109435281197z^5 - 209433220591z^6 - 18662783843z^7 + 58961872500z^8$
   $+ 5937748641z^9 - 1828541590z^{10} + 1780482328z^{11} + 882993932z^{12}$
   $+ 92694973z^{13}\}$

GroebnerBasis $\big[\{x^2 - x + z^2 + 1,\ 2 + xy + xu^2 - z^2,$
   $2 + xz + xu + y^2,\ 3 + xu + y + u^2\}, \{u, x, y, z\}\big]$
▶ $\{6517 - 134z + 32418z^2 - 1270z^3 + 54152z^4 - 3844z^5 + 26567z^6 - 3488z^7$
   $-9266z^8 + 3162z^9 - 1056z^{10} + 6772z^{11} + 5644z^{12} + 1965z^{13} - 1662z^{14} - 1028z^{15}$
   $+ 154z^{16} - 79z^{17} + 45z^{18} + 3z^{19} + 2z^{20},\ 32468288843031835783549952017792$

$+\ 8982884690433287296742912825 34y-15431515738344958831647914019 19z$
$+\ 18725117570436552606021547161 7185z^2-95704617140026327124896159652 91z^3$
$+\ 25628641079561280567387075425 0878z^4-23863148404531496447138278105 076z^5$
$-\ 7603388752822771029316535177 799z^6-11669569310182612548854680072 705z^7$
$-\ 7787387648379748274193535718 8060z^8+32214867025887970978551624521 030z^9$
$+\ 6519013822471929039209061139 0663z^{10}+254302967470190436694547357691 68z^{11}$
$-\ 1571050920480867198724389982 9949z^{12}-79849557810878577422258411495 7z^{13}$
$+\ 1014441710064735961147429784 582z^{14}-72445312496456452440272616577 9z^{15}$
$+\ 3783925893786074133350704578 93z^{16}+2212038004685425029330825088 3z^{17}$
$+\ 17071368362414434821492078305 z^{18}-177586044466664028843698842z^{19}$,

$7096534651186264961095859892 89+3326994329790106406201078824 2x$
$-\ 14930840236031225649267584841 z+24132900260048479920021123518 13z^2$
$-\ 11434296884264123928792469110 8z^3+20263030995511410165350982203 22z^4$
$-\ 22792802521358007107124479722 7z^5-40218440128678581877372042737 9z^6$
$+\ 25658735191687558597150677027 z^7-34818380168742666500619082948 2z^8$
$+\ 34860789137778811972406262743 1z^9+45099817665064911631824608241 6z^{10}$
$+\ 17224812404221539158350521287 3z^{11}-11677233039171071038234908749 1z^{12}$
$-\ 65855913071520933186044774772 z^{13}+85436544619942041745976634 45z^{14}$
$-\ 54325039284367528234699196 17z^{15}+29415203065107538248115079 61z^{16}$
$+\ 20276108445915755323429588 3z^{17}+13454484977389814344810106 0z^{18}$
$+\ 5147321724713718056564z^{19},-246609605185037966016390558930 86$
$+\ 99809829893703192186032364726 u+50447952492194965873889371294 9z$
$-\ 85497118709019700395332319453 315z^2+40420440784466954966756503630 35z^3$
$-\ 75688066688593758581328525158 722z^4+84355403367048415119030736581 62z^5$
$+\ 13935897958163707800867495510 715z^6+42882479915191777879808314561 z^7$
$+\ 13932347821704363089366784564 618z^8-12625840375946183192604324554 104z^9$
$-\ 17032398971701914404111863735 375z^{10}-65399385563515262934896754196 40z^{11}$
$+\ 43687797836035433694703072046 13z^{12}+24409507301100927765971546112 37z^{13}$
$-\ 31276811586356145407938210782 8z^{14}+20275790552354992188761202179 3z^{15}$
$-\ 10934525070167057122726550826 1z^{16}-75338124010875220797716480 95z^{17}$
$-\ 50102358931392799416241402 79z^{18}-915310925746671421987666z^{19}\}$

上の Mathematica 入力の行に書かれている多項式で定義される連立方程式が，（出力行の）対応するグレブナー基底を用いることによってどのようにして解かれるかを議論しなさい．

6.6.2　工学分野で頻出する非線形の連立代数方程式

非線形の連立代数方程式は，自然科学，経済学，医学，工学（ロボティックス，暗号理論，CAD，人工知能等）の各分野のあらゆる場面に登場します．グレブナー基底はこれらすべての方程式系を解き明かすための一般的な手段なのです．

例：ウェーブレット法によるデータ圧縮

ここで一例を挙げましょう．磁気共鳴などの画像（個々のデータのファイルサイズが数MB）をインターネットを通じて大量に転送するには，かなりの時間が必要になります．そこで，画像情報を「圧縮」して転送時間を大幅に短縮することが考えられます．すなわち，実際の画素データよりも少ない情報量で画像を表現しようとするのですが，その際，データサイズの（劇的な）減少を望めば（いささかの）画像情報の欠損を覚悟しなければなりません．

近年の画像圧縮表現法の1つに「ウェーブレット表現」を用いるものがあります．これは，画像を（ウェーブレットと呼ばれる）波形の重ね合わせとして表現するというものです．個々のウェーブレットを表現するにはほんの少数の数値でこと足ります．そのため，1つの画像をまず（若干の誤差は伴いますが）ウェーブレットの重ね合わせとして表現しておき，次に重ね合わせに必要なウェーブレットをすべて数値化することにより，元の画像の画素をそのまま記憶するのに比べて，データ量を1000分の1あるいはそれ以上の比率まで減らすことができます．言い換えれば，画像はウェーブレットによって表現することで「圧縮される」のです．

例えば，以下の左の画像は胎児の磁気共鳴画像です．そして，それをウェーブレットの方法を用いることで約1000分の1に画像圧縮したものが，右の画像です．

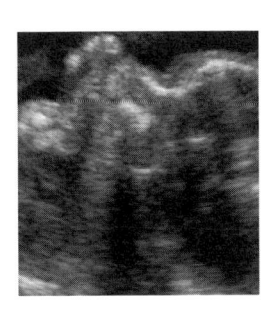

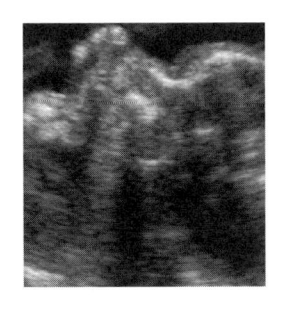

2つの画像は肉眼ではほとんど見分けがつきません．圧縮の前後での差異を計算で割り出してみて，はじめてウェーブレット表現による圧縮データから再現された画

像とオリジナル画像とのわずかな相違点が認められるといった程度です．以下がその「差分の画像」です．

ウェーブレット関数における最良の係数を決定するための多項式系

　ウェーブレットによるデータ圧縮の品質は，ウェーブレットの基底集合をどのように選ぶかにかかっています．そして，基底をなすウェーブレットの選び方は，パラメータの集合のとり方に依存します．例えば，基底ウェーブレットが1つの場合は1つのパラメータ Q_0 に依存し，2つの基底ウェーブレットからなる系は2つのパラメータ Q_0, Q_1 に依存するといった具合で，結局，5個の基底ウェーブレットからなる系は，5個のパラメータ Q_0, Q_1, Q_2, Q_3, Q_4 に依存することになります．これらのパラメータの最適値は，以下の多項式を0と置いた連立方程式の解で与えられます．

- $\{-1 + Q_0\}$
- $\left\{ -\frac{1}{4} + Q_0 + \frac{Q_1}{2}, 6Q_0^2 + 6Q_0Q_1 + Q_1^2 \right\}$
- $\left\{ -\frac{1}{16} + Q_0 + \frac{Q_1}{2} + \frac{Q_2}{4}, 120Q_0^2 + 120Q_0Q_1 + 28Q_1^2 + 64Q_0Q_2 + 28Q_1Q_2 + 6Q_2^2, 10Q_0^2 + 10Q_0Q_1 + Q_1^2 + 8Q_0Q_2 + Q_1Q_2 \right\}$
- $\left\{ -\frac{1}{64} + Q_0 + \frac{Q_1}{2} + \frac{Q_2}{4} + \frac{Q_3}{8}, 2002Q_0^2 + 2002Q_0Q_1 + 495Q_1^2 + 1012Q_0Q_2 + 495Q_1Q_2 + 120Q_2^2 + 517Q_0Q_3 + 255Q_1Q_3 + 120Q_2Q_3 + 28Q_3^2, 364Q_0^2 + 364Q_0Q_1 + 66Q_1^2 + 232Q_0Q_2 + 66Q_1Q_2 + 10Q_2^2 + 166Q_0Q_3 + 46Q_1Q_3 + 10Q_2Q_3 + Q_3^2, 14Q_0^2 + 14Q_0Q_1 + Q_1^2 + 12Q_0Q_2 + Q_1Q_2 + 11Q_0Q_3 + Q_1Q_3 \right\}$
- $\left\{ -\frac{1}{256} + Q_0 + \frac{Q_1}{2} + \frac{Q_2}{4} + \frac{Q_3}{8} + \frac{Q_4}{16}, 31824Q_0^2 + 31824Q_0Q_1 + 8008Q_1^2 + 15808Q_0Q_2 + 8008Q_1Q_2 + 2002Q_2^2 + 7800Q_0Q_3 + 4004Q_1Q_3 + 2002Q_2Q_3 + 495Q_3^2 + 3796Q_0Q_4 + 2002Q_1Q_4 + 1012Q_2Q_4 + 495Q_3Q_4 + 120Q_4^2, 8568Q_0^2 + 8568Q_0Q_1 + 1820Q_1^2 + 4928Q_0Q_2 + 1820Q_1Q_2 + 364Q_2^2 + 3108Q_0Q_3 + 1092Q_1Q_3 + 364Q_2Q_3 + 66Q_3^2 + 2016Q_0Q_4 + 728Q_1Q_4 + 232Q_2Q_4 + 66Q_3Q_4 +$

$10Q_4^2, 816Q_0^2 + 816Q_0Q_1 + 120Q_1^2 + 576Q_0Q_2 + 120Q_1Q_2 + 14Q_2^2 + 456Q_0Q_3 + 92Q_1Q_3 + 14Q_2Q_3 + Q_3^2 + 364Q_0Q_4 + 78Q_1Q_4 + 12Q_2Q_4 + Q_3Q_4, 18Q_0^2 + 18Q_0Q_1 + Q_1^2 + 16Q_0Q_2 + Q_1Q_2 + 15Q_0Q_3 + Q_1Q_3 + 14Q_0Q_4 + Q_1Q_4\}$

それぞれの次元に対応する上記の多項式のリストを眺めてみると，どのリストにおいても個々の多項式がその系のすべての変数を含んでいることがわかります．そこで，これらの連立方程式を解くためにグレブナー基底法を適用するのです．

それぞれの多項式系に対応するグレブナー基底

前述のグレブナー基底法で，それぞれの多項式系に対応するグレブナー基底を計算することができます．

GroebnerBasis$[\{-1 + Q_0\}, \{Q_0\}]$

▶ $\{-1 + Q_0\}$

GroebnerBasis$\left[\left\{-\dfrac{1}{4} + Q_0 + \dfrac{Q_1}{2}, 6Q_0^2 + 6Q_0Q_1 + Q_1^2\right\}, \{Q_1, Q_0\}\right]$

▶ $\{-1 - 4Q_0 + 8Q_0^2, -1 + 4Q_0 + 2Q_1\}$

Mathematica の GroebnerBasis 関数の第2引数（ここでは $\{Q_1, Q_0\}$）は，変数の順序づけにおいて，どの変数のランクを上位にするかを定めます．この例では，Q_1 のランクが Q_0 よりも上です．この順序づけに対応して，グレブナー基底ではまず Q_0 のみを変数とする1変数の多項式が先に来て，次に Q_0 と Q_1 を変数とする多項式が続きます．（他の多くの場合と同様に）後者の多項式は Q_1 についての1次式になっています．したがって，Q_0 のみを変数とする先頭の多項式の解 Q_0 がわかれば，直ちに後続の多項式の解が求まります．

GroebnerBasis$\Big[\Big\{-\dfrac{1}{16} + Q_0 + \dfrac{Q_1}{2} + \dfrac{Q_2}{4},$
$120Q_0^2 + 120Q_0Q_1 + 28Q_1^2 + 64Q_0Q_2 + 28Q_1Q_2 + 6Q_2^2,$
$10Q_0^2 + 10Q_0Q_1 + Q_1^2 + 8Q_0Q_2 + Q_1Q_2\Big\}, \{Q_2, Q_1, Q_0\}\Big]$

▶ $\{9 - 96Q_0 - 1536Q_0^2 - 4096Q_0^3 + 16384Q_0^4,$
$21Q_0 + 32Q_0^2 - 128Q_0^3 + 3Q_1,$
$-3 - 120Q_0 - 256Q_0^2 + 1024Q_0^3 + 12Q_2\}$

GroebnerBasis$\Big[\Big\{-\dfrac{1}{64} + Q_0 + \dfrac{Q_1}{2} + \dfrac{Q_2}{4} + \dfrac{Q_3}{8},$

$$2002Q_0^2 + 2002Q_0Q_1 + 495Q_1^2 + 1012Q_0Q_2 + 495Q_1Q_2 +$$
$$120Q_2^2 + 517Q_0Q_3 + 255Q_1Q_3 + 120Q_2Q_3 + 28Q_3^2,$$
$$364Q_0^2 + 364Q_0Q_1 + 66Q_1^2 + 232Q_0Q_2 + 66Q_1Q_2 +$$
$$10Q_2^2 + 166Q_0Q_3 + 46Q_1Q_3 + 10Q_2Q_3 + Q_3^2,$$
$$14Q_0^2 + 14Q_0Q_1 + Q_1^2 + 12Q_0Q_2 + Q_1Q_2 + 11Q_0Q_3 + Q_1Q_3\Big\},$$
$$\{Q_3, Q_2, Q_1, Q_0\}\Big]$$

▶ $\big\{625 + 16000Q_0 - 1433600Q_0^2 + 22937600Q_0^3 + 220200960Q_0^4$
$- 4697620480Q_0^5 - 60129542144Q_0^6 - 137438953472Q_0^7$
$+ 1099511627776Q_0^8, 125 + 389200Q_0 - 1469440Q_0^2 - 29245440Q_0^3$
$+ 124780544Q_0^4 + 2936012800Q_0^5 + 7516192768Q_0^6 - 51539607552Q_0^7$
$+ 39200Q_1, -1875 - 6661200Q_0 + 57164800Q_0^2 + 775864320Q_0^3$
$- 9064939520Q_0^4 - 136113553408Q_0^5 - 323196289024Q_0^6$
$+ 2456721293312Q_0^7 + 196000Q_2, -11625 + 3553200Q_0 - 42470400Q_0^2$
$- 483409920Q_0^3 + 7817134080Q_0^4 + 106753425408Q_0^5 + 248034361344Q_0^6$
$- 1941325217792Q_0^7 + 98000Q_3\big\}$

GroebnerBasis$\Big[\Big\{-\dfrac{1}{256} + Q_0 + \dfrac{Q_1}{2} + \dfrac{Q_2}{4} + \dfrac{Q_3}{8} + \dfrac{Q_4}{16},$
$31824Q_0^2 + 31824Q_0Q_1 + 8008Q_1^2 + 15808Q_0Q_2 + 8008Q_1Q_2 +$
$2002Q_2^2 + 7800Q_0Q_3 + 4004Q_1Q_3 + 2002Q_2Q_3 + 495Q_3^2 +$
$3796Q_0Q_4 + 2002Q_1Q_4 + 1012Q_2Q_4 + 495Q_3Q_4 + 120Q_4^2,$
$8568Q_0^2 + 8568Q_0Q_1 + 1820Q_1^2 + 4928Q_0Q_2 + 1820Q_1Q_2 +$
$364Q_2^2 + 3108Q_0Q_3 + 1092Q_1Q_3 + 364Q_2Q_3 + 66Q_3^2 +$
$2016Q_0Q_4 + 728Q_1Q_4 + 232Q_2Q_4 + 66Q_3Q_4 + 10Q_4^2,$
$816Q_0^2 + 816Q_0Q_1 + 120Q_1^2 + 576Q_0Q_2 + 120Q_1Q_2 + 14Q_2^2 +$
$456Q_0Q_3 + 92Q_1Q_3 + 14Q_2Q_3 + Q_3^2 + 364Q_0Q_4 + 78Q_1Q_4 +$
$12Q_2Q_4 + Q_3Q_4, 18Q_0^2 + 18Q_0Q_1 + Q_1^2 + 16Q_0Q_2 + Q_1Q_2 +$
$15Q_0Q_3 + Q_1Q_3 + 14Q_0Q_4 + Q_1Q_4\Big\}, \{Q_4, Q_3, Q_2, Q_1, Q_0\}\Big]$

▶ $\big\{2251875390625 - 131766880000000Q_0 - 57826836480000000Q_0^2$
$- 4000515620864000000Q_0^3 + 92455465857843200000Q_0^4$
$+ 15136683834621296640000Q_0^5 - 321980633234202951680000Q_0^6$
$- 26004063471614140874752000Q_0^7 + 1518069903629532971139072000Q_0^8$

6.6 グレブナー基底の応用　231

$-2434574719536720480525352960 0Q_0^9 - 2822237325890351808351567872 00Q_0^{10}$
$+12421567725441961014604993658880Q_0^{11}+71032999454195120173711747973120Q_0^{12}$
$-28775668625180807413975162762 03520Q_0^{13}$
$-38942226439011207213978722469150720Q_0^{14}$
$-8307674973655724205648794126752 1536Q_0^{15}$
$+13292279957849158729038070602803 44576Q_0^{16},$
$-1017322989596484375+7704916161960220000000Q_0+7919440863495526400000 0Q_0^2$
$-54411839119976038400000 00Q_0^3 - 145618333689776072294400000Q_0^4$
$+824292967020221060612096000 0Q_0^5 + 1684068458741746900685291520 00Q_0^6$
$-17649128777477534740786446336 000Q_0^7$
$+340933536983883671921366138880000Q_0^8$
$+302458188319101807212774062817 2800Q_0^9$
$-16250737744182968459600999206617 0880Q_0^{10}$
$-902661968847987155401497391734456320Q_0^{11}$
$+352168246307544274963007994270738 02240Q_0^{12}$
$+4711759592723948597434992974691 82771200Q_0^{13}$
$+95453088246151253540182808370599270 8096Q_0^{14}$
$-158552807639716862037227800788477526 67136Q_0^{15}$
$+6053141569305600000 00Q_1, 8941207316089453125 - 380390824176972000000 00Q_0$
$-8521719603855667200000 00Q_0^2 + 476830690790457737216000 00Q_0^3$
$+22130450806879643762688000 00Q_0^4 - 98534422909480576651100160000Q_0^5$
$-233607695379733296155564441 6000Q_0^6 + 22315256910968274236469569126 4000Q_0^7$
$-42566749812936610428164096655 36000Q_0^8$
$-37013636891048134858979327292 211200Q_0^9$
$+2039898881186510709422473753751 715840Q_0^{10}$
$+10262261839721027208816513395 730677760Q_0^{11}$
$-4639601429010973977451004289006 90821120Q_0^{12}$
$-60736513665329267978378843521299 14634240Q_0^{13}$
$-119914911049492798750325645724917 98806528Q_0^{14}$
$+20445747839768087324520037933441339 9359488Q_0^{15}$
$+605314156930560000000Q_2, -6895826357382 5390625$
$+300529071721983370000 0000Q_0 + 110276587197 76864256000000Q_0^2$
$-4602716708988530327552000 00Q_0^3 - 348801701888931358624972800 00Q_0^4$
$+1156217840976325824028344320000Q_0^5 + 46534310671548030547623149568000Q_0^6$
$-343620600772583506161120470630 4000Q_0^7$
$+60807244831229197412695700353 843200Q_0^8$
$+598147418984680631955811929056 870400Q_0^9$

$$- 29919934701646299078929780434083512320 Q_0^{10}$$
$$- 15701955671531604955023955323999223 8080 Q_0^{11}$$
$$+ 6900434798369027280654178324692724613120 Q_0^{12}$$
$$+ 9136255222387119993730566412925744971 7760 Q_0^{13}$$
$$+ 1860084342535518858344408438961288238 85824 Q_0^{14}$$
$$- 309408969280860692530649513405175887717 9904 Q_0^{15}$$
$$+ 21185995492569600000000 Q_3, -32382032456484375 - 88903071499638046875 Q_0$$
$$- 438293800985535600000 0 Q_0^2 + 143939461728337408000000 Q_0^3$$
$$+ 1521840290890216636416 0000 Q_0^4 - 413265551131244840878080000 Q_0^5$$
$$- 2311041749801501809495 2448000 Q_0^6 + 1506552433837174255276523520000 Q_0^7$$
$$- 2541448116473575392036 9288806400 Q_0^8$$
$$- 27087791698296728760848 3669606400 Q_0^9$$
$$+ 1272425129085677535320 7815374110720 Q_0^{10}$$
$$+ 6947513593831014152283 0200961761280 Q_0^{11}$$
$$- 2944424249213002472575 771672135598080 Q_0^{12}$$
$$- 3937745460792204573071 6948742128271360 Q_0^{13}$$
$$- 8198254891574439077048 1878594154921984 Q_0^{14}$$
$$+ 1338679882613952002444 7524146411 46036224 Q_0^{15}$$
$$+ 752343589935000000 Q_4\}$$

練習問題

パラメータ $Q_0, Q_1, \ldots, Q_4$ に関する元の連立方程式を解くために，上記のグレブナー基底がどのように有効に用いられるかを説明しなさい．そのために，グレブナー基底を構成する個々の多項式を注意深く分析し，（先頭の多項式は1変数 Q_0 だがそれ以降の）それぞれの多項式が（Q_0 のほかに）もう1つの変数を伴っていることを観察しなさい．

第7章 Mathematicaで アプリケーションを作る

　*Mathematica*でアプリケーションを作ることは，将棋に似ている．細々と作り貯めた持ち駒を要所に配置していくことで，終局に近づいていく．思い描いた局面に持っていくことができればよいが，読み違えると自分のアイデアが死んで（詰んで）しまう．——恐いのは，パソコンのフリーズだ．将棋盤を返されるとすべては水の泡．

　本章では，基礎編で学んだことの応用として，Manipulateによるアプリケーション作りを取り上げる．作成するアプリケーションは「ナンバープレース」と呼ばれる簡単なゲームであるが，さまざまなテクニックを活用しているので，ぜひ読者のアプリケーション作りに役立ててほしい．

7.1　ナンバープレースの説明

　本章で完成を目指すアプリケーション「ナンバープレース」のルールを説明する．これにより，1つのアプリケーションの完成までのプロセスを体験するための下準備をする．

7.1.1　ナンバープレースの概要

ナンバープレースは，3×3のブロックに区切られた9×9のマス（合計81個のマス）を，1から9までの整数で埋めていくパズルである．別名で「数独」（ニコリの登録商標）とも言う．

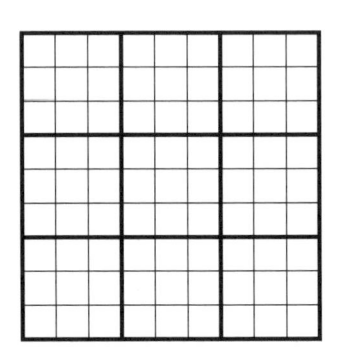

7.1.2　ナンバープレースのルール

81個のマスのうち，あらかじめ数字が書き込まれていない部分に，下記のルールを守って数字を入れていき，最終的にすべてのマスが数字で埋まりきったらパズルの完成である．

(1) 空いているマスに入れられるのは，1から9までの整数（すなわち，1, 2, 3, 4, 5, 6, 7, 8, 9のいずれかの数字）である．
(2) 縦の各列，横の各行，および3×3のブロックに同じ数字が複数入ってはいけない．

7.1.3　ナンバープレースのサンプル

例えば次のような状況では，一番左上のマスに7を，一番右上のマスに1を，一番左下のマスに1を，一番右下のマスに8を入れると完成である．

	5	6	3	8	9	2	4	
3	8	9	2	4	1	7	5	6
2	4	1	7	5	6	3	8	9
5	6	7	8	9	3	4	1	2
8	9	3	4	1	2	5	6	7
4	1	2	5	6	7	8	9	3
6	7	5	9	3	8	1	2	4
9	3	8	1	2	4	6	7	5
	2	4	6	7	5	9	3	

練習問題

以下は，本章で考える非常にシンプルな方法で作成した問題である．実際にパズルを完成させなさい．

		7	5		3	4		1
5	9	3		2	1	8	6	7
4	2	1	8		7	5	9	3
6	7		9		5		1	4
9		5				6	7	
2	1	4	6	7			3	5
7	8		3	5	9	1	4	2
3	5	9	1	4	2		8	
1	4	2	7	8		3	5	

7.2　3×3サイズの終了判定

本章では，各節を通じてボトムアップにアプリケーションの作成を行っていく．ここでは，パズル盤全体を3×3に分割する各ブロックで，きちんと終了要件を満たしているかを確認する関数を作成する．

本節では，パズルのルール「空いているマスに入れられるのは，1から9までの整数であり，同じ行・列・ブロック内に同じ数字が複数入ってはいけない」ことを確認する方法を考える．

7.2.1　行と列のデータ表現と終了要件の確認

行ないし列にすべての数字（1, 2, 3, 4, 5, 6, 7, 8, 9）が含まれているかを確認する関数 sudokuListQ を定義する．まず，行ないし列のデータ表現を決定する必要がある．そこで，下図のように，1次元リストで行ないし列を表すものとする．したがって，sudokuListQ の役割は，引数として受け取ったリストに，1から9までの数字が重複なく含まれているかどうかを確認することである．

$$\{1, 2, 3, 4, 5, 6, 7, 8, 9\} \Leftrightarrow \boxed{1|2|3|4|5|6|7|8|9}$$

さまざまな確認方法の中から，ここでは引数のリストを小さい順にソーティング（並び替え）し，結果をリスト「{1,2,3,4,5,6,7,8,9}」と比較する方法を採用する．次の定義が，実際に sudokuListQ を実現したものである．組込み関数の Sort と Range を利用している．

sudokuListQ[line_List] := (Sort[line] === Range[9])

ほかにも，補集合が空集合であるかなど，多くの確認方法がある．このような場合，どの方法を選択すべきかは適当に決めるのではなく，速度比較を行い，より速く評価できる方法を選択する．例えば以下では，ここで採用した方法と補集合を確認する方法とを比較している．ここで採用した方法は，補集合を確認する方法に比べ，約2倍速いことがわかる．

data = Table[RandomSample[Range[9], 9], {100000}];

Mean[Map[First[Timing[Sort[#] === Range[9]]]&, data]]

➡ 3.09219×10^{-6}

Mean[Map[First[Timing[Complement[#, Range[9]] === {}]]&, data]]

➡ 5.65636×10^{-6}

7.2.2　ブロックのデータ表現と終了要件の確認

次に，ブロックにすべての数字（1, 2, 3, 4, 5, 6, 7, 8, 9）が含まれているかどうかを確認する関数 sudokuMatrixQ を定義する．ブロックのデータ表現は，下図

のように，2次元リストで行列のようにブロックを表すものとする．したがって，sudokuMatrixQの役割は，引数として受け取った2次元リストに，1から9までの数字が重複なく含まれているかどうかを確認することである．

$$\{\{1, 2, 3\}, \{4, 5, 6\}, \{7, 8, 9\}\} \Leftrightarrow \begin{array}{|c|c|c|} \hline 1 & 2 & 3 \\ \hline 4 & 5 & 6 \\ \hline 7 & 8 & 9 \\ \hline \end{array}$$

実際の定義は非常にシンプルで，組込み関数Flattenにより，2次元リストを1次元リストに展開し，あとはsudokuListQと同じ方法で確認している．

sudokuMatrixQ[cell_List] := (Sort[Flatten[cell]] === Range[9])

なお，若干のオーバーヘッドを気にしなければ，次のようにsudokuListQを直接的に活用する方法もある．

sudokuMatrixQ[cell_List] := sudokuListQ[Flatten[cell]]

練習問題

重複なく含まれているかどうかを確認する方法は，紹介した以外にもたくさん考えられる．そこで，そのような方法も含め，どの確認方法が計算速度上有利であるかを，本節で紹介した方法で比較しなさい．

7.3　3×3サイズの問題作成

本来のパズル盤のサイズは，9×9の81マスであるが，まずは3×3サイズの問題作成から始める．ここでは，パズルに必須となるランダムさを出すのに必要な組込み関数の説明を行い，簡単な問題を作成する関数の定義を行う．

本節では，パズルのルール「空いているマスに入れられるのは，1から9までの整数であり，同じ行・列・ブロック内に同じ数字が複数入ってはいけない」ことを満たしつつ，数字で埋められていない空欄のマスを作る方法を考える．

7.3.1 ランダムな数字の配置

問題を作る方法はいくつかあるが，本書では手軽さの観点より，すべてのマスがルールに基づいて埋められている完成形から，ランダムに選ばれたマスを空欄にする操作で，ナンバープレースの問題を作り出す．そのための第一段階として，1から9までの整数をランダムな順番にする必要がある．

Mathematica 6以降では，組込み関数 RandomSample により，リストからの重複のないランダムな取り出しが行える．そのため，組込み関数 Range で1から9までの整数リストを作成し，その中から9つの要素を RandomSample で取り出せば，第一段階で必要となるリストが得られる．実際の命令は次のようになる．

  RandomSample[Range[9]]
   ➡ {9, 5, 8, 1, 3, 4, 2, 7, 6}

Mathematica 5.2までは，組込み関数 RandomSample は提供されていないが，以下の関数を定義すると，Mathematica 6以降と同じ命令で，第一段階で必要となるリストが得られる．

  If[\$VersionNumber < 6,
   RandomSample[ulis_List] := RandomSample[ulis, Length[ulis]];
   RandomSample[ulis_List, n_Integer] :=
    ulis[[Take[Ordering[Table[Random[], {Length[ulis]}]], n]]]
  ]

7.3.2 3×3の問題の生成

前節において，3×3のマスで構成されるブロックを，2次元リストで表現することを決めている．そのため，1から9までの整数がランダムに並んだリストを，2次元リストに変換しなければならない．また，すべての数字が埋まっていてはパズルにならないので，いくつかの数字を消去して，パズルの遊び手が数字を埋めるべきマスを作る必要もある．

問題とするために隠すマスは，一定の確率（下記の例では75%）で数字を残し，それ以外は空文字列に置き換える形で作成する．これを実現するために，次の命令では，ランダムに並び替えられたリストの各要素に対して，乱数を生成し条件分岐で数字を残すか否かを決定している．

Map[If[RandomReal[ ] < 0.75, #, ""]&, RandomSample[Range[9]]]

✍ *Mathematica* 5.2 までのユーザーは，RandomReal の代わりに Random を利用する．

1次元リストを2次元リストに変換するには，組込み関数 Partition を利用する．これらをまとめると，数字を残す確率を引数にとり，3×3 の問題を作成する関数 makesudokuMatrix は，次のように定義できる．

makesudokuMatrix[$p\_$:0.75] :=
 Partition[Map[If[RandomReal[ ] < p, #, ""]&,
 RandomSample[Range[9]]], 3]

実際に利用してみると，次のような結果を出力する．また，前節の関数で確認することもできる．

makesudokuMatrix[1]
 ➡ {{6, 2, 5}, {9, 8, 4}, {1, 7, 3}}
sudokuMatrixQ[%]
 ➡ True

練習問題

3×3 の問題の作成方法には，ほかにも以下のような方法がある．

makesudokuMatrix[$p\_$:0.75] :=
 Partition[RandomSample[PadRight[Take[RandomSample[
 Range[9]], Round[9 * p]], 9, ""]], 3]

本書では，この方法は直感的にわかりづらいと考え採用しなかったが，前節と同じ方法で速度を計測し，If 文を利用したものとどちらが効率的か比較しなさい．また，本文中で紹介した方法とこの方法との本質的な違いを見つけなさい．

7.4 3×3サイズのパズル完成

実際のアプリケーション作成では，基本的な構文が正しくても，思ったとおりに実行されないことがある．特に，パズルのようなフロントエンド（ユーザーインターフェイス）を積極的に活用するアプリケーションでは，評価順序や変数のスコープなどの影響を大きく受けることが多い．ここでは，3×3サイズのパズルの完成を通し，注意すべき点や解決方法を例示する．

7.4.1 ユーザーインターフェイス

ナンバープレースでは，空欄のマスに1から9までの数字を記入していく．これを，MathematicaのManipulateによるアプリケーションで直接的に実現することは難しい．Manipulateは，マウスで操作するスライダーなどの部品と，その操作により変化する部分を別々にしており，ナンバープレースのように，操作する部品が変化する部分そのものになっているアプリケーションを想定していない．そこで，ここでは，パズルの開始（新しい問題の生成）をManipulateに備わっている機能で実現し，数字の記入に関しては，Manipulateのコントローラとは独立させてPopupMenuなどを活用することにする．

ManipulateのコントローラであるSetterと組込み関数のIfを組み合わせることで，ボタンのクリックに応じて特定の処理を実行させることができる．仕組みは単純である．Setterのボタンをクリックすると対応する変数の値がTrue（真）になり，それに応じてIfの本文が実行されることで特定の処理を実行する．このとき，特定の処理の最後に，Setterに対応する変数の値をFalse（偽）に変更することで，当該処理の実行をボタンがクリックされたときの一度だけに限ることができる．以下は，そのサンプルコードである．

```
Manipulate[
    If[sw, (*ここに初期化の処理*)sw = False];
    "ナンバープレースの問題",
    {{sw, False}, {True → "初期化する"}, Setter}
]
```

空欄のマスに数字を記入していく操作は，PopupMenuで代替する．このとき，どの数字も選択されていない状況を作るために，1から9までの数字に加え，空の文字列も選択肢に加えておく．以下は，そのサンプルコードである．

PopupMenu[既定値, Prepend[Range[9], ""]]

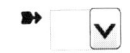

➡ ▽

7.4.2 パズルの初期化処理

パズルを始めるときに，ナンバープレースの問題を作成し，それに応じて数字を表示していくことになる．問題作成はすでに定義したmakesudokuMatrixで実行できるが，結果として生成された問題情報を覚えておく必要がある．ここで必要となる情報は2種類あることに注意したい．1つは問題の初期状態であり，もう1つは現在のユーザーによる選択状態（PopupMenuによる選択状態）である．

ここでは，問題の初期状態をシンボルinitに，現在の選択状態をシンボルmasuに保存させることにする．初期の段階では，masuとinitの中身は同じである．そのため，問題初期化の際には，次のような命令を実行する必要がある．

masu = init = makesudokuMatrix[];

したがって，ManipulateのコントローラSetterがクリックされたときに毎回実行される初期化処理の部分は，次のように書き直すことになる．

Manipulate[
  If[sw, masu = init = makesudokuMatrix[]; sw = False];
  "ナンバープレースの問題",
  {{sw, False}, {True → "初期化する"}, Setter}
]

7.4.3 パズルの終了判定

3×3のすべてのマスに1から9までの数字が重複なく埋まった時点で，パズルは終了である．これを逐次判定するために，PopupMenuで選択された数字を取りまとめ，随時sudokuMatrixQなどで判定を行う必要がある．これを実現するためには，組込み関数Dynamicを活用し，PopupMenuで変更された値を対応する変数にリアルタイムで代入しなければならない．

具体的には，PopupMenuの第1引数をDynamic[変数名]にする．このように指定すると，PopupMenuで変更された値は，*Mathematica*のノートブック内の別の場所においてもリアルタイムで参照可能となる．下記はそのサンプルコードである．

PopupMenu[Dynamic[マスに対応する変数], Prepend[Range[9], ""]]

ここで「マスに対応する変数」は，2次元リストであるシンボルmasuの部分指定を利用して，具体的には次のように指定する（3×3サイズの右上の場合）．

PopupMenu[Dynamic[masu[[1, 3]]], Prepend[Range[9], ""]]

7.4.4　評価順序と配列の活用

本書の3×3サイズのパズルでは，空欄のマスが最大で9個存在する．そのため，PopupMenuを9個使う必要がある．これを手作業で9個記述するのもよいが，後ほど，9×9サイズに拡張しなければならず，手作業は非現実的である．そこで，ここではTableを使って9個のPopupMenuを作ることにする．

このとき注意しなければならないのは，*Mathematica*の評価順序である．単純に，Tableを使って9個のPopupMenuを作ろうとすると，次のような命令を記述したくなるが，これは期待したとおりに動作しない．なぜならば，DynamicにはHoldFirstの属性がついており，引数に含まれるTableの反復変数であるiやjが整数に置き換えられず，シンボル名のまま残ってしまう．マスごとに割り当てる変数を変えなければ，正しい終了判定を行うことができないため，このままでは問題がある．

Table[PopupMenu[Dynamic[masu[[i, j]]], Prepend[Range[9], ""]], {$i, 3$}, {$j, 3$}]

✍ 属性を確認するには，組込み関数Attributesを利用する．

そこで，明示的にiやjが評価されるように，組込み関数Function（純関数）を活用する．また，2次元リストを格子状に表示するために，次のサンプルコードのように組込み関数Gridを利用する．

Grid[Table[PopupMenu[Function[Dynamic[masu[[#1, #2]]]][i, j], Prepend[Range[9], ""]], {$i, 3$}, {$j, 3$}]]

7.4.5 初めから数字のあるマスの操作を禁止する

ナンバープレースでは，パズルの目的上，最初から数字が埋まっているマスの数字を変更してはいけない．これを実現するために，PopupMenu の Enabled オプションを活用する．makesudokuMatrix は，ユーザーが数字を埋めなければならないマスを空の文字列「""」で表現している．そこで，当該マスに対応する変数の値が空の文字列のときにのみ PopupMenu を有効化し，それ以外の場合には無効化することで，初めから数字のあるマスの操作を禁止する．

> Grid[Table[PopupMenu[(Dynamic[masu[[#1, #2]]]&[i, j]),
> Prepend[Range[9], ""], Enabled → (init[[i, j]] == "")],
> {$i, 3$}, {$j, 3$}]]

7.4.6 プログラムの概要

以上の議論をまとめると，3×3 サイズのパズルを実現するプログラムの概要は次のようになる．引数 ap は makesudokuMatrix に引き継ぐ数値であり，最初から数字を埋めておくマスの割合を表す．

> sudokuBlock[ap_ :0.75] := Manipulate[
> (∗パズルの初期化処理∗)
> (∗3×3のパズル盤表示∗)
> (∗Manipulateのボタン表示∗)
> (∗必要な関数などの初期化∗)
>]

この概要の中の「3×3のパズル盤表示」について補足しておく．このアプリケーションはパズルであるので，パズルが完了したかどうかを判定し，それをユーザーに伝える必要がある．そこで，単にパズル盤を表示するのではなく，sudokuMatrixQ による終了判定の結果も画面に表示できるようにする．

実現の方法は何種類もあるが，ここでは組込み関数 Grid をネストして利用する．つまり，次のサンプルコードのように，実際のパズル盤が1行目に，終了判定の結果が2行目に表示されるように，2次元リストを構成する．

 Grid[{{ 実際のパズル盤 }, { 終了判定の結果 }}]

実際の命令でサンプルコードを書き直すと，次のようなプログラムとなる．

 Grid[{{Grid[Table[PopupMenu[(Dynamic[masu[[#1, #2]]]&[i, j]),
  Prepend[Range[9], ""],
  Enabled $\rightarrow$ (init[[i, j]] == "")], {i, 3}, {j, 3}]]},
 {If[sudokuMatrixQ[masu], "完成しました！", "完成してません"]}}]

7.4.7 プログラムの全体と実行例

したがって，3×3サイズのパズルを作り出すプログラムの全体は次のようになる．ここで注意しなければならないことが3つある．1つ目は，このアプリケーションに必要な関数である sudokuMatrixQ と makesudokuMatrix の定義を，Initialization オプションに含めなければならないことである．2つ目は，2次元リストの部分指定をパズル盤のところで行っているが，未定義のシンボルの部分指定はエラーとなってしまうため，Initialization オプションにおいて空の2次元リストとして，masu と init を初期化しておかなければならないことである．最後の3つ目は，Manipulate が動的に変化することを監視しているが，マスごとに監視対象があるために評価や表示が輻輳してしまうことである．これを避けるため，SynchronousUpdating オプションで非同期の更新を禁止する．

 sudokuBlock[ap_ :0.75] := Manipulate[
  If[sw, masu = init = makesudokuMatrix[ap]; sw = False];
  Grid[{{Grid[Table[PopupMenu[(Dynamic[masu[[#1, #2]]]&[i, j]),
   Prepend[Range[9], ""], Enabled $\rightarrow$ (init[[i, j]] == "")], {i, 3},
   {j, 3}]]},
   {If[sudokuMatrixQ[masu], "完成しました！", "完成してません"]}}],
  {{sw, False, "ゲーム :"}, {True $\rightarrow$ "初期化する"}, Setter},
  SynchronousUpdating $\rightarrow$ True,
  Initialization :$\rightarrow$ (
   masu = init = Table["", {3}, {3}];

```
sudokuMatrixQ[cell_List] := (Sort[Flatten[cell]] === Range[9]);
makesudokuMatrix[p_:0.75] := Partition[Map[If[RandomReal[]
    < p, #, ""]&, RandomSample[Range[9]]], 3])
]
```

実際に，この関数を使って3×3サイズのパズルを作ると，次のようになる．ポップアップメニューを操作して，重複なく1から9までの数字でブロックを埋めると，「完成しました！」と表示が変化する．また，「初期化する」ボタンをクリックすると，新しいパズルが始まる．

```
sudokuBlock[]
```

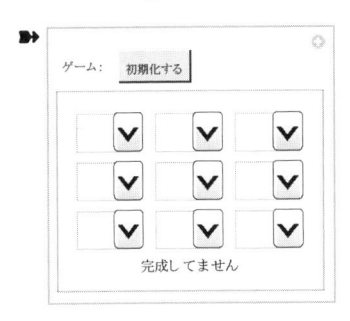

練習問題

本書のサンプルコードでは，3×3のブロックを表す枠線が描かれていない．Gridのオプションを調べ，ナンバープレースのブロックに見えるように，枠線などを描きなさい．

7.5　9×9サイズへの終了判定の拡張

この節では，前節までに定義した3×3サイズ向けの関数を，実際のサイズである9×9に拡張する．特に，大きな2次元リストを，よりサイズの小さい2次元リストに分割する方法などを説明する．これにより，2次元リストを活用する他のアプリケーションにも応用できるノウハウが身につく．

7.5.1　9×9サイズのパズル盤のデータ表現

ナンバープレース全体のデータ表現は，単純に9×9の2次元リストとする．つまり，次のような対応づけを行う．

{{1, 2, 3, 4, 5, 6, 7, 8, 9},
 {10, 11, 12, 13, 14, 15, 16, 17, 18},
 {19, 20, 21, 22, 23, 24, 25, 26, 27},
 {28, 29, 30, 31, 32, 33, 34, 35, 36},
 {37, 38, 39, 40, 41, 42, 43, 44, 45}, ⇔
 {46, 47, 48, 49, 50, 51, 52, 53, 54},
 {55, 56, 57, 58, 59, 60, 61, 62, 63},
 {64, 65, 66, 67, 68, 69, 70, 71, 72},
 {73, 74, 75, 76, 77, 78, 79, 80, 81}}

1	2	3	4	5	6	7	8	9
10	11	12	13	14	15	16	17	18
19	20	21	22	23	24	25	26	27
28	29	30	31	32	33	34	35	36
37	38	39	40	41	42	43	44	45
46	47	48	49	50	51	52	53	54
55	56	57	58	59	60	61	62	63
64	65	66	67	68	69	70	71	72
73	74	75	76	77	78	79	80	81

7.5.2 行と列の終了判定

データ表現から2次元リストの各レベル1の要素は行に対応する1次元リストになっており，それら1次元リストに定義済みの関数sudokuListQを適用することで，行の終了判定が実現できる．具体的には，Mapにより各要素に関数sudokuListQを適用し，結果の真偽値のリストの論理積を関数AndにApplyすることで計算すればよい．以下は，実際のサンプルコードである．

And@@Map[sudokuListQ, 全体の2次元リスト]

列の終了判定では，データ表現の2次元リストを行列と考え，組込み関数Transposeでその転置を計算することで，行と列を入れ換えることができる．転置後の2次元リストにおいては，元の列が行になっているので，行の終了判定と同じ方法で判定可能である．以下は，実際のサンプルコードである．

And@@Map[sudokuListQ, Transpose[全体の2次元リスト]]

7.5.3 3×3サイズのブロックの終了判定

3×3サイズのブロックに関する終了判定には，すでに定義済みのブロックの終了判定を行う関数sudokuMatrixQを利用する．すなわち，9×9の2次元リストを，3×3の計9個の2次元リストに分割し，そのそれぞれに対して関数sudokuMatrixQを適用する．最終的に，結果の真偽値のリストの論理積を関数AndにApplyすることで計算すれば，3×3サイズのすべてのブロックの終了判定となる．

問題となるのは，9×9の2次元リストを，3×3の2次元リストに分割するところである．一見すると面倒な作業に思えるが，組込み関数Partitionを利用することで簡

単に計算できる．例えば，Partition[2次元リスト, {2,2}] とすることで，次のような分割が可能となる．

$$\begin{pmatrix} 1 & 2 & 3 & 4 \\ 5 & 6 & 7 & 8 \\ 9 & 10 & 11 & 12 \\ 13 & 14 & 15 & 16 \end{pmatrix} \Rightarrow \begin{pmatrix} \begin{pmatrix} 1 & 2 \\ 5 & 6 \end{pmatrix} & \begin{pmatrix} 3 & 4 \\ 7 & 8 \end{pmatrix} \\ \begin{pmatrix} 9 & 10 \\ 13 & 14 \end{pmatrix} & \begin{pmatrix} 11 & 12 \\ 15 & 16 \end{pmatrix} \end{pmatrix}$$

9×9の2次元リストも，これと同様にして3×3の2次元リストに分割すればよいが，結果として求まるすべての2次元リストに対して関数sudokuMatrixQを適用する必要があり，Partitionによって得られる2次元リストの2次元リストのままでは扱いづらい．そこで，関数Flattenにより，これを2次元リストの1次元リストに変化させる．以下は，これを実現するためのサンプルコードである．

And@@Map[sudokuMatrixQ, Flatten[Partition[全体の2次元リスト, {3,3}], 1]]

7.5.4 終了判定のまとめ

最終的に，行，列，3×3サイズのブロックという3つの終了判定がすべて真であった場合にのみ，9×9サイズ全体としてパズルのルールを満たしていることになるため，これらの終了判定の論理積を計算すれば，目的の関数定義となる．以下は実際のサンプルコードである．

sudokuQ[masu_List] := And[
　(*行の確認*)
　And@@Map[sudokuListQ, masu],
　(*列の確認*)
　And@@Map[sudokuListQ, Transpose[masu]],
　(*ブロックの確認*)
　And@@Map[sudokuMatrixQ, Flatten[Partition[masu, {3,3}], 1]]
]

練習問題

3×3サイズのブロックの終了判定は，FlattenをMapの外に出すとともに，Mapの第3引数で関数の適用レベルを指定することでも可能である．この方法を実際に試し，どちらの方法がより高速に終了判定を行えるかを確認しなさい．

7.6 9×9サイズへの問題作成の拡張

本来，ナンバープレースの問題を作成するには，一定の理論に基づいて綿密に計算する必要がある．しかし，本書はナンバープレースの解説を目的としていないため，非常に簡単な方法で問題を作成する．リストの要素をずらすだけの方法であるが，これにより，前節に引き続き，リストを活用する他のアプリケーションにも応用できるノウハウを学ぶ．

7.6.1 最初の3行の作成

まず，3×3の問題作成でも用いた方法で，1行目を1から9までの整数がランダムに並んでいるリストとして生成する．これを，3つずつ左にずらすことで，2行目と3行目を作り出す．これにより，パズルのルールを満たす最初の3行分を作ることができる．似た操作を列にも行うことで，9×9サイズの問題を作れるため，3×3のブロックに前もって分割しておく．

例えば，1行目が6, 1, 2, 5, 7, 9, 3, 4, 8の場合，3つずつ左にずらした2行目として5, 7, 9, 3, 4, 8, 6, 1, 2が得られ，さらに3つずつ左にずらした3行目として3, 4, 8, 6, 1, 2, 5, 7, 9が得られる．これを3×3の2次元リストの1次元リストに分割すると，次のようなものが得られる．

$$\left\{ \begin{pmatrix} 6 & 1 & 2 \\ 5 & 7 & 9 \\ 3 & 4 & 8 \end{pmatrix}, \begin{pmatrix} 5 & 7 & 9 \\ 3 & 4 & 8 \\ 6 & 1 & 2 \end{pmatrix}, \begin{pmatrix} 3 & 4 & 8 \\ 6 & 1 & 2 \\ 5 & 7 & 9 \end{pmatrix} \right\}$$

左にずらすのには組込み関数RotateLeftを使い，これを3行分並べることで，3×9の2次元リストを得る．以下は，実際のサンプルコードである．

  Function[{#, RotateLeft[#, 3], RotateLeft[#, 6]}]
  [RandomSample[Range[9]]]

これを，3×3の2次元リストの1次元リストに分割するには，前節で用いたのと同じ方法（PartitionとFlatten）を使う．以下は，実際のサンプルコードである．

  Flatten[Partition[Function[{#, RotateLeft[#, 3], RotateLeft[#, 6]}]
  [RandomSample[Range[9]]], {3, 3}], 1]

7.6.2 残りの6行を付け加える

残りの6行分は，前3行をブロックごとに左に1つずつずらして作り出す．結果として，次のような9×3の2次元リストの1次元リストが得られればよい．

$$\left\{ \begin{pmatrix} 6 & 1 & 2 \\ 5 & 7 & 9 \\ 3 & 4 & 8 \\ 1 & 2 & 6 \\ 7 & 9 & 5 \\ 4 & 8 & 3 \\ 2 & 6 & 1 \\ 9 & 5 & 7 \\ 8 & 3 & 4 \end{pmatrix}, \begin{pmatrix} 5 & 7 & 9 \\ 3 & 4 & 8 \\ 6 & 1 & 2 \\ 7 & 9 & 5 \\ 4 & 8 & 3 \\ 1 & 2 & 6 \\ 9 & 5 & 7 \\ 8 & 3 & 4 \\ 2 & 6 & 1 \end{pmatrix}, \begin{pmatrix} 3 & 4 & 8 \\ 6 & 1 & 2 \\ 5 & 7 & 9 \\ 4 & 8 & 3 \\ 1 & 2 & 6 \\ 7 & 9 & 5 \\ 8 & 3 & 4 \\ 2 & 6 & 1 \\ 9 & 5 & 7 \end{pmatrix} \right\}$$

実際には，Mapを利用してブロックごとに，そのままのもの，左に1つずらすもの，2つずらすものから構成されるリストを作り，Flattenでリストの次元を1つ下げる．以下は，実際のサンプルコードである．

> Map[Flatten[{#, RotateLeft/@#, RotateLeft[#, 2]&/@#}, 1]&,
> (*最初の3行の作成の命令*)
>]

7.6.3 全体を1つの2次元リストに変換

7.5節で決めたパズルのデータ表現は，単純な2次元リストであるため，3つの2次元リストを横に接続する．結果として次の2次元リストが得られる．

$$\begin{pmatrix} 6 & 1 & 2 & 5 & 7 & 9 & 3 & 4 & 8 \\ 5 & 7 & 9 & 3 & 4 & 8 & 6 & 1 & 2 \\ 3 & 4 & 8 & 6 & 1 & 2 & 5 & 7 & 9 \\ 1 & 2 & 6 & 7 & 9 & 5 & 4 & 8 & 3 \\ 7 & 9 & 5 & 4 & 8 & 3 & 1 & 2 & 6 \\ 4 & 8 & 3 & 1 & 2 & 6 & 7 & 9 & 5 \\ 2 & 6 & 1 & 9 & 5 & 7 & 8 & 3 & 4 \\ 9 & 5 & 7 & 8 & 3 & 4 & 2 & 6 & 1 \\ 8 & 3 & 4 & 2 & 6 & 1 & 9 & 5 & 7 \end{pmatrix}$$

実際には，リストのレベルごとに同じ操作を適用するMapThreadと，リストの結合を行うJoinを組み合わすことで実現する．以下は，実際のサンプルコードである．

> MapThread[Join, (*残りの6行を付け加える命令*)]

7.6.4 残す数字と消す数字の決定

最終的に，3×3サイズの場合と同様に，残す数字と消す数字をランダムに選び，関数makesudokuとして定義すると，次のような命令になる．

makesudoku[p_ :0.75] := Map[If[Random[] < p, #, ""]&,
    MapThread[Join, Map[Flatten[{#, RotateLeft/@#,
      RotateLeft[#, 2]&/@#}, 1]&, Flatten[Partition[Function[{#,
      RotateLeft[#, 3], RotateLeft[#, 6]}][
      RandomSample[Range[9]]], {3, 3}], 1]]], {2}]

練習問題

ここで取り上げた9×9の問題作成方法は非常に単純なものであり，その仕組みを知っていると問題が簡単に解けてしまう．難しい問題を作成する方法はインターネット上などで公開されているので，作り方を調べ，自分なりの問題作成関数を定義しなさい．

7.7　9×9サイズへのパズル盤の拡張

個々の関数定義を3×3から9×9へ拡張したので，これらの関数を使って，パズル盤自体のサイズを9×9に拡張する．ここでは，当初の設計次第で柔軟にサイズを変更できることを学び，*Mathematica*においてもアプリケーションの設計が非常に重要であることを理解する．

本節では頭を使う必要がある部分はなく，単純に3×3を9×9へ拡張するだけである．具体的には，7.4節で定義した3×3サイズ用の関数に対して下記の2項目の修正を施すことで，最終的な関数定義が得られる．

(1) 2次元リストのサイズの拡大に伴って，反復変数の範囲を3から9に変更する．
(2) 9×9へ拡張した各関数定義をInitializationに付け加える．

    sudoku[ap_ :0.75] := Manipulate[
      If[sw, masu = init = makesudoku[ap]; sw = False];
      Grid[{{Grid[Table[PopupMenu[(Dynamic[masu[[#1, #2]]]
        &[i, j]), Prepend[Range[9], ""], Enabled → (init[[i, j]] == "")],
        {i, 9}, {j, 9}]]},
        {If[sudokuQ[masu], "完成しました！", "完成してません"]}}],
      {{sw, False, "ゲーム :"}, {True → "初期化する"}, Setter},
      SynchronousUpdating → True,
      Initialization :→ (

```
masu = init = Table["", {9}, {9}];
sudokuListQ[line_List] := (Sort[line] === Range[9]);
sudokuMatrixQ[cell_List]:=(Sort[Flatten[cell]]===Range[9]);
makesudokuMatrix[p_ :0.75] := Partition[Map[If[
  RandomReal[] < p, #, ""]&, RandomSample[Range[9]]], 3];
sudokuQ[masu_List] := And[
  And@@Map[sudokuListQ, masu],
  And@@Map[sudokuListQ, Transpose[masu]],
  And@@Map[sudokuMatrixQ, Flatten[Partition[
    masu, {3,3}], 1]]];
makesudoku[p_ :0.75] := Map[If[Random[] < p, #, ""]&,
  MapThread[Join, Map[Flatten[{#, RotateLeft/@#,
    RotateLeft[#, 2]&/@#}, 1]&, Flatten[Partition[
      Function[{#, RotateLeft[#, 3], RotateLeft[#, 6]}][
        RandomSample[Range[9]]], {3,3}], 1]], {2}];
)]
```

実際に実行してみると，次のようにナンバープレースのアプリケーションが表示され，パズルで遊ぶことができる．

sudoku[ ]

練習問題

本節の拡張をまねて，16×16サイズへの拡張も簡単にできる．そこで，実際に16×16サイズのナンバープレースのアプリケーションを作成しなさい．

7.8 親切な機能を追加しよう

すでにナンバープレースのパズルとしての大枠は完成している．ここでは，パズルとしてより親切な機能として，数字の重複が発生しているかどうかを表示する機能を付け加える．これにより，リスト操作の違った実例を見ることができ，リストを活用する他のアプリケーションにも応用できるノウハウが習得できる．

7.8.1 数字の重複を発見する関数定義

まず，行に関して重複した数字が使われていないかを確認する．パズルの終了判定と同じく，転置を行ってから行に対して操作をすれば，列に関しても同じように判定できる．そのため，行に関してのみ検討すればよい．

行に関する確認はさまざまな方法で可能であるが，ここでは組込み関数 Union を利用し，重複を取り除いたリストと取り除く前のリストの長さを比較することで行う．これから埋めなければならない空欄のマスについては，重複していても問題ないため，事前に取り除いておく必要がある．したがって，単純には次のような命令となる．

  Length[Union[Cases[対象の行, _Integer]]]
  === Length[Cases[対象の行, _Integer]]

しかしこれでは，組込み関数 Cases で，整数の頭部を持つ要素のみを取り出す操作を重複して実行することになるため，効率が良くない．そこで，何度も出てきている Function を用いることにする．結果として，次のようなサンプルコードとなる．

  sudokuweakListQ[line_List] :=
   Function[Length[Union[#]] === Length[#]][Cases[line, _Integer]]

3×3のブロックに関する確認は，パズルの終了判定と同じく，2次元リストを1次元リストに変換してから，行と同じ操作をすればよい．したがって，次のようなサンプルコードで確認できる．

sudokuweakMatrixQ[cell_List] :=
　　Function[Length[Union[#]]
　　　　=== Length[#]][Cases[Flatten[cell], _Integer]]

パズル全体で数字の重複が生じていないかを確認するのも，パズルの終了判定と同じ仕組みである．したがって，上記の関数を組み合わせ，次のサンプルコードのように論理積を計算すればよい．

sudokuweakQ[masu_List] := And[
　　And@@Map[sudokuweakListQ, masu],
　　And@@Map[sudokuweakListQ, Transpose[masu]],
　　And@@Map[sudokuweakMatrixQ, Flatten[Partition[masu,
　　　　{3, 3}], 1]]
]

7.8.2　アプリケーションの定義の全体

数字の重複あり/なしの表示を，前項で定義した関数 sudokuweakQ に基づいて行うため，次のようなプログラムをアプリケーションに追加することを考える．

If[sudokuweakQ[masu], (頑張りましょう), (数字に重複あり)]

ここでは単純に，パズルの完成/未完成の表示の右隣に，数字の重複あり/なしの表示を行う．これまでの定義においては，パズルの盤と完成/未完成の表示という 2×1 の 2 次元構造を Grid で表示していたが，表示文字列が増えたことにより，2 次元構造が崩れてしまう．このような場合，Grid でセル間の結合を行わせる SpanFromLeft を使うと，2×2 の 2 次元構造を 4 つの要素ではなく 3 つの要素で実現できる．結果として，アプリケーションの定義は次のようになる．

sudoku[ap_ :0.75] := Manipulate[
　　If[sw, masu = init = makesudoku[ap]; sw = False];
　　Grid[{{Grid[Table[PopupMenu[(Dynamic[masu[[#1, #2]]]
　　　　&[i, j]), Prepend[Range[9], ""], Enabled → (init[[i, j]] == "")],
　　　　{i, 9}, {j, 9}]], SpanFromLeft},
　　{If[sudokuQ[masu], "完成しました！", "完成してません"],
　　　　If[sudokuweakQ[masu], "(頑張りましょう)",
　　　　　　"(数字に重複あり)"]}}],

```
  {{sw, False, "ゲーム:"}, {True → "初期化する"}, Setter},
  SynchronousUpdating → True,
  Initialization :→ (
    masu = init = Table["", {9}, {9}];
    (*ここに必要な関数定義が入る*)
  )
]
```

練習問題

本節のサンプルコードでは，パズルの完成/未完成，数字の重複あり/なしの表示を別々に行っている．これがより見やすく統合された表示，例えば「完成しました！」，「このままでは完成しません」，「完成を目指してマスを埋めましょう」の3つの表示になるように，GridとIfの部分を修正しなさい．

7.9 見た目を綺麗にしよう

アプリケーションの見た目は初めて触るときの敷居を下げ，ユーザーの利便性を向上させる．本節では，本章で目指したアプリケーションの完成度を向上させるため，よりナンバープレースらしい見た目にすることを試みる．使うテクニックは，どれも他のアプリケーションに応用できるものである．

7.9.1 見た目の工夫

ここでは，次の工夫により見た目を向上させる．

(1) ManipulateのFrameLabelオプションを使って，アプリケーションの名前「ナンバープレース」を表示する．
(2) ナンバープレースのパズルと見てわかるように，GridのDividersオプションを使って，格子状の枠線を（ただし，ブロック部分が太線となるように）描く．
(3) 前節の練習問題にあったように，2つのメッセージを1つに統合する．
(4) PopupMenuの第4引数に，ポップアップメニューを操作していないときに表示する数字を指定することで，手軽で親しみやすい，単に数字が並んでいるだけのナンバープレースの見た目にする．

(5) PopupMenuの第4引数を指定すると，選択肢の表示が小さくなり見づらいので，MapThreadとRuleを利用して，選択時に画面表示される数字の前に空白を挿入する．
(6) PopupMenuの表示を変更すると，マスの大きさが統一されなくなるため，GridのItemSizeオプションで，各マスの大きさが同じになるようにする．
(7) PopupMenuのBaseStyleオプションを活用することで，初めから埋まっていたマスの数字と，ユーザーが埋めたマスの数字を異なる色で表現する．

✍ 数字などの表示において，空文字列でなく四角状の記号を使うことにすると，問題作成を行う関数の定義が次のように若干変化することに注意する．

$$\mathrm{makesudoku}[p\_:0.75] := \mathrm{Map}[\mathrm{If}[\mathrm{Random}[\,] < p, \#, "\square"]\&,$$
$$\mathrm{MapThread}[\mathrm{Join}, \mathrm{Map}[\mathrm{Flatten}[\{\#, \mathrm{RotateLeft}/@\#,$$
$$\mathrm{RotateLeft}[\#, 2]\&/@\#\}, 1]\&, \mathrm{Flatten}[\mathrm{Partition}[$$
$$\mathrm{Function}[\{\#, \mathrm{RotateLeft}[\#, 3], \mathrm{RotateLeft}[\#, 6]\}][$$
$$\mathrm{RandomSample}[\mathrm{Range}[9]]], \{3, 3\}], 1]]], \{2\}]$$

7.9.2 完成したアプリケーションの定義と実行例

```
sudoku[ap_ :0.75] := Manipulate[
  If[sw, masu = init = makesudoku[ap]; sw = False];
  Grid[{{Grid[Table[PopupMenu[(Dynamic[masu[[#1, #2]]]&[i, j]),
    MapThread[Rule, {Prepend[Range[9], "□"], {"□", "1", "2", "3",
    "4", "5", "6", "7", "8", "9"}}], "□", Dynamic[masu[[#1, #2]]]
    &[i, j], Enabled → (init[[i, j]] == "□"), BaseStyle → If[init[
    [i, j]] == "□", Red, Black]], {i, 9}, {j, 9}], ItemSize → {1.5, 1.5},
    Dividers → {{{Thick, Thin, Thin}}, {{Thick, Thin, Thin}}}]},
    {If[sudokuQ[masu], "完成しました！", If[sudokuweakQ[masu],
    "完成してません", "数字が重複してます"]]}}],
  {{sw, False, "ゲーム:"}, {True → "初期化する"}, Setter},
  FrameLabel → "ナンバープレース",
  SynchronousUpdating → True,
  Initialization :→ (
    masu = init = Table["□", {9}, {9}];
    (*ここに必要な関数sudokuListQ, sudokuMatrixQ, sudokuQ,
```

sudokuweakListQ, sudokuweakMatrixQ, sudokuweakQ,
makesudokuの定義が入る*)
　)
]

練習問題

本章で完成させたアプリケーションでは，ナンバープレースの難易度（ここでは空欄のマスの割合）をアプリケーション内でマウスを使って変更できない．一方，問題作成等の関数においては，割合を数値で指定できるようにしている．そこで，スライダーなどのコントローラを活用することで，難易度をマウスで変更できるようにしなさい．

付録A キーボードショートカット

キーボードのショートカットを覚えると，入力や評価がかなり楽になる．ここではよく使うショートカットについて扱う．

A.1 入力時のショートカット

A.1.1 入力を簡単にするショートカット

- 長い関数には[CTRL]+K（Macは⌘+K）
  —— 長いMathematica関数を入力する際に，最初の数文字を入力してから[CTRL]+Kを押すと，関数の候補を表示したり，補完したりすることができる．
- もう1回入力したいときは[CTRL]+L（Macは⌘+L）
  —— ノートブック上のすぐ上に位置する入力セルを，そのままコピーする．元々のプログラムを残したままオプションを変更したり，修正してみるときに便利である．
- 出力を使いたいときは[SHIFT]+[CTRL]+L（Macは[SHIFT]+⌘+L）
  —— ノートブックの直前の出力をコピーする．%の参照と大きく異なるのは，%は現在入力しているプログラムの1つ前の出力結果であり，ノートブックのどこに位置していてもかまわないのに対し，[SHIFT]+[CTRL]+Lはノートブックの直前の出力が対象となることである．

A.1.2 数式入力のショートカット

数式入力のためのショートカットを使い慣れると，素早く数式を入力することができる．すでにBasicMathInputのパレットで速い入力のできる方は覚える必要はないが，簡単な数式の修正のときにも便利に使える．

- 上付き文字 —— [CTRL]+6

    $2^{2^{2^{2^2}}}$

- 下付き文字 —— [CTRL]+_

    x_n

- ルートの表示 —— [CTRL]+2

    $\sqrt{\sqrt{\sqrt{\sqrt{2}}}}$ ➡ $2^{1/16}$

- 分数の表示 —— [CTRL]+/

    $\dfrac{2}{3}+\dfrac{1}{2}$ ➡ $\dfrac{7}{6}$

A.1.3 セルのスタイルのショートカット

Mathematicaのノートブックを使って発表資料や原稿などを作るとき，TitleセルやTextセルなどの区別をしながらセルに入力する必要がある．ツールバーを出しておけばそれで指定することができるが，ショートカットを覚えておくと入力が楽になる．

スタイルによってショートカットは異なるが，Defaultのスタイルシートでは，

- Titleセル —— [ALT]+1（Macは⌘+1）
- Sectionセル —— [ALT]+4（Macは⌘+4）
- Textセル —— [ALT]+7（Macは⌘+7）
- Inputセル —— [ALT]+9（Macは⌘+9）

などが割り当てられている．詳しくは「書式」メニューのスタイルを見れば表示される．

A.2 評価時のショートカット

- 評価は[SHIFT]+[ENTER]
    —— 関数の実行が[SHIFT]+[ENTER]であることはすでに知っていると思う．しかし時によっては，数式のほんの一部だけを評価したいときもある．

❑ 一部の評価は [SHIFT]+[CTRL]+[ENTER]（Macは [SHIFT]+ ⌘+[ENTER]）
—— Mathematica では式の一単位をクリックで選択することができる．そこで
[SHIFT]+[CTRL]+[ENTER] を押すと，選択した部分だけが評価される．次
の例はあまり良い例ではないが[1]，Table $[x^n, \{n, 1, 10\}]$ の部分だけを選択し，
[SHIFT]+[CTRL]+[ENTER] を押すと，その下のような結果になる．

$\text{Plot}\left[\text{Table}\left[x^n, \{n, 1, 10\}\right], \{x, -1, 1\}, \text{PlotRange} \to 1\right]$

$\text{Plot}\left[\{x, x^2, x^3, x^4, x^5, x^6, x^7, x^8, x^9, x^{10}\}, \{x, -1, 1\},\right.$
$\left.\text{PlotRange} \to 1\right]$

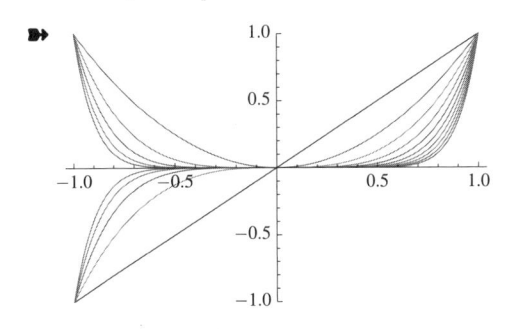

✎ 評価を途中でやめる操作については，付録 B を参照．

A.3　マウスの複数回クリック

　Mathematica をよく使う人は，Mathematica の不思議なクセを知っている．例えば，
[SPACE]TeX[SPACE] と入力すると，TeX と表示されたり，[SPACE]mma[SPACE]
と入力すると，よく目にするある言葉になる．

　実はマウスのクリックにもコツ（クセ？）があり，シングルクリックやダブルク
リックを超える複数回のクリックもよく使われている．関数やプログラムの中で複
数回のクリックを行うと，Mathematica は式の形を判断して，次第に大きい範囲の選
択に拡大してくれる．これを知っていると，カッコの対応を確認したり，プログラム
の構造を理解したりするのに便利である．また，数式に関しても複数回クリックは
意味を持っている．実際に少し長いプログラムをできるだけ内側から複数回クリッ
クしてみよう．その意味が理解できるだろう．

---

[1] なぜ良い例ではないのかは，2.18 節「グラフィックスの無駄を避ける方法」で説明している．

付録B 実行を途中でやめたいとき

　何らかの理由で評価を途中でやめたいときは，以下の段階を踏んで終了してほしい．突然カーネルを終了することがないように，ここに書かれたことは，あらかじめ覚えておこう．

(第1段階) 評価を中断・放棄

　キーボードショートカットで次のように入力すると，評価の中断または放棄が行われる．評価の中断と放棄の違いは，中断の場合，放棄や再開のダイアログが表示されるのに対し，放棄はただちに評価をやめてしまうことである．

	Windows	Mac	X
評価の中断	[ALT]+,	⌘+,	[ALT]+,
評価の放棄	[ALT]+.	⌘+.	[ALT]+.

　これらは文法的に誤ったプログラムを実行してしまったり，評価に時間がかかるものを実行してしまい，途中でやめたいときに有効である．なお，「評価」メニューからでも同様の処理をすることができる．

(第2段階) カーネルの終了

　評価の放棄でも終了しない場合，カーネルを終了する必要がある．評価の放棄とカーネルの終了の大きな違いは，評価の放棄では今までの実行結果が記憶されているのに対し，カーネルの終了では今までの実行結果は反映されないという点である．後者では，ノートブックとカーネルの通信がいったん切断され，カーネルが終了する．ただし，ノートブックは残っているので，もう一度，必要なところを修正した上で実行すればよい．カーネルの終了は，「評価」メニューの「カーネルを終了」から行う．

(第3段階) Mathematicaの終了

　滅多にないことではあるが，カーネルが終了しないときにはMathematicaのアプリケーション自体を終了しなければならない．この場合には，ノートブックの内容は

保存できないかもしれない．「ファイル」メニューから「終了」，または終了のショートカットなどを使うことで Mathematica は終了する．

もしこれでも終わらない場合には，OSが提供する環境でアプリケーションの強制終了などを行う必要がある．

付録C 他言語との比較と処理速度

C.1 MathematicaとC, Basicでのプログラミング比較

*Mathematica*の関数型表現を利用すると，短いコードで簡潔にプログラムを記述できる．次にいくつかの例を示す．

(1) 表示

【*Mathematica*】 "Hello, world!"

【C】 `#include <stdio.h>`
`main() {printf ("Hello, world!¥n");}`

【BASIC】 `PRINT "Hello, world!"`

(2) 代入

【*Mathematica*】 $x = 5$
$y = x\verb|^|2$

【C】 `#include <stdio.h>`
`#include <math.h>`
`main(){int x, y; x=5; y=pow(x,2);`
  `printf ("%d¥n", y);}`

【BASIC】 `x=5`
`y=x^2`
`PRINT y`

(3) 配列

【*Mathematica*】 $\text{data} = \{1, 2, 3, 4, 5\}$
Mean[data]

【C】 `#include <stdio.h>`

```
                    #include <math.h>
                    main(){
                      int n, total, i;
                      int data[]={1,2,3,4,5};
                      n=5; total=0;
                      for (i=0; i<5; i++) {total=total+data[i];}
                      printf ("%d¥n",total/n);}
```

【BASIC】
```
          DATA 1,2,3,4,5
          LET n=5
          LET total=0
          FOR I=1 to 5
            READ x
            LET total= total+x
          NEXT I
          PRINT total /n
          END
```

(4) ユーザー関数

(階乗 $n!$ のプログラム例:$n! = 1\ (n = 1),\ n! = n(n-1)!\ (n > 1)$)

【Mathematica】 $\text{fact}[n\_] := 1 /; n == 1$

$\text{fact}[n\_] := n * \text{fact}[n-1] /; n > 1$

$\text{fact}[25] \to 15\,511\,210\,043\,330\,985\,984\,000\,000$

or $\text{Factorial}[25] \to 15\,511\,210\,043\,330\,985\,984\,000\,000$

✍ Mathematica は3桁の位取りにスペースを自動表示する.

【C】
```
          #include <stdio.h>
          double fact (double n){
            if (n<=1.0) return 1.0;
            else return n* fact(n-1);}
          void main(){
            double n; n=5.0;
            printf ("%30.0f¥n", fact(n));}
```

$n = 25 \to 15511210043330986055303168$
(有効桁溢れエラーのため下位桁が正しくない)

【BASIC】 `FUNCTION fact(n)`

```
      IF (n<=1) THEN
         LET fact = 1
      ELSE
         LET fact = n * fact(n-1)
      END IF
   END FUNCTION
   n=25
   PRINT fact(n)
   END
```
$n = 25 \to 1.5511210043331E25$ (近似値としては正しい)

C.2 プログラム形式と計算速度の関係

プログラム形式の違いによる処理速度の違いを示す．ここでは例として一万個の乱数の合計を求める．Timing[]は計算時間（秒）と計算結果を返す．

$\text{data} = \text{RandomReal}[\{0, 1\}, 10\,000];$

(1) 手続き型プログラミング

$\text{Timing}[t = 0;$
$\text{For}[i = 1, i<=\text{Length}[\text{data}], i++, t = t + \text{data}[[i]]];$
$t]$

➡ $\{0.08, 4941.8\}$

(2) 関数型プログラミング（リスト関数を使用）

$\text{Timing}[\text{Apply}[\text{Plus}, \text{data}]]$

➡ $\{6.74374 \times 10^{-17}, 4941.8\}$

(3) 関数型プログラミング（組込み関数を直接使用）

$\text{Timing}[\text{Total}[\text{data}]]$

➡ $\{5.85469 \times 10^{-17}, 4941.8\}$

この例では，組込み関数を使うと，手続き型プログラミングより10^{15}倍速い．言い方を変えると，手続き型で5千万年かかる計算が，組込み関数では1秒で終わる．

$50\,000\,000 \times 365 \times 24 \times 60 \times 60$

➡ $1\,576\,800\,000\,000\,000$

C.3　Excel関数とMathematica関数

Excelの統計関数に対応するMathematica関数を示す．Excel統計関数のほとんどは，*Mathematica*の組込み関数（一部ユーザー関数）で同等以上の機能を実現する．

(1) AVEDEV
データ全体の平均値に対するそれぞれのデータの絶対偏差の平均を返す．

　　　MeanDeviation[{1, 2, 3, 4, 5}]//N
　　　➡ 1.2

(2) CHIDIST
CHIDIST(x, 自由度) で，カイ二乗分布の片側確率の値を返す．

　　　1 − CDF[ChiSquareDistribution[10], 18.307]
　　　➡ 0.0500006

C.4　Mathematicaの処理速度

1000万件のデータの平均値を求める．

　data = RandomReal[{40, 100}, {10 000 000}];
　Timing[Mean[data]]
　　➡ {0.07, 70.001}

この例では，計算時間0.07秒，平均値70が求まる．ちなみに，1000万件のデータはメモリを約80MB消費している．

　ByteCount[data]
　　➡ 80 000 092

C.5　Mathematicaの入出力形式

*Mathematica*はさまざまな入出力形式を持っている．主な形式を紹介する．

入力形式

(1) InputForm（通常の入力形式）

　　　`Exp[I θ] == Cos[θ] + I Sin[θ]`

(2) タイプセットを利用した入力

$$\frac{1}{n}\sum_{i=1}^{n} x_{[i]}$$

📎 *Mathematica* 6 の場合，タイプセットはメニューの「パレット」の下にいくつかの種類が並んでいる．通常は「数式入力」で十分だが，より詳しい記号が必要な場合は「基礎的なタイプセット」を選ぶ．

出力形式

出力形式もいくつかある．上記の入力形式（1）と同じ式

`Exp[Iθ] == Cos[θ] + I Sin[θ]`

を入力した場合を例に，2つの出力形式を示す．

(1) StandardForm

$e^{i\theta}$ == Cos[θ] + i Sin[θ]

(2) TraditionalForm（変数をイタリック体で表示）

$e^{i\theta} = \cos(\theta) + i\sin(\theta)$

📎 本書は，*Mathematica* ノートブックで執筆し，TeX ソースを出力後，TeX で書籍化した．この関係で，本書の式はノートブック本来のフォントと異なり，スペース間隔ほか文字のレイアウトも微妙に異なる．上記の例はノートブックの表示をそのまま示すものだが，本書全体では，次のように Computer Modern フォント（TeX の標準フォント）を使って表されている．

$$\mathrm{Exp}[I\theta] == \mathrm{Cos}[\theta] + I\mathrm{Sin}[\theta]$$

$e^{i\theta} = \cos(\theta) + i\sin(\theta)$

付録D　Mathematicaで小説を読む

　Mathematicaには，文章を扱う組込み関数も豊富に揃っており，小説などに面白い効果を与えることもできる．例えば，宮沢賢治の『銀河鉄道の夜』の一節を，小学一年生になったつもりで読んでみよう．

　まず，オリジナルの文章をMathematicaに文字列として読み込む．ここでは，シンボルoriginalに割り当てている．

　　original =
　　　"ジョバンニはもういろいろなことで胸がいっぱいでなんにも云えずに博士
　　　　の前をはなれて早くお母さんに牛乳を持って行ってお父さんの帰ること
　　　　を知らせようと思うともう一目散に河原を街の方へ走りました．";

　続いて，小学校学習指導要領の学年別漢字配当表の第一学年（文部科学省のウェブサイトから入手可能）に掲載されている漢字も，Mathematicaに文字列として読み込む．ここでは，シンボルgakunen1に割り当てている．

　　gakunen1 =
　　　"一右雨円王音下火花貝学気九休玉金空月犬見五口校左三山子四糸字耳七車
　　　　手十出女小上森人水正生青夕石赤千川先早草足村大男竹中虫町天田土二
　　　　日入年白八百文木本名目立力林六";

　この状態で，文字列を文字単位に分割する組込み関数Charactersと，指定された変換規則に基づいて文字列の置き換えを行う組込み関数StringReplaceを組み合わせると，小学一年生で習わない漢字を伏字にすることができる．以下は，実際のサンプルコードである．不明な関数については，ドキュメントセンターを参照されたい．

　　StringReplace[original, Map[Rule[#, "□"]&, Complement[
　　　Characters[original], Union[Characters[gakunen1],
　　　CharacterRange["、", "ー"]]]]]

➡ ジョバンニはもういろいろなことで□がいっぱいでなんにも□えずに□□の□をはなれて早くお□さんに□□を□って□ってお□さんの□ることを□らせようと□うともう一目□に□□を□の□へ□りました。

索引

■ 記号

/@　163
:=　35, 155
:>　45
:→　45
=　35, 154
=.　47
==　14
===　14
≫　4
[[...]]　22
$ContextPath　49
$ExportFormats　53
$ImportFormats　52
$MaxMachineNumber　11
％記号　13
&&　15
_　157
___　165
→　45
||　15

■ 数字

1次結合　224
2群の平均値の差の検定　178
440Hzの音　117

■ 英字

Accumulate　18
Accuracy　10
Ambient　100
And（&&）　15
Animate　105
ANOVATable　185
Apart　39

Appearance　133
Appearance → None　141
Apply　29, 30
　――やMapのレベル　30
Array　27
AsymptoticCorrelationMatrix　185
Attributes　16, 49, 242

BarChart　194
BarCharts　194
Basic　262
Begin　49
BeginPackage　49
BestFitParameters　185
BinomialDistribution　178
BlankNullSequence　165
Block　180
Buchberger　217

C　262
Cancel　40
capitalRecoveryFactor　191
CDF　178, 265
CentralMoment　177
chiSquareContingencyTable　179
ChiSquareDistribution　265
ChiSquarePValue　179
Chop　136
Circle　93
Clear　36, 47
ClearAll　176
ColorFunction　83
Complex　6
CompoundExpression　137, 170
Context　49
ContourPlot　8, 59, 82, 83
ContourPlot3D　84
ControlType　129

Correlation   182
[CTRL]+/   258
[CTRL]+_   258
[CTRL]+2   258
[CTRL]+6   258
[CTRL]+K   257
[CTRL]+L   257
Cuboid   97
Cylinder   98

D   42
DataRange   73
DateListPlot   183
DendrogramPlot   182
DensityPlot   84
Deployed   107
Det   17
Dimensions   23
Directional   101
Discriminant   39
Disk   94
Divisors   12, 19
Drop   181
Dynamic   242

EdgeForm   97
Eliminate   39
End   49
EndPackage   49
Equal (==)   14
EqualVariances   178
EstimatedVariance   185
Evaluate   114, 115, 137
EvenQ   14
ExactNumberQ   10
Excel関数とMathematica関数   265
Expand   38
ExpandAll   38
ExpandDenominator   40
Export   50
ExpToTrig   41, 46

Factorial   263
FactorInteger   12, 121
Filling   64, 90
FinancialData   181
FindRoot   41
First   22

fishersExactTest   180
Fit   198
FitCurvatureTable   185
FixedPointList   34
Flash形式でのExport   53
Flatten   24, 237, 249
FlipView   109
Fold   32, 33
For   264
Fourier   200
Frame   196
FrameLabel   196
FullForm   7, 24
FullSimplify   46
Function   27, 242
FunctionExpand   46

GCD   12
Global`   48
Glow   99
Graphics   60
Graphics3D   60
GraphicsColumn   104
GraphicsComplex   111
GraphicsGrid   103
GraphicsRow   104
Grid   102
GroebnerBasis   224

Head   6
HierarchicalClustering   181
HoldFirst   242
HypothesisTesting   178, 179

If   167
Image   51
Import   50, 51, 184, 201
Initialization   140, 146
InputForm   25, 26
Integer   10
Integrate   42
Interpolation   196
InterpolationOrder   89
Inverse   17

Join   249

Last   22
LCM   12

索引

LeafLabels　182
Length　22, 25
Lighting　100
Limit　42
Line　92
List　19
Listable　16
ListAnimate　55, 106
ListContourPlot　90
ListDensityPlot　91
ListInterpolation　51
ListLinePlot　58, 75
ListLogLinearPlot　202
ListPlot　73
ListPlot3D　89
LocatorAutoCreate　137
Log　13
LogicalExpand　15

Manipulate　7, 25, 120, 121
　——でのユーザー定義変数の使用　145
Map　29, 249
　——や Apply のレベル　30
MapThread　249
Mathematica
　—— Player　142, 143
　—— Player 用のファイルへの変換　144
　——の終了　260
　——の評価順序　114, 242
MatrixForm　16
Max　18
MaxRecursion　70
MeanDeviation　265
MeanDifferenceTest　178
Median　177
Members　181
MenuView　109
Mesh　64
Mesh → All　80
MeshFunctions　65
MeshShading　90
Module　48, 170
Most　22
Mouseover　108
MovingAverage　198

N　7, 9, 10, 12
Nest　32

NestList　32
netAdjustedAnnualValue　189
netFinalValue　188
netPresentValue　188
NIntegrate　42
NonlinearRegress　184
NonlinearRegression　184
Normal　111
Not　15
NSolve　41
NumberQ　15
NumericQ　15

OddQ　14
OneSidedPValue　179
Opacity　80
Options　63, 171
OptionsPattern　172
OptionValue　172
opts___Rule　173
Or（||）　15
Orientation　182
Outer　179

ParameterCITable　185
ParametricPlot　66
ParametricPlot3D　85
Part　22, 25, 202
Partition　24
payBackPeriod　190
period　200
Play　117
Plot　58, 62
Plot3D　7, 79
PlotMarkers　75
PlotPoints　70
PlotRange　105
PlotStyle　64
Plus　264
Point　92, 101
　——（3次元）　96
PointSize　92
PolarPlot　67
Polygon　93
PolynomialGCD　39
Positive　14
Precision　10
Price　181

PrimeQ 14

RandomChoice 21
RandomInteger 20, 22, 23, 153
RandomReal 21
Range 19
rateOfReturnOnInvestment 189
Rational 10
Rationalize 9, 13
Reduce 41, 43
RegionFunction 71
RegionPlot 69
RegionPlot3D 86
Remove 47
ReplaceAll 44
ReplaceRepeated 44
Rest 22
Reverse 18
RiemannSiegelZ 118
RotateLeft 201, 248
Round 186
Rule 43
Rule（→） 45
RuleDelayed（:> または :→） 45

SameQ（===） 14
SampleRate 117
SaveDefinitions 147
seaSurfaceTemperature145 196
Select 14, 24
sensitivityAnalysis 191
Setter 240
[SHIFT]+[CTRL]+[ENTER] 259
[SHIFT]+[CTRL]+L 257
[SHIFT]+[ENTER] 258
Short 184
Show 61
Simplify 45, 210, 212
SlideView 110
Solve 20, 41
Sort 18, 24
SoundNote 119
SP100 181
[SPACE]mma[SPACE] 259
[SPACE]TeX[SPACE] 259
SpanFromLeft 253
Specularity 80, 100
Sphere 97

Spot 101
StandardDeviation 177
StandardForm 266
Subsets 17
Superscript 121
Symbol 6
SynchronousUpdating 244
System` 48
S多項式 215

Table 7, 19
TabView 109
Take 22, 24, 201
Tally 22
Ticks 64
Together 39
Tooltip 108
Total 179
TrackedSymbols 138, 148
TraditionalForm 266
Transpose 179
TreeForm 23, 26
TrigExpand 38, 46
TrigFactor 46
TrigReduce 46
TrigToExp 46
TrimmedMean 177
TruncateDendrogram 182
Tuples 19
TwoSided 178
TwoSidedPValue 178
twowayTableFishersTest 180

Union 252

Value 181
VertexColors 112
ViewPoint 81
ViewVertical 81

While 167
Wolframデモンストレーションプロジェクト
  143

■あ

アニメーション 105
　——の移行 55
アンダースコア（_） 157

索引

アンダーフロー　11
以前のバージョンからの移行方法　54
一部の評価　259
陰関数のグラフ　83
因数分解　38

ウェーブレット
　　——の基底集合　228
　　——法によるデータ圧縮　227

円筒形　98

オーバーフロー　11
音　117
オプション　59, 171
音声や音楽データの読み込み　119
温暖化　195

■ か

カーネルの終了　260
カイ二乗検定　178
回収期間　190
海水温度変化　196
ガウスの消去法　215
片側検定　179
カラースキーム　83
刈り込み平均値　177
関数
　　——型プログラミング　264
　　——への情報の引き渡し　156
感度　187
　　——分析　190
簡約化　45

偽（False）　14
キーボードショートカット　5, 257
機械精度　10
棄却域　179
記述統計　177
帰無仮説　179
逆行列　17
逆三角関数　13
鏡面指数　80, 100
行列　16
　　——式　17
極形式の方程式　67
極限　42

曲面の描画　79
クラスター分析　181
グラフィックス
　　——インスペクタ　77
　　——の回転　81
　　——の要素　92
　　——プリミティブ　58, 92
　　——プリミティブ（3次元）　96
グラフの不等式領域　28
グレブナー
　　——基底　219
　　——基底法　206, 217
原子式（アトム）　6
厳密数　9, 12

コンテキスト　48, 148
　　——による変数の衝突の回避　149
コントローラ　129

■ さ

再帰方程式　41
最小公倍数　12
最大公約因子　39
最大公約数　12
榊原進　2
三角関数　13
　　——の展開　38
参照名　158
サンプリングレート　117

ジェリー・グレン　2
式　6, 24
自然対数　13
自動互換性検証ツール　56
純関数　27
　　——の応用　27
商　40
条件
　　——式　14
　　——分岐　167
正味
　　——現価　188
　　——終価　188
　　——年価　189
剰余　40
真（True）　14

数値
　　——解　41
　　——積分　42
数独　233
スライダー
　　——で変化させる値　124
　　——で変化させる変数の初期値　125
　　——とロケータの複合　134
　　——を使ったアプリケーション　124

静的スコープ　169
精度と速さ　11
正の約数　12
積集合∩（Intersection）　17
セッターバー　127

素因数分解　12
即時
　　——的な定義　151, 153, 154
　　——割り当て（=）　35
損益分岐点　190

■ た _____

対数の底　13
対立仮説　179
多角形　93
多変量解析　181
単独の1元1次方程式　208
単独の1元高次方程式　212
単独の2元1次方程式　209
単変量解析　178

遅延
　　——的な定義　151, 154
　　——的な定義内での即時的な定義　161
　　——割り当て（:=）　35
置換規則　43
中央値　177

通常の式　6
通分　39

定積分　42
データのプロット　58
テオ・グレイ　2
手続き型プログラミング　264
展開　38
点の座標マーカー　78

等高線
　　——の描画　82
　　——の補間　90
投資経済性　187
同値　208
　　——変形　211
　　——変形を連ねる推論　208
頭部の指定　163
ドキュメントセンター　2
特異度　187
匿名関数　27

■ な _____

中村健蔵　57
ナンバープレース　233

ニュートン法　41
入力時のショートカット　257

■ は _____

バウンディングボックス　77
パターンオブジェクト　157
パッケージの作り方　49
反射指数　99
半透明　80
判別式　39

引数　156
　　——のデフォルト値の設定　166
非厳密数　9, 10
非線形
　　——回帰分析パッケージ　184
　　——の連立代数方程式　227
評価
　　——の中断　260
　　——の放棄　260
描画ツール　77
標本標準偏差　177

フィッシャーの正確確率検定　180
複合文　137
複数のグラフィックスの配置　102
複数のスライダー　126
複数のロケータ　132
不定
　　——元　222

——積分　42
不等式領域の描画　69, 86
部分
　　　——集合　17
　　　——分数式　39
プリミティブ　60
分割表の検定　178

平均値　177
ベクトル　16
変数
　　　——の動ける範囲の制限　139
　　　——の局所化　170
　　　——のクリア　47
　　　——の副作用　138
偏微分　42

方程式　40
補集合　17
ポップアップメニュー　127, 128
母標準偏差　177
母比率の検定　178

■ ま

ミランコビッチサイクル　201

無限
　　　——精度　10
　　　——に多くの解　210

■ や

約分　40

有効桁数　10
有理数　13

陽関数　62
要素の並べ替え　18

■ ら

離散フーリエ変換　200
リスト　16, 19
利回り　189

ループ処理　167

連立
　　　——1元高次方程式　213
　　　——2元1次方程式　211
　　　——2元高次方程式　214
　　　——方程式　41

ロケータ　130
　　　——の基本的な使用例　131
　　　——の書式　130
ロジスティック曲線　184
論理式　15

■ わ

和集合 ∪（Union）　17
割り当て（代入）　35

＜編著者紹介＞

宮地　力（序文執筆，全体編集）

学　歴　　東京教育大学体育学部卒業，筑波大学大学院修士課程修了
職　歴　　筑波大学体育科学系講師，助教授をつとめ，
現　在　　国立スポーツ科学センタースポーツ情報研究部副主任研究員

大橋　真也（1, 2章，付録A, B執筆）

学　歴　　千葉大学理学部数学科卒業
現　在　　千葉県立東葛飾高等学校教諭，WEG（Wolfram Education Group）インストラクタ

長坂　耕作（3, 4, 7章，付録D執筆）

学　歴　　筑波大学大学院博士課程数学研究科修了，博士（理学）
職　歴　　筑波大学ベンチャー・ビジネス・ラボラトリー，山口大学メディア基盤センター，神戸大学発達科学部を経て，
現　在　　神戸大学大学院人間発達環境学研究科准教授

菊池　健（5章，付録C執筆）

学　歴　　東北工業大学電子工学科卒業
職　歴　　トーヨーサッシ，マニュファクチュラース・ハノバー銀行，ケミカル銀行，チェース・マンハッタン銀行，ナショナル・オーストラリア銀行，ヒポ・フェラインス銀行
現　在　　熊本大学医学部附属病院准教授

ブルーノ・ブッフバーガー（Bruno Buchberger）（6章執筆）

現　在　　ヨハネス・ケプラー大学 記号計算研究所（RISC-Linz）教授

松本　茂樹（6章翻訳）

学　歴　　京都大学大学院理学研究科博士後期課程修了，理学博士
職　歴　　甲南大学理学部講師，同助教授，同教授，同理工学部教授を経て，
現　在　　甲南大学知能情報学部教授

入門Mathematica【決定版】Ver.7対応
いろいろな問題が解ける！理解できる！

2009年6月20日　第1版1刷発行	ISBN 978-4-501-54620-5 C3041
2012年5月20日　第1版5刷発行	

編　者　日本Mathematicaユーザー会
　　　　 © Japan Mathematica Users Group　2009

発行所　学校法人 東京電機大学　　〒120-8551　東京都足立区千住旭町5番
　　　　 東京電機大学出版局　　　　〒101-0047　東京都千代田区内神田1-14-8
　　　　　　　　　　　　　　　　　　Tel. 03-5280-3433 (営業)　03-5280-3422 (編集)
　　　　　　　　　　　　　　　　　　Fax. 03-5280-3563　振替口座 00160-5-71715
　　　　　　　　　　　　　　　　　　http://www.tdupress.jp/

[JCOPY]　<(社)出版者著作権管理機構 委託出版物>

本書の全部または一部を無断で複写複製（コピーおよび電子化を含む）することは，著作権法上での例外を除いて禁じられています。本書からの複写を希望される場合は，そのつど事前に，(社)出版者著作権管理機構の許諾を得てください。また，本書を代行業者等の第三者に依頼してスキャンやデジタル化をすることはたとえ個人や家庭内での利用であっても，いっさい認められておりません。
[連絡先] Tel. 03-3513-6969, Fax. 03-3513-6979, E-mail: info@jcopy.or.jp

制作：(株)グラベルロード　印刷：新灯印刷(株)　製本：渡辺製本(株)　装丁：鎌田正志
落丁・乱丁本はお取り替えいたします。　　　　　　　　　　　　　Printed in Japan

自動車関連図書

自動車工学

樋口健治 監修・自動車工学編集委員会 編
　　　　　　　　　　　　　　A5判　198頁

エンジン／トランスミッション／車体・タイヤ／サスペンション・ステアリング／運動性能／操縦性・安定性／自動車の人間工学／オートバイ

基礎 自動車工学

野崎博路 著　　　　　　A5判　200頁

タイヤの力学／操縦性・安定性／乗り心地・振動／制動性能／走行抵抗と動力性能／新しい自動車技術／人―自動車系の運動

自動車の運動と制御
　　　　　　　車両運動力学の理論形成応用
安部正人 著　　　　　　　A5判　276頁

車両の運動とその制御／タイヤの力学／外乱・操舵系・車体のロールと車両の運動／駆動や制動を伴う車両の運動／運動のアクティブ制御

自動車の走行性能と試験法

茄子川捷久・宮下義孝・汐川満則 著　A5判　276頁

概論／自動車の性能／性能試験法／法規一般／自動車走行性能に関する用語解説

サスチューニングの理論と実際

野崎博路 著　　　　　　A5判　212頁

ホイールアライメント／サスペンションジオメトリー／限界コントロール性と車両の各種試験装置／フォーミュラカーの旋回限界時の車両運動性

自動車エンジン工学　第2版

村山正・常本秀幸 著　　　A5判　256頁

歴史／サイクル計算・出力／燃料・燃焼／火花点火機関／ディーゼル機関／大気汚染／シリンダー内のガス交換／冷却／潤滑／内燃機関の機械力学

自動車用タイヤの基礎と実際

株式会社ブリヂストン 編　　A5判　410頁

タイヤの概要／タイヤの種類と特徴／タイヤ力学の基礎／タイヤの特性／タイヤの構成材料／タイヤの設計／タイヤの現状と将来

初めて学ぶ 基礎 エンジン工学

長山勲 著　　　　　　　A5判　288頁

概説・基本的原理・構造と機能／エンジンの実用性能／環境問題と対策／センサとアクチュエータ／エンジン用油脂／特殊エンジン／計測法

機械強度設計のための
CAE入門　有限要素法活用のノウハウ
栗山好夫・笹川宏之 著　　A5判　210頁

機械システムの強度保証／有限要素法の概要／有限要素法を用いた機械設計法／有限要素法による開発法と検証実験

自動車材料入門

高行男 著　　　　　　　A5判　192頁

総論／金属材料の基礎／金属材料・鉄鋼／非鉄金属材料／非金属・有機材料／非金属材料・無機材料／複合材料

＊定価，図書目録のお問い合わせ・ご要望は出版局までお願いいたします．
URL　http://www.tdupress.jp/

MK 012